城市地理课程与教学研究

——兼论公众参与城乡规划

张广花　张鹏岩　著

U0196055

中国建筑工业出版社

图书在版编目（CIP）数据

城市地理课程与教学研究：兼论公众参与城乡规划 /
张广花 , 张鹏岩著 . -- 北京：中国建筑工业出版社，
2024. 8. -- ISBN 978-7-112-30220-8

Ⅰ . TU984.2

中国国家版本馆 CIP 数据核字第 2024FG1222 号

责任编辑：张文胜　武　洲
责任校对：赵　力

城市地理课程与教学研究
——兼论公众参与城乡规划

张广花　　张鹏岩　著

*

中国建筑工业出版社出版、发行（北京海淀三里河路9号）

各地新华书店、建筑书店经销

北京光大印艺文化发展有限公司制版

建工社（河北）印刷有限公司印刷

*

开本：787毫米×1092毫米　1/16　印张：17¾　字数：277千字
2024年8月第一版　　2024年8月第一次印刷
定价：80.00元
ISBN 978-7-112-30220-8
（42782）

前言

20世纪80年代以来，世界各国逐渐认识到基础教育对社会和经济发展的重要作用，各个国家陆续开展大规模的基础教育改革，目的是培养具有国际竞争力的创新型人才，其中，课程改革深受各国政府和教育界的关注。我国也于21世纪初启动了新一轮基础教育课程改革，目标是将长期影响我国中小学的"应试教育"模式引向"素质教育"模式。换句话说，既要为学生升入高一级学校接受教育做准备，更要为我国现代化社会发展，培养出具有实践能力与创新精神的合格公民。地理作为基础教育阶段的一门学科，在学生学习成长全面发展过程中，起着至关重要的作用。

在新一轮的高中地理课程改革中，城市地理内容有了显著增加，并在选修课程中单列了《城乡规划》模块。这是我国首次将城市地理及其应用单独作为一个模块设置在高中地理课程中。城市地理学是人文地理学的重要分支之一，也是改革开放以来人文地理学中发展最快的学科之一。同时，我国正处于城市化快速发展阶段，城市和乡村不断推进着大规模建设及更新任务，如何合理地进行规划与建设，成为现代公民必备的地理学科素养之一，因此《城乡规划》课程的增设尤为必要。由于我国以往城市地理教学相对简单，面对专业性较强的《城乡规划》课程，部分教师出现了难以驾驭该课程教学的现象。为了促进该课程的顺利实施，提升教学质量，同时为响应国家的发展战略以及社会经济的新发展，围绕"城市地理教育教学"开展了专题研究。

本书以优化高中城市地理知识的选择与组织，推动高中城市地理教学的顺利开展为目的，以现状调查结果为抓手，通过纵向的历史研究、横向的国际比较以及大量的课堂观察和自身的教学实践，对高中城市地理课程与教学展开了深入系统的探讨。本书内容主要包括四大方面：高中城市地理教学现状的调查与分析，高中城市地理知识选择研究，高中城市地理知识组织研究以及高中城市地理教学策略研究。以期为完善高中地理课程改革、优化高中地理教材的编制、推动高中城市地理教学的有效实施提供理论支撑与实践参考。

本书由张广花副教授、张鹏岩教授拟定编写大纲并撰写而成。全书共有 6 章，具体分工如下：第 1 章，张广花执笔；第 2 章，张广花、张鹏岩执笔；第 3 章，张广花、张鹏岩执笔；第 4 章，张广花、张鹏岩执笔；第 5 章，张鹏岩、张广花执笔；第 6 章，张鹏岩、张广花执笔。全书由张广花统稿。

本书的出版得到了河南省教育厅教师教育课程改革研究项目（2013-JSJYYB-015）、2022 年中原青年拔尖人才项目以及首都经济贸易大学 2024 年校级教改重点项目（1692454202129）的大力支持。

在本书编写过程中，参考了诸多专家学者的研究成果及论文著作，使用了大量的现状调查数据，以确保研究成果的真实性、适宜性和科学性。本书引用的内容均已进行了明确的标注，若有疏漏之处，诚请各位读者海涵。由于城市地理教育教学研究覆盖范围较大，书中不足之处，恳请各位读者批评指正。

作　者

2024 年 8 月

目 录

第1章　引论

1.1　问题的提出

1.1.1　我国高中地理课程改革加大了城市地理内容的比重

20世纪80年代以来，世界各国特别是西方发达国家都认识到基础教育对社会和经济发展的重要性，各国都进行了规模宏大的基础教育改革，其中深受各国政府和教育界关注的就是课程改革[1]。通过课程改革调整人才培养目标，变革人才培养模式，提高教育质量，造就一代新型人才，使现在的学生成为未来社会具有国际竞争力的公民[2]。在这种背景下，我国针对原有课程体系的弊端，在新世纪之交，启动了新一轮基础教育课程改革。

这次课程改革的目标是希望把长期影响我国中小学的"应试教育"引向"素质教育"。也就是说，中小学的教育不仅仅是为升入高一级学校的考试做好准备，更重要的是要为中国现代化社会的发展，培养具有科学与人文素养、社会公德与责任感、创造精神与实践能力、国际视野和民族意识的公民[3]。在我国新一轮的基础教育课程改革中，初中阶段单独设置两年的地理课程，高中地理由必修课程、选择性必修课程及选修课程组成。高中地理必修课程包括地理1、地理2，选择性必修课程由自然地理基础、区域发展及资源、环境与国家安全3个模块组成，选修课程包括9个模块。

按照普通高中课程方案的规定，必修课程的内容应精选学生终身发展必备的地理基础知识和基本技能，以满足全体学生基本的地理学习需求。地理1主要包括地球科学基础、自然地理实践和自然环境与人类活动的关系3方面内容。地理2旨在帮助学生了解基本的社会经济活动的空间特点，主要包括人口、城镇和乡村、产业区位选择及环境与发展4方面内容。选择性必修课程内容应在必修课程的基础上加深或拓展，以满足部分学生升学考试或就业的需要。选修课程应提供多样化的课程清单，以满足不同学生出于兴趣爱好、学业发展或职业倾向等进行选课的需要，具体包括天文学基础、海洋地理、自然灾害与防治、环境保护、旅游地理、城乡规划、政治地理、地理信息技术应用及地理野外实习[4]。这些模块涉及地理学的理论、应用、技术等各个层面，所选内容大都关注人们生产生活与地理密切相关的领域，突出地理学的学科特点和应用价值。

在新一轮高中地理课程改革中，城市地理内容所占的比重与以往相比有了大幅度增加。除了在高中必修课程地理2中讲述城市地理知识外，还增设了选修模块"城乡规划"。这是我国首次将城市地理知识单独作为一个模块出现在高中地理课程中。

1.1.2　城市地理学学科价值的要求

城市地理学是人文地理学的重要分支之一，也是改革开放以来人文地理学中发展最快、最活跃和影响最大的学科。自地理学划分为人文地理学与自然地理学之后，在人文地理学的研究者看来，区域的核心是城市。城市作为区域的核心吸引了广大人文地理学者的重视,自然也成为整个人文地理学的研究核心。随着城市化进程的延续，人类社会最终将是以城市为结点、城市间联系为纽带形成一个网络性的系统。自然环境、农村地域，从某种意义上可以看作是为人居中心的城市的扩大化生态结构空间。当前地理学更趋于解决社会问题和深入研究国家建设，人文地理学日益成为地理学的发展重点[5]。

Arthur and Judith Getis 认为[6]，一门学科的价值可以通过它拓展我们知识和加深我们理解的能力来评估。在中学决定教授某门特定的学科是以这个评估标准来断定的。并认为在中学开设城市地理课是有充分理由的。接着从以下3方面来论证城市地理知识的价值。

概念：该领域的概念是否具有启发性？它们能加深我们对人类过程的认识吗？它们有助于我们寻求真理和理解吗？

技术：分析技术是否尖锐？它们有助于我们弄清学科内容的核心吗？

发现：我们的研究发现重要吗？它们与社会有关联吗？它们会引导我们询问一些新的重要的问题吗？

他们通过对波理论模拟、关键等时线、过滤及等终局的概念，对电脑制图、概率模型以及遥感分析的技术，对与人口密度梯度变化的含义、工业郊区化、步行去工作、住宅流动性以及土地利用模式有关的一些发现的探讨，论证了城市地理在中学进行教授的必要性。例如，在概念探讨方面，由 Ronald Boyce 开发的关于城市模式的波理论模拟概念，目的是帮助我们研究城市增长与发展的空间表现。这一概念把波的运动和城市的扩展进行比较。几乎每个人都知道波是如何振荡的，但很少有人了解城市地区的空间增长。设计该模拟能引导我们从已知到未知。

Rury M. Harris 认为 [7]，在美国中小学学习城市地理的重要性已被目前许多教科书的编者认识到。Arthur Getis 认为 [8]，教材中重视城市地理知识的原因主要有两点：①大多数高中生居住在城市或城市附近的地区，城市地理知识是他们熟悉的事物；②过去几年里，地理学中一些最突出的研究涉及城市问题，城市地理学是一门在智力上卓有成效的领域，充满着新的思想。C. Murray Austin 认为 [9]，城市地理的教学之所以很重要，是因为美国已成为一个以城市占主导地位的国家。美国城市的事件与问题直接影响着每一个人。城市地理教学在为学生准备参与政治（即使仅为了投票）也是很重要的，这将决定美国城市社会和他们自己生活的未来。

城市地理知识的作用与价值已是不争的事实，我国高中城市地理教学的地位自 20 世纪 80 年代以来也逐步得到加强。2022 年，我国城镇化率 65.2%，全国已有一半以上的人口居住在城镇。对城镇的认识与了解也是我国当前中小学生急需的重要任务。

1.1.3　公众参与城乡规划需要了解基本的城市地理知识

城乡规划不是一般的聚落地理，是聚落地理中带有应用地理性质的部分。传统的城市地理学是对城市各种地理现象进行条理化描述，并对它们之间的关系进行一般性解释的学科体系，虽然参与了许多实际工作，但缺乏预测的理论和手段，可以说尚未介入规划工作中去。第二次世界大战以后，区域开发和城市建设大兴于世，城市地理学根据社会、经济和科学技术发展的要求，进行了数量化和理论化，这就使成批的城市地理学学者加入规划工作的队伍，同建筑师、经济和社会学者携手工作。规划的实践不仅使城市地理学更密切地结合社会实践的需要，增强了解决社会问题的作用，而且通过规划和预测水平的不断提高，加速了城市地理学由传统阶段向现代阶段的转变[10]。

改革开放40多年来，我国城市地理学发展的显著特点之一是密切结合城市规划实践，以城市规划需求为目标导向，且未来我国城市地理研究仍会继续强调服务于城市规划实践。一些知名学者（许学强、崔功豪、宁越敏、姚士谋等）认为中国城市地理学在改革开放后获得快速发展，与城市地理学者们广泛参与城市与区域发展规划实践密切相关[11]。这体现了城市地理学具有紧密结合实践并从实践中发展理论的传统。崔功豪认为，城市地理学在改革开放以来活跃发展的重要原因是城市规划对于专业人才培养的需求，未来要从规划需求来进行深化。地理学的生命力在于应用，城市地理学为城市规划提供地理学的观点，比如说综合发展、区域视角，打破了就城市论城市的局面。城市地理学未来的研究，应结合规划需求进行深化。一定要跟城市规划应用结合起来，以规划作为主要的目标导向。宁越敏认为，城市地理的优势在于对区域性和综合性的认识，城市地理学综合人口、经济、政治、社会和文化等要素来探索城市的发展战略，与城市规划相结合，在实践中去解决问题。姚士谋认为，我国城市地理学研究应为城市规划建设服务。城市地理研究城市性质、城市职能、城市土地利用、城市人口、城市交通等一系列问题，和国家发展、人民生活息息相关，为国民经济建设和城市发展做出了许多贡献。

地理学者参与了大量的人口专题研究，运用其所擅长的空间思维和空间分析工具，对传统的人口结构分析进行了发展，结合社会发展形势，拓展了人口专题研究的内容。地理学者的空间思维，可以更好地与城市规划所关心的问题相衔接，换言之，地理学的思维可以在城市规划中得到很好的应用[12]。

随着我国城市化水平的稳步提高，已出现城乡融合与区域城市化的特征，在长三角、珠三角等地区出现了大城市圈，区域城市化将是我国城市化的发展趋势。建设社会主义新农村、构建和谐新镇等重大战略的提出，也将使城乡一体化成为我国城市发展的新趋势。由于区域城市化和城乡一体化的影响，在实际工作中，人们越来越认识到区域规划、城乡统一规划的重要性[13]。于是，第十届全国人民代表大会常务委员会第三十次会议于2007年10月28日通过了《中华人民共和国城乡规划法》。这样，由针对城市进行规划的城市规划，转向对城市与乡村进行联合规划的城乡规划。

随着城市中的经济、社会利益的日益多元化，要保证社会的公平和稳定发展，迫切需要建立各种技术的、经济的、制度的手段对城市发展中各种价值利益的矛盾与冲突进行协调，使得社会的各个组成部分和利益相关者对城市经济社会活动运行规则的建立，以及对城市未来发展方向的选择达成认同和共识。严密的法定程序下进行的公众参与城市规划，作为一种社会价值判断的过程与形式，使得政策的制定能够更加公平合理的对社会全体的各种共同价值利益做出取舍选择与决定[14]。公众参与就是在社会分层、公众需求多样化、利益集团介入的情况下采取的一种协调对策，它强调公众（市民）对城乡规划编制管理过程的参与。"公众参与"使城乡规划工作逐渐由政府行为转向市民的角度，由理论性、专业性和集中的权力转到感性、具体、由下至上的参与[15]。近年来，公众参与城市规划开始成为规划界普遍关注和讨论的问题。与国外成熟的公众参与体系相比，我国的公众参与状况不论是组织的形式上、参与的深度上，还是参与的程序上都是初级的[16]。然而，要实现城乡规划和城乡管理中的公众参与，就需要学习了解有关城乡规划的一些基本知识。

高中毕业生已经或即将走上工作岗位，并开始以公民的身份参与决策。作为未来社会的建设者，加强他们的城乡规划能力的培养，使其今后更科学地认识社会，提高自身的观察能力和决策能力，无疑具有重要的现实意义。目前我国正处于城市化快速发展阶段，城市和乡村都面临着大规模的建设任务，如何将旧有的城市进行改造以适应新的发展形势，如何对新城市进行更好的规划与建设，都要用到许多城市地理知识。依据高中地理课程改革的基本理念之一——培养现代公民必备的地理学科素养，在高中加强城市地理教育，开设"城乡规划"选修课有其必要性。

1.1.4　我国高中城市地理教学的现状

我国城市地理学研究起步较晚，20 世纪 70 年代中期以来，才得以复兴并进入快速发展的轨道。80 年代之前，我国中学地理课程中仅规定有简单的城市地理知识（主要是对重要城市的介绍），城市地理教学在中学并未引起重视。80 年代至 90 年代中期，在高中地理教材中把"人口与城市"列为一章，讲述了城市的形成发展、城市化及我国城市发展的方针政策等内容，多是了解性的知识，理论性较弱。到 1996 年颁布了《全日制普通高级中学地理教学大纲（供试验用）》，城市地理在高中地理课程中的地位才开始有了明显转变，无论是在量上还是在质上都和以前有明显的不同。此时高中地理课程中的城市地理内容明显增多，且深度加深，理论性增强，引起了一些学者对高中地理课程中城市地理教学的探讨。

在中国期刊全文数据库中，以检索项"主题"、检索词"城市地理教学""模糊"匹配进行检索，发现在 1999 年之前，仅有两篇文章是探讨中学地理课程中城市地理内容方面的，分别是《关于城镇的几个问题》（张务栋，1983）和《高中地理城市部分若干问题探讨》（郭能读，1997）。这两篇文章主要是对城市地理知识加以科学性的论述。1999 年后，有关该主题的研究逐渐增多，尤其是在 2008 年后，出现了较大幅度的增长，其中绝大多数是就高中地理教材中城市地理部分的某一节，探讨其教学设计、教学策略及教学方法等（详见文献综述部分）。新高中地理选修模块"城乡规划"在高中地理课程中首次单独设置。而在各地高中开设的选修课中，选择学习"城乡规划"模块的地方很少。经对一些人员的访谈调查发现，他们对目前高中城市地理知识教学的看法可归纳如下：必修教材中的城市地理知识理论性较强，编排顺序系统性稍差（基于2003 年高中课标（实验）的教材版本）；选修教材中的城乡规划知识太专业，由于教师本人没有学习过城乡规划知识，因此感觉内容比较生疏，教学难以驾驭。2017 年颁布的《普通高中地理课程标准（试用版）》除设置有"城乡规划"模块外，还要求在必修·地理 2 和选择性必修 2"区域发展"中讲授部分城市地理知识。通过对比新老高中课标中的城市地理知识，发现必修模块（含选择性必修）中的城市地理知识有所增加，选修模块"城乡规划"的"内容要求"数量有所减少，但都不同程度体现了我国城市发展的新趋势，如新型城镇化、城镇特色景观与传统文化的保护及城镇转型与创新发展等。遗憾的是，选修"城乡规划"模块被束之高阁了。

通过以上分析可知，我国城镇化的快速发展使越来越多的人生活在城镇，对城镇环境的了解与认识以及参与探讨城镇发展与规划是生活在城镇中的每个人应有的义务和责任，而这些均需要一定的城市地理知识作支撑，因此学习城市地理知识具有很强的现实意义。为响应国家的发展战略及社会经济的新发展，高中地理课程标准及时调整、更新了人才培养目标和内容体系，但教学实践中的落实却不够理想。针对以上高中地理课程中城市地理教学遇到的一些问题，本研究拟对以下问题进行探讨：高中城市地理教学的现状如何及其形成原因？高中地理课程中应该选择哪些城市地理知识？这些城市地理知识应该按照什么逻辑顺序进行组织？高中城市地理教学适宜采用哪些方法或策略？

1.2　核心概念与研究范围

1.2.1　城乡规划

我国当前的城市化发展已经进入一个重要的转折时期，从国家层面，已将城镇化和城乡协调发展提升到前所未有的战略高度；从地方层面，全国各地的城乡统筹实践正在如火如荼地展开。2007 年 10 月 28 日，第十届全国人大常委会第三十次会议表决通过了《中华人民共和国城乡规划法》，自 2008 年 1 月 1 日起施行，现行《中华人民共和国城市规划法》同时废止。从《城市规划法》到《城乡规划法》，中国正在打破建立在城乡二元结构上的规划管理制度，进入城乡一体规划时代。

2009 年上海辞书出版社出版的《辞海》对"城市规划"的解释是"对一定时期内城市的经济和社会发展、土地利用、空间布局以及各项建设的综合部署、具体安排和实施管理"，其内容包括"拟定城镇发展的性质、人口规模和用地范围；研究工业、居住、道路、广场、交通运输、公用设施和文教、环境卫生、商业服务设施以及园林绿化等的建设规模、标准和布局；进行城镇经济建设的规划设计，使城镇建设发展经济、合理，创造有利生产、方便生活的物质和社会环境，是城镇建设的依据。一般可分城市总体规划和城市详细规划两个阶段[17]。"

2008 年 1 月 1 日起实施的《中华人民共和国城乡规划法》的编制目标是：

为了加强城乡规划管理，协调城乡空间布局，改善人居环境，促进城乡经济社会全面协调可持续发展。本法所称"城乡规划"，包括城镇体系规划、城市规划、镇规划、乡规划和村庄规划。依据城市规划的含义，可把城乡规划界定为"对一定时期内城乡的经济和社会发展、土地利用、空间布局以及各项建设的综合部署、具体安排和实施管理"。

从"城市规划"到"城乡规划"，把原来单纯"城市"对象拓展成为"城乡"，反映了当今我国城镇化快速发展阶段城乡统筹、区域协调可持续发展的重要思想和规划重点。城乡规划学就是要研究、揭示、认识和解释人类聚居活动的集体行为在城乡土地使用和空间发展过程中的规律性，并通过规划途径使之更为合理地符合人类自身发展的需要，实现可持续发展。社会公平、公正等人本主义思想已经作为城乡规划思想发展的基本主线之一，是城乡规划学科及其实践存在和发展的重要基础[18]。从我国城乡规划的发展来看，规划的公共性特征始终是其发展的主线。作为"维护社会公平、保障公共安全和公众利益的重要公共政策"，政府通过城乡规划途径，实现城乡空间资源使用公平、公正，促进城乡可持续发展。

1.2.2 城市地理

城市与乡村都属于聚落。"聚落"原意指人类居住的地方。《史记·五帝本纪》记载："一年而所居成聚，二年成邑，三年成都。"其注释对聚落解释为"聚，谓村落也。"《汉书·沟洫志》记载："或久无害，稍筑室宅，遂成聚落"[19]。因此，在古代聚落多指村落。

今天所讲的聚落（settlement），指的是人类活动的中心，它既是人们居住、生活、休息和进行各种社会活动的场所，也是人们进行劳动生产的场所。作为人类活动的场所和聚集中心，聚落具有居住、经济及社会功能。聚落规模相差极为悬殊，小起单家独居村，大至人口超过千万的城市，大体可分为城市与乡村两大类型[20]。

城市是有一定人口规模，并以非农业人口为主的居民集居地，是聚落的一种特殊形态[21]。在许多场合下，城市和城镇这两个概念有严格的区分，只有那些经国家批准设有市建制的城镇才称为城市（city），不够设市条件的建制镇称为镇（town），市和镇的总称叫城镇或市镇（urban place 或 city and town）。在不严密的情况下，又常常把城市作广义理解，代表城镇居民点的总称[22]。例如，我国的城市规划法所称的城市就包括国家按行政建制设立的直辖市、市和镇。出于同样的原因，urbanization（城镇化）也被翻译为城市化，urban system（城镇体系）也译为城市体系，urban geography（城镇地理学）被称为城市地理学。本研究把城市作广义的理解（除作专门说明外），包括乡村以外的一切城市型聚落。

城市地理学是研究在不同地理环境下，城市形成、发展、组合分布和空间结构变化规律的科学[23]。从历史沿革上看，城市地理学本是聚落地理学的一部分。聚落地理学（Settlement Geography）又称居民点地理学，按其研究对象的规模和性质，可分为乡村聚落地理学（Rural Settlement Geography）和城市地理学（Urban Geography）两大分支学科。第二次世界大战以来，聚落地理学进入以城市地理学发展为主的阶段。与城市地理研究相比，乡村聚落地理发展较为缓慢。于是城市地理学逐渐发展成为人文地理学的一个独立的分支学科。城市地理学与城市规划学是具有渗透关系的相互独立的学科。城市地理学是研究城市地域状态和分布规律的一门地理科学，而城市规划学是为城市建设和城市管理提供设计蓝图的一门技术科学。两者都以城市为研究对象，但侧重点和研究方向有着根本的区别。城市地理学不仅研究单个城市的形成发展，还要研究一定区域范围内的城市体系产生、发展、演变的规律，理论性较强。城市规划学则从事单个城市内部的空间组织和设计，注重为具体城市寻找合理实用的功能分区和景观布局等，工程性较强。但二者联系也十分密切，城市地理学需要从城市规划学的进展中汲取营养，去探讨更全面的城市地域运动规律。而城市规划学则需要以城市地理学的知识来充实自己的设计理论，并具体运用到规划实践中去。

1.2.3　本论文的研究范围

高中城市地理教育指高中地理课程中涵盖的城市地理（包含部分乡村聚落

地理）与城乡规划教育，具体指高中地理必修·地理2的第二章"乡村与城市"、选择性必修2"区域发展"中涉及的城市地理内容以及选修模块6"城乡规划"。之所以冠名为"城市地理"，而非"聚落地理"，是因为在高中地理课程中，城市地理知识与乡村地理知识相比，一直占绝对优势，而且，在我国历史上，尤其20世纪80年代之前，中学地理课程中很少涉及乡村聚落方面的知识。近年来，乡村发展逐渐受到重视，乡村聚落地理知识在新一轮高中地理课程改革中占有一定的比重。

1.3 研究目的、意义及创新

1.3.1 研究目的

针对目前我国高中地理课程中城市地理知识增多、城乡规划教育较难推进的现状，调查高中城市地理教学中存在的问题，优化高中城市地理知识的选择与组织，探讨高中城市地理知识的教学策略，推动高中城市地理教学的顺利开展是本书的研究目的。具体来说，有以下几点：

（1）通过对教师和学生进行调查问卷和访谈，了解师生对高中地理课程中选取的城市地理知识及其组织，以及它的教学实施情况等方面的看法和建议，以期能较大程度地了解高中城市地理教学的现状。

（2）对高中地理课程中城市地理知识的选取进行历史回顾和国际比较，分析高中地理课程中城市地理知识选择的特点及原因，结合调查结果的分析，探讨我国高中地理课程中应该选择哪些城市地理知识。

（3）对高中地理教材中城市地理知识的组织结构进行历史回顾和国际研究，分析高中地理教材中城市地理知识的组织结构类型及其体现的组织原则，结合调查结果的分析，探讨高中城市地理知识应该按照什么逻辑顺序进行组织。

（4）根据文献分析、调查问卷和课堂观察，结合高中城市地理教学的目标、高中城市地理知识的特点、教学方式改革的要求，探讨高中城市地理知识的教学策略。

1.3.2　研究意义

（1）理论意义：本研究对高中地理课程中城市地理知识的选取进行了历史回顾和国际比较，分析不同历史时期、不同国家和地区高中城市地理知识的选取特点及其存在差异的原因，根据地理课程内容选择的准则，结合调查分析，构建高中城市地理知识体系；对高中地理教材中城市地理知识的组织结构进行了历史回顾和国际分析，总结归纳出高中城市地理知识的组织结构类型及其体现的原则；通过对相关文献的分析，结合调查和课堂观察，根据高中城市地理知识本身的特点，探讨高中城市地理知识的教学策略。这些研究成果对丰富、完善地理课程编制、地理教材编写及地理教学理论具有一定的重要意义。

（2）实践意义：论文通过实证调查、历史回顾和国际比较，尝试构建我国高中地理课程中应该选取的城市地理知识体系；归纳总结出的高中城市地理知识组织的结构类型及组织原则；探讨的高中城市地理知识的教学策略，对完善高中地理课程的编制，提高高中地理教材的编写水平，推动高中城市地理教学的有效实施具有一定的借鉴意义。

1.3.3　研究的创新点

本研究主要对高中地理课程中的城市地理部分进行横向国际比较与纵向历史分析，深入挖掘表层现象背后的深层原因，以期探讨高中城市地理课程的内容选取、组织及教学的基本原理与策略，主要表现为研究内容与研究结论的创新。

（1）通过对高中城市地理知识选取的历史回顾、国际比较以及问卷调查，分析了不同历史时期、不同国家和地区的高中城市地理知识的选取与当时、当地的经济社会发展、学科发展以及学生培养之间的关系，尝试构建我国高中地理课程中的城市地理知识体系。

（2）通过对高中地理教材中城市地理知识组织结构的历史回顾和国际分析，归纳总结出高中城市地理知识的组织结构类型及其体现的组织原则。

（3）根据对已有研究文献的分析、调查问卷和课堂观察，结合高中城市地理的教学目标、高中城市地理知识的特点以及教学方式改革的要求，探讨高中城市地理知识的教学策略。

1.4 研究思路与内容框架

本研究在述评相关文献和分析现状调查的基础上，从知识选择、知识组织和教学策略3个方面对高中地理课程中的城市地理内容进行研究。首先介绍了本课题的研究背景、研究目的、意义及创新，以及研究方法，这也是本书引言部分的内容。其次，对国内外有关高中城市地理知识的选择、组织以及教学研究的文献进行收集、梳理、分析及评价，这是本书的第二部分。第三部分，从现实的角度，就师生对高中城市地理知识的选择、组织及教学等方面进行问卷调查、访谈和课堂观察。第四和第五部分，从纵向和横向的角度，对高中城市地理知识的选择与组织进行历史和国际比较，分析课程编排的特点及存在差异的原因，探讨高中城市地理的知识体系与组织结构、原则。第六部分，根据对相关文献的分析、调查问卷和课堂观察，结合高中城市地理知识本身的特点，提出高中城市地理的教学策略。最后一部分是结论与展望。详见图1-1。本书的框架结构见图1-2。

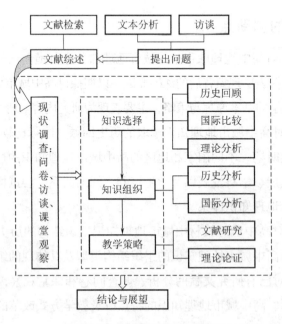

图1-1 本课题的研究思路

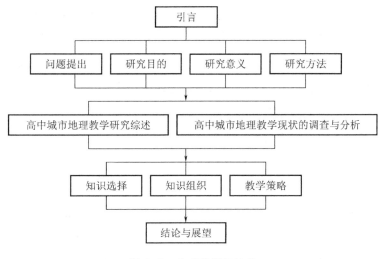

图 1-2　本书的框架结构

1.5　研究方法

本文主要运用以下研究方法：

（1）文献研究法。文献研究法是根据研究目的，对文献进行收集、加工和处理进而获取信息的一种研究方法。本文通过知网、万方数据等渠道搜集了大量的"地理课程与教学"方面的国内外相关文献资料，通过对已有文献的梳理与归纳，整理出国内外的研究现状及研究进展，为进一步研究"高中地理课程中的城市地理"打下坚实的理论基础。

（2）比较研究法与历史研究法。比较研究法是根据一定的标准，对两个或两个以上有联系的事物进行考察，寻找其异同，探求普遍规律与特殊规律的方法。本研究主要对一些典型国家和地区的高中城市地理部分进行国际比较，分析存在的差异和产生差异的原因。历史研究法是运用历史资料，按照历史发展的顺序对过去事件进行研究的方法，亦称纵向研究法，是比较研究法的一种形式。这里主要对我国历史上高中地理课程中城市地理部分进行历史回顾，分析其发展演变以及变化的原因。通过上述横向与纵向的系统分析与比较，以期探讨地理课程编制的一些基本原理与实施策略。

（3）问卷调查与访谈法。问卷调查法是调查者根据调查主题事先设计好问题，由被调查者回答，然后收回问卷，对问卷进行分析、总结归纳的研究方法。具有调查范围广、样本量大的优点。本研究主要通过问卷调查师生、社会公众对高中城市地理教育的认识与看法，为研究与完善高中城市地理课程提供依据与支撑。访谈主要是对问卷调查的补充，对一些现象产生原因的深入调查与分析，易于了解事物或现象产生的深层原因。但具有调查范围窄、样本量小的特点。

（4）课堂观察法。课堂观察法就是将研究的问题化为一个个具体的可以观察的点，在课堂情境中进行记录分析，并据此进行相应研究的教育科研方法。课堂观察是在真实的课堂环境中进行的，获得的数据较为客观、真实。本研究观察师生在课堂中的教与学行为，了解教师在高中城市地理教学中所采用的教学策略、运用该种教学策略的教学效果、学生的学习方式及其反应情况等。

参考文献

[1]　王民.地理新课程与教学论 [M].北京：高等教育出版社，2003.

[2]　杨骞，胡良民.国外新世纪基础教育课程改革的共同特点 [J].辽宁师范大学学报，2002，（4）：19-21.

[3]　陈澄.新编地理教学论 [M].上海：华东师范大学出版社，2007.

[4]　中华人民共和国教育部.普通高中地理课程标准（2017 年版 2020 年修订）[M].北京：人民教育出版社，2020.

[5]　教育部基础教育司，教育部师范教育司.地理课程标准研修 [M].北京：高等教育出版社，2004.

[6]　Arthur, Judith Getis. Some current concepts techniques and findings in urban geography[J]. Journal of Geography, 1972, (11): 483-484.

[7]　Ruby M. Harris. Urban geography in the grades[J]. Journal of Geography, 1932, (12 ～ 1): 166.

[8]　Arthur Getis. The urban unit of the high school geography project[J]. Journal

of Geography, 1966 (05): 233.

[9]　C. Murray Austin. Some suggestions for teaching introductory urban geography[J]. Journal of Geography, 1977, (12): 253.

[10]　裴家常 . 城市地理学 [M]. 成都：成都地图出版社，1992.

[11]　冯健，中国地理学会城市地理专业委员会 . 中国城市地理学的传承与发展 [J]. 地理研究，2017，36（11）：2029-2032.

[12]　冯健 . 基于地理学思维的人口专题研究与城市规划 [J]. 城市规划，2012，36（5）：27-28.

[13]　朱喜钢，金俭 .《城乡规划法》十大亮点 [J]. 北京规划建设，2008，（2）：10.

[14]　王郁 . 日本城市规划中的公众参与 [J]. 人文地理，2006，（4）：34.

[15]　吴茜，韩忠勇 . 国外城市规划管理中的"公众参与"[J]. 城乡建设，2000，（12）：37.

[16]　戴月 . 关于公众参与的话题：实践与思考 [J]. 城市规划，2000，24（7）：57.

[17]　夏征农，陈至立 . 辞海（第 6 版彩图本）[M]. 上海：上海辞书出版社，2009.

[18]　杨贵庆 . 城乡规划学基本概念辨析及学科建设的思考 [J]. 城市规划，2023（10）：53-55.

[19]　金其铭 . 农村聚落地理 [M]. 北京：科学出版社，1988.

[20]　宋金平 . 聚落地理专题 [M]. 北京：北京师范大学出版社，2001.

[21]　许学强，周一星，宁越敏 . 城市地理学 [M]. 北京：高等教育出版社，1997.

[22]　周一星 . 城市地理学 [M]. 北京：商务印书馆，1995.

[23]　徐学强，周一星，宁越敏，等 . 城市地理学（第二版）[M]. 北京：高等教育出版社，2009.

第 2 章   文献综述

城市地理学作为人文地理学的重要分支之一，其研究与发展在我国起步较晚。20世纪80年代以前，城市地理在我国地理学中是一个薄弱的环节，中学地理课程中的城市地理内容极其有限，主要是对一些重要城市的介绍，教学方式以教师讲、学生听为主，知识也以识记为主，这部分内容没有受到重视。所以在这之前，鲜有学者或一线老师去探讨中学城市地理的有关内容。20世纪80年代之后，服务于国家城镇化发展、城市与区域规划的现实需求，我国城市地理学发展迅速，研究领域逐步拓宽，研究手段和方法不断更新，研究内容也得到极大丰富，发展成为与经济地理学在研究体量上可以并列的新兴领域。进入21世纪以来，围绕可持续发展方向，从全球、国家、地方等不同空间尺度，对城镇化与新农村建设开展了广泛而深入的研究，城市地理学与乡村地理学均得到了快速发展。尤其是乡村地理学在复兴过程中开拓新的研究领域、聚焦具有现实应用和学科前沿时代感的研究命题，并一跃成为中国人文与经济地理学分支学科中后来居上、在国际化程度进程领先的分支之一[1]。与此同时，中学地理课程中的城市地理内容数量明显增加，而且融入乡村地理学的有关内容，成为中学尤其是高中地理课程中的一个重要组成部分。近些年来，引发了一些一线老师和学者对这一问题的探讨。

2.1   公众参与城乡规划研究进展

2.1.1   公众参与城乡规划的由来

英国政府在1947年颁布的《城乡规划法》（Town and Country Planning Act, 1947）中，首次规定了编制规划需要有一定形式的公众参与，并设立规划委员会体制，将其会议向公众开放。但此时的规划更加强调规划师的专业性，公众参与更多是征询意见。1965年英国政府的"规划咨询小组"（the

Planning Advisory Group）发布研究报告《发展规划的未来》，提出"公众应该
全程参与规划"的理念，认为规划体制应当同时兼顾规划政策和公众参与城市
规划两项宗旨。1968 年，修订后的英国《城乡规划法》要求地方规划机构在
编制地方规划时，必须向公众提供评议或质疑的机会，使公众参与有了更好的
制度保障。

德国于 1985 年前后出台了"谨慎的城市发展手段的 12 项指导原则"，正
式将公众参与机制纳入城市更新的法规之中。1996 年，为应对城市萎缩产生
的种种问题，德国联邦政府启动了"社会堆栈"（Soziale Stack）计划，鼓励
所有机构和利益相关群体开展合作，并动员社区中的居民共同参与城市和社区
更新。

在美国，公众参与很大程度上源于联邦政府要求市民参与政府对地方项目
投资经费开支的决策。"为了保证公众参与的力度，联邦政府将公众参与的程
度作为投资的重要依据，并制定了相应的法规。从 1956 年的联邦高速公路法案，
到 20 世纪 70 年代的环境法规，再到 90 年代的新联邦交通法，对公众参与城
市规划的程度、内容进行了不断深化。"

我国在 1978 年以前，城市规划只是一种纯粹的政府行为，公众无法参与。
"城乡规划被认为是一个技术问题，参与其中的主要是政府部门和相关的技术
人员，社会和公众基本处于事后被告知的地位。"2008 年实施的《中华人民
共和国城乡规划法》虽然对公众参与进行了明确赋权，但由于我国城市规划体
制仍然沿用计划经济时代以来的一套自上而下的封闭式审批模式，政府处于绝
对主导和独自决策的地位，城乡规划法赋予公众参与城市规划的相关规定非常
笼统，在各地的落实中存在明显的机制运行不畅问题，不同意见仍然很难实质
性地影响到规划的最终结果[2]。

2.1.2 公众参与城乡规划的涵义

公众参与是利益相关人解决公共利益分配的一种程序和途径，是城市发展
到一定阶段后的规律性要求。公众参与本质上是一种协商民主的实践方式，即
通过政府机构和社会公众的对话交流，达成城市更新的公私合作。其主要功能

在于通过民主化的方式，增强城市规划的价值正当性，同时提升行政过程中的专家理性，使过分集中的行政权力"回归"大众。

公众参与是社会主义协商民主理念的重要体现，是创新社会治理体制机制的重要载体，需要通过不断完善和创新法律制度，推动理念和现实的适配性。十九大报告指出："加强协商民主制度建设，形成完整的制度程序和参与实践，保证人民在日常政治生活中有广泛持续深入参与的权利。"

2.1.3 公众参与城乡规划的意义

公众参与城乡规划是法治社会的必然要求。我国于 2007 年 10 月 28 日颁布了《中华人民共和国城乡规划法》（以下简称《城乡规划法》），之后又分别于 2015 年和 2019 年进行了两次修订，除第三章"规划的实施"外，每章都有关于公众参与的单列条款。公众参与有助于实现城乡规划的合理化和科学化，有助于提升城乡规划的民主性，是城乡规划顺利实施的重要保障，能够有效制止违法建设[2]。

党的十九大报告明确指出要"完成生态保护红线、永久基本农田、城镇开发边界三条控制线划定工作"。在此大背景下，原来单纯依赖增量土地进行城市发展扩张的模式难以为继，以严格控制城市边界为前提的存量规划时代已然来临。城市"增量规划"主要面向新增建设用地，同时土地上没有他人产权负担的城市规划。其主要特点是产权单一，基本由政府主导，规划内容充分体现了城市管理者的意志。与之相对，主要针对城市存量土地的规划则被称为"存量规划"。其目的并非扩大城市范围，而是着眼于通过提升城市建成区内的低效建设用地来实现城市更新，注重城市建成环境的综合容量对于城市发展的承载，以及城市问题不断地通过空间优化予以解决的方法和路径。与增量规划不同，城市存量规划面对的土地存在产权分散、利益关系复杂等情况，因此实施难度大。尤其是通过城市规划来对旧工业区、旧商业区、旧住宅区、城中村及旧屋村的综合整治、功能改变或者拆除重建等。

有效的公众参与的前提条件是存在与规划内容相联系的利益相关者。在增量规划下，城市如何建设其实是缺乏利益相关的一般公众的参与的。但是随着城市更新成为时代的新命题，城市规划着眼于城市建成区的效益提升（存量发展），不得不直面分散在不同主体名下的各式产权。这也就意味着规划的变更必然会影响到大量的利益相关者，引发利益冲突和社会矛盾。公众参与机制是解决这种冲突与矛盾的重要制度工具。从各国的实际经验来看，城市规划从"增量发展"到"存量提升"，公众参与的内在动因也逐渐增强，相关法律制度也呈现出"无参与→象征性参与→市民控制性参与"的演化轨迹。

归根结底，空间规划本质上是一种趋向于价值选择的公共政策，规划技术则不过是实现这些目的的工具。城市规划"不应该只是政治家的政治抱负，也不完全是规划师的技术理想，寻求最大公约数才是规划的基本逻辑，应该把社会接受程度作为衡量规划优劣的重要依据"[2]。

为实现我国经济的整体发展，缩小贫富差距，我国已经开始美丽乡村建设，研究村庄规划中公众参与有效实施的措施，也具有一定的现实意义。

2.1.4　公众参与城乡规划的现状与问题

公众参与城乡规划是社会民主法治建设的基本要求和重要体系，目前已成为政府管理工作中不可或缺的一部分。在当前城市规划建设过程中，社会民众参与积极性不断增强，"互联网 +"政务模式已经成为公众参与的一种全新模式。但从实践来看，社会公众参与方式并未达到理想状态和效果。突出问题有：①公众参与规划的意识淡薄，积极性不高，仅在涉及个人切身利益时才会提意见，因此有学者认为，公众参与应当重点放在公共设施建设等与大众利益密切相关的民生问题上，并且是比较微观的部分；②城市规划体制的封闭化；③公众参与的渠道不畅通，《城乡规划法》更多强调的是城乡规划在制定和修改中必须依法公示，但对于公众如何真正参与规划决策缺乏制度渠道和配套措施[2]。此外，研究发现，我们国家的公众在参与意愿较低、普遍缺乏公共精神的同时，还时常不具备进行参与所需要的能力和素质[3]。而当前政府公布的城市规划草案，主要内容都是以高度技术性的文本和图示来表达，无专业基础的普罗大众只能知晓经过美化处理的效果图，至于具体内容则"如读天书"。因此有关部门应当简化规划文本，采用模型、图片等直观通俗的表现方式，尤其是把披露的重点放在城市规划涉及的重大民生问题上[4]。总之，公众参与意识淡薄、实质参与不足、事前参与不到位、公众参与的程序性规定可操作性不强、公众参与法律支持不够等一系列问题，导致公众参与效果始终欠佳[5]。

2.1.5　提升公众参与城乡规划的路径

城乡规划过程中的公众参与属于法定制度，具有其政治、社会以及经济和文化背景。实践中应当确保公众参与知情权、表达权以及监督权，明确社会公众参与城乡规划的范围、内容以及形式和途径，并且加强社会公众教育和引导，以此来提高公众参与积极性。主要的优化路径有：一是完善相关法律制度，包括：①保障公众的组织化参与；②完善社区规划相关立法；③明确听证会的法律效力；④强化立法机关的监督权。二是加强公众参与城乡规划的教育，提高社会公众的参与能力[2,6]。

公众参与城乡规划的首要前提就是加强公众参与城乡规划的教育，增强公众参与城乡规划意识。城乡管理部门要普及城乡规划学科知识，使公众充分认识城乡规划的意义，让公众真正了解规划的实质，积极为公众参与城乡规划创造条件。基于规划展厅以及大众媒体和各种讲座形式，加大宣传教育力度，积极引导社会公众正确认知多元价值。实践中应当积极引导广大社会公众认识城乡规划并非利益冲突，而是为共同美好生活的构建以及长远发展着想[7]。在宣传方式上，除了传统的电视、广播、报刊外，应充分利用网络、微信等媒体，传播和普及城乡规划的相关知识，教育和引导公众树立社会责任意识，形成关注公益的大众群体（该群体作为第三方视角和观点更趋近公正和平和）[8]。

也有学者从知识视角，认为在确定进入政策制定过程的公众参与者时，可以结合参与者的参与意愿、参与能力和对政策问题的认知来进行考量，从而减少或避免"参与者困境"的发生，为政策质量的提升打好基础[3]。参与者的参与意愿、参与能力和对政策问题的认知决定着公众参与者的表现。而这三个方面又是由公众的知识体系决定的。公众在参与能力上的差异又与公众在教育、工作和生活经历中积累的知识相关。一个完美的参与者应该同时拥有较强的参与意愿、较高的参与能力和较适于解决集体困惑的知识。并认为促进公众参与意愿与能力的渠道与平台，首要的是基础知识的推广。如前所述，公众参与者能否与其他政策主体进行有效沟通是提升参与质量的基础。为了让公众能够更好地理解他人的观点、表达自己的观点，进行必要的规划基础知识宣传（以普及城乡规划知识、宣传公共政策、解读规划领域的热点问题）就是一个很好的办法。这些内容涵盖了以往被认为只有部分人能够掌握的规划领域相关知识，将复杂的专业知识用简单易懂的语言表述出来，目的就是期望公众能够大致了解什么是城市规划、为什么要进行规划编制、规划编制与公众有怎样的关系等问题，促进公众提升对规划政策制定的关注与理解。以往的规划更关注政府或专家知识的使用对政策过程的影响，对于科学知识以外的知识特别是公众的知识不够重视。随着知识研究的深化，如今学界愈发重视对公众知识与其行为和政策结果之间关联的探究。

在参与方式上，在城乡规划制度较为成熟的英国和美国，公众以个人身份参与规划并不是主流，更多的时候是通过发达的社会组织参与规划，比如各种环保组织、历史文化保护组织、动物保护组织、社区组织及专门基金会。我国的公众参与制度也应当为合法成立的社会组织提供入口，允许公众在法律框架下"组团"参与规划的编制，实现"自下而上"的公众参与。上下对接，可以实现政府治理和社会调节、居民自治的良性互动[2]。

还有学者[9]认为在规划编制过程中，继续完善公众参与，除公众之外，承担公共任务的机构，如事业单位、高校、医院、博物馆、职业协会等机构来参与规划编制不仅是权利，也应当是一种义务。而这些承担公共任务机构的作用在我国现行立法中未能表现出来。同时认为公众参与时机需要进一步提前，目前规划编制中的公众参与时间点为"报送审批前"（《城乡规划法》第26条），此时规划草案已经成型，公众参与的作用有限[8]。

2.2 国际地理教育研究概况

2.2.1 国外地理教育研究概况

目前，地理和地理教育的重要性日益提高。随着全球化的发展，世界越来越紧密地联系在一起，人们对地理知识、技能和视角的需求也在增加。根据许多地理教育者的普遍观点，有必要对个人进行教育，使他们能够成为积极、负责任的全球公民，以应对当地或全球的困难。通过地理教育，还旨在让学生了解不同的地方、自然结构、人、经济、文化以及它们之间的联系和关系。

基于 Web of Science（简称 WoS）数据库的文献计量分析，从 1975 年到 2020 年，在 WoS 数据库中登记的研究中，有 559 项是与地理教育相关的研究，其中 196 项（35.06%）属于教育 / 培训研究类别，而且，与地理教育相关的出版物以文章类居多，共 196 篇。近年来有关地理教育的研究有所增加，大约有 106 篇文章是在 2016—2020 年期间发表的。地理教育研究最活跃的国家是美国，其次是英国、澳大利亚和土耳其。通过分析这些文献，可以发现这些研究主要集中在地理教育和教学方面，具体包括地理教育、地理课程、地理特殊教学方法以及许多地理主题的教学等方面：①以"地理教育"为关键词扫描的出版物 WoS 分类，以"教育 / 教育研究"类最多，共有 196 项研究，其次是"地理"类，共有 84 项研究。②教育 / 教育研究范围内的地理教育出版类型，最常见的是文章，有 196 篇。③对"教育 / 教育研究"类中与地理教育相关的文章进行关键词检索，使用最多的关键词是地理教育、地理、地理教师。而地理教育、教师教育、田野调查、中等教育等关键词特别是在 2000 年代使用得尤为普遍。近年来，地理学、地理教育研究、地理教师、教学法等关键词出现了发展趋势，这与我国三大类地理教育期刊发表的论文主题有相似之处（中学地理教学设计、地理教师、研学旅行等）。④在"教育 / 教育研究"类别发表最多的地理教育文章的年份是 2018 年（27 篇），其次分别为 2015 年（26 篇）、2019 年（25 篇）、2017 年（24 篇）和 2016 年（18 篇），即 2015 年以来出现较大幅度增长[10]。

在教育 / 教育研究范畴内发表关于地理教育文章范围内有效的期刊如表 2-1 所示。鉴于发表有关地理教育文章的数量，这里主要分析 2015 年以来前两种期刊内地理教育的研究情况。通过检索发现，这两种期刊刊发有关城市地理方面的文章数量较少，主要是围绕城市地理课程开发及其教学方法进行探讨。

教育 / 教育研究类期刊 (N=196) 中发表的有关地理教育范围内的有效期刊　表 2-1

已发表文章期刊	记录的数量	%
1. 高等地理教育杂志	61	31.12
2. 国际地理与环境教育研究	39	19.89
3. 地理教育的国际视角	18	9.18
4. 全球理解的地理教育	10	5.10
5. 英国地理教育研究的回顾与展望 ——全球背景下的英国案例	8	4.08
6. 教育科学	5	2.55
7. 地理学杂志	5	2.55
8. 理论与实践中的教育科学	5	2.55
9. 计算机教育	3	1.53
10. 教育与科学	3	1.53

2015 年以来，Journal of Geography in Higher Education 共刊发 276 篇高等地理教育教学研究论文，主要围绕以学生学习为中心，探讨高等地理教育教学方法与方式问题，集中在地理学、田野作业、各种信息技术应用、游戏与故事引入等较为明显的主题。

如：最近对课程国际化的推动，以及对超越"西方"的城市地理学分学科国际化的呼声，以及高等教育日益向"学"为中心范式的转向，为本科生设计和交付一个高水平城市地理学模块——全球城市主义——提供了动力。Therese Kenna 以"全球城市主义"模块为案例，展示了通过设计、评估项目，特别是研究型学习期刊，强化以"学"为中心方法促进学生学习和参与国际化全球城市地理学的途径 [11]。Angharad Saunders 探讨了音频步行如何帮助学习者重新体验和反思城市地理学的本质。城市思维越来越开始探索城市不是从上而下，而是从下而上；来自街头而非精英，以日常而非非凡的方式。其目的是揭示构成城市结构的许多故事、运动和人。以南威尔士大学城市地理模块第三年的工作为例，探讨了音频步行创作如何帮助学生将城市环境理解为一个富含历史、社会和文化的空间[12]。John R. Gold 和 John Coaffee 探讨了运用概念图帮助学生理解城市的复杂性问题[13]。

International Research in Geographical and Environmental Education 2015 年以来共刊发 200 篇论文，主要集中在地理学、地理教育、地理教师及环境教育等主题，其中中等教育类文章共 70 篇，主要涉及地理教师、地理教育及地理学三大主题。如：有证据表明，当学生被问及想要学习什么时，他们很容易用动手的成分来识别与个人相关的话题。他们想要基于好奇心而不是基于知识的主题。Gillian Kidman 调查了学生对地理课程文件中常见的各种主题的兴趣，发现学生们有兴趣学习的话题和他们的老师感兴趣的话题有不一致的地方。据推测，课程设置与学生兴趣之间的更好匹配可以导致认知和情感地理学习成果的改善以及地理入学率的提高[14]。有些国家探讨了中小学与大学人文地理知识之间的差距。他们以城市地理学为例，调查了中小学教师和学术地理学家对该领域的关键要素以及对地理教育关键要素的看法。研究发现，在中小学和大学层面讲授的城市地理知识之间确实存在着"鸿沟"，中小学教师对地理课程这一方面变化的反应是喜忧参半的——有的热衷于拥抱新的话题，有的则对当前的素材感到高兴。并希望进一步考察儿童对城市地理学的看法和兴趣，以便为课程开发提供信息[15]。

2.2.2 我国地理教育研究概况

在中国知网总库中以主题"地理＋教育"进行检索，共有 11078 条相关结果，其中 2000 年以来共有 9880 条，占比 89.19%；而地理教育三大类期刊:《中学地理教学参考》（938 篇）、《地理教育》（522 篇）和《地理教学》（445 篇）刊发文量最多，共刊发 1905 篇，占比 17.20%；博硕士学位论文 775 篇，占比 7%。可以看出，自 2000 年基础教育课程改革以来，有关地理教育的研究出现了大幅度增长，尤其是在 2006 年以后增幅更大。2017 年高中地理新课标的颁布，对高中地理教育的研究在 2018—2019 年达到高峰，2019 年全年地理教育的发文量达到 700 篇以上。详见图 2-1。

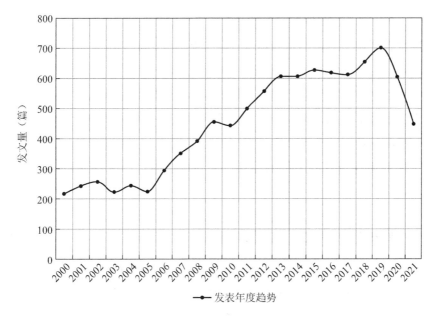

图 2-1　2000 年以来地理教育研究发表论文情况（2021.11.11 数据）

这里重点对地理教育的三大类期刊进行分析。《中学地理教学参考》刊发文章主要集中在中学地理教学设计、地理教师、地理核心素养、研学旅行及高考地理等方面的研究。《地理教育》杂志主要集中在高中地理教学设计、高考地理与地理试题、地理教师、研学旅行及核心素养等方面。《地理教学》杂志主要集中在地理教学设计、地理核心素养、地理试题与高考地理、地理教师及研学旅行等方面。从以上分析中可以看出，三大类期刊的发文主题具有高度集中的特点，均关注了地理教学设计、地理核心素养、地理教师、高考地理与地理试题、研学旅行五大方面的主题。随着基础教育的纵深发展，基于核心素养培育的地理教学设计与评价改革成为中学一线地理教师关注的焦点，同时也给一线教师带来了很大的挑战，其中探讨地理实践力培养的研学旅行也在各地得到开展。

2.3　高中城市地理教育研究现状

在中国知网中，以"城市 + 地理教学"为主题进行检索，共有 326 篇相关文献。在学科一栏中以"中等教育"作为筛选条件，共有 273 条检索结果。其中地理教育类三大期刊发表情况：《中学地理教学参考》68 篇，《地理教学》34 篇，《地理教育》33 篇，共 135 条检索结果。以主题"教学设计 + 某一高中城市地理内容"进行检索，共 55 篇相关结果。可以看出，自 2003 年高中地理课程改革以来，有关该主题的研究呈上升趋势，如图 2-2 所示。其中 2018—2019 年研究达到最高峰的原因主要为 2017 年《高中地理课程标准（修订版）》的发行及其提出的新理念、新目标、新教学方法以及教学评价等（图 2-3）。

2.3.1　高中城市地理知识选择的研究

以往对高中城市地理知识选择方面的研究较少。在所搜集到的一些文献中，大多数学者仅提到城市问题作为当前社会面临的重要问题之一，应当在教材中有所加强。有学者认为，教材要从人类衣食住行基本需求活动出发，密切联系人类生产和学生的生活实际，适当加强人口地理、城市地理、文化地理和政治地理等内容，渗透现代地理学的基本思想和发展方向[16]。还有学者认为，在城市人口比重大、现代化程度高的一些发达国家的地理教材中，有以城市地理问题为中心设计教材的倾向，如英国[17]。J·Lewis Robinson 认为，我们想要我们的高中生知道以下一些城市特征：①某些城市的位置与起源。如果课程具有倾斜于历史的特征，那么它应该很了解城市刚建立时候的自然地理（位置）条件。可以推测可能影响一个城市或一组城市发展的区位因素。②城市自身。根据城市目前的功能分区和形态探讨其内部结构。换句话说，城市各部分的相对重要性与目的以及它们如何在一个复杂的、运转的单位里共同工作。③城市腹地，即被城市功能服务的区域。④城市之间，指城镇和城市的规模等级与间距，城市之间货物、服务及思想的运输与通信，以及一国内城市的"携手合作"[18]。

美国在城市化快速发展的时代，城市地理学发展迅速，乃至今日，仍是地理学中发展较快且很重要的一个分支。高中地理课程受到城市化快速发展与城市地理学发展的双重影响，城市地理教学在高中很受重视，甚至有"城市时代的地理学"之称号。1966 年美国一些学者认为，目前，美国有大约 70% 的人

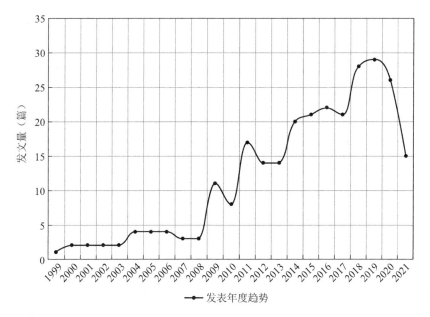

图 2-2　1999 年以来中等教育阶段城市地理教学相关文献发表情况统计

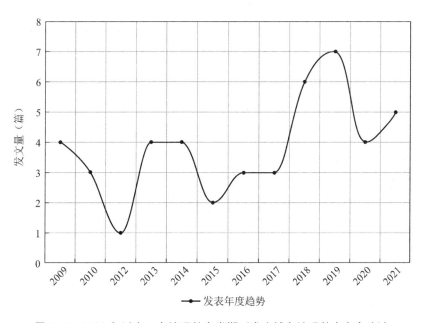

图 2-3　2009 年以来三大地理教育类期刊发表城市地理教育文章统计

生活在城市，在我们的历史上，没有任何时候比今天更迫切地需要了解城市环境。许多教育工作者意识到城市的日益重要性和复杂性，以及当前学生理解这种新环境的必要性。越来越多的文章和书籍、教学单位、研讨会和研究会正致力于城市化及其对教育的影响。这种意识在地理学科中得到了很好的反映。例如，由专业地理学家组成的高中地理项目指导委员会，决定将大约7周的城市地理课程纳入目前正在开发的30周的课程中，供美国中学使用。他们指出，现在大多数的美国高中学生住在城市或邻近城市。因此，融入这种环境的教学单位从熟悉的开始，城市是引导学生理解地理原理和学习方法的理想起点。经过初步的研究和非正式的学校试验，高中地理项目中的城市单元包含4个学科主题概念，单元内它们的呈现顺序如下：①确定居民点的有利位置特征是可能的（聚落区位）；②城市通过生产商品和服务并将这些商品和服务卖给其他地区的人们而得以存在和发展（城市腹地）；③可达性概念用于解释城市土地利用模式的重要方面（城市内部空间结构）；④为了在城市地区创造和维持理想的生活条件，地方土地使用规划是必要的（城市规划）[19]。通过学习后的调查发现，许多教师评论说，这个单元的最大优势是它成功地激励了大量的学生，并使他们感兴趣，以及它的及时性和与学生生活的相关性[20]。

多年来，美国高中地理课程围绕城市地理教材如何编写、城市地理教育活动如何设计等进行了深入探讨与实验。城市时代（城市化率较高）的高中地理课程，要么以居民点或聚落为主题单独开设课程，要么在聚落单元中融入城市地理相关主题，包括规划方面的内容。虽没有明确列出城市规划课程，但课程中，尤其是在开发的活动课程中，都很明显地指向不同类型经济或商业活动的选址问题，即优化城市空间布局。这与我国高中开设的《城乡规划》课程目标是不谋而合的。

美国自20世纪30年代开始，尤其是在五六十年代，深入探讨了高中地理城市单元课程的开发问题，其中涉及教学目标的设计、内容的选取与组织、教学方式的选择及评价的设计等方面，总体上追求以学生为本，注重学生的学习参与、知识建构以及发展的能力等。通过分析《美国国家地理学家联合会会刊》中刊载的论文发现，自1951年开始，"自然和社会"领域的研究比重遥遥领先，其次是"人口、地方（微观、中观尺度：城市、乡村的区位、空间、住宅、环境、社会形态、城市化问题等）、区域（宏观：空间、土地利用、区划等）"方面的研究（由于"二战"期间地理学所作的贡献，该方面研究从 20 世纪 50 年代开始有较大的增长，这一时期强调"区域地理"的发展和地方知识的重要性，从此可以推测出美国该时期对城市地理教学的重视）。此后美国地理学对于地方和区域的研究基本居于第二位，仅次于"自然与社会"领域。美国地理研究的专业方向主要侧重于经济、自然、地方、区域、社会、文化、人口及环境，说明美国地理研究对与人类生存、生活相关的方向特别关注。其人文地理学研究居于绝对主导地位。自然、经济、地方、区域等方向的研究一直占据重要比例 [21]。

我国高中地理课程中选择哪些城市地理知识比较合适？师生对目前高中地理课程中城市地理知识选取的看法，以及他们对城市地理知识的需求等方面，还鲜有人进行深入系统的研究。大多数学者是对整个地理课程内容的选择提出了自己的看法。

陈尔寿先生（1998）认为中学地理教材编订的原则为：要以实现国家的教育方针和学校培养目标为目的；要反映现代地理科学发展方向及其研究成果；要适合学习者身心发展各阶段的要求；要注意联系实际等 [17]。《基础教育课程改革纲要（试行）》（2001）中提出，在课程内容改革方面，要改变课程内容"繁、难、偏、旧"和过分注重书本知识的现状，加强课程内容与学生生活以及现代社会和科技发展的联系，关注学生的兴趣和经验，精选终身学习必备的基础知识和技能 [22]。王民教授（2001）提出，地理课程内容的选择应具有基础性、贴近社会生活以及与学生和学校的教育特点相适应。此外，还要立足国情，面向现代化、面向世界、面向未来。在地理课程设计方面，要坚持"以学生发展为中心、以社会需要为方向、以学科发展为基础"的"三维一体"的课程设计思想 [23]。张超、段玉山（2002）提出地理教材建设的建议，具体有以下几点：①地理教材要适应个人发展，与学生个人的需要相吻合，增强教材的针对性和实用性。②地理教材要反映现代地理发展。从地理学科角度看，地理教材的现代化原则主要体现在 3 个方面：首先是最基础的知识和技能，如地图知识；其次是最有用的知识和技能，它们在社会生产、生活中使用频率高、价值大；此外，教材的知识和技能应有适度的超前性，为未来的社会需要培养人才。地理教材随着地理科学的发展而发展，其价值很大程度上取决于地理科学价值，在当今时代要实现时代价值，提高其地位，必须积极深入的反映现代地理科学的新成就，特别在促进人类社会可持续发展方面的作用和贡献。③地理教材要有基础教育性，加强教材在传输知识、培养能力和思想教育等方面的地位和作用。④教材建设要顺应时代发展要求。教材内容的选择应以地理课程现代化改革为出发点，适应社会的需要。⑤地理教材应优化表述形式[16]。《全日制义务教育地理课程标准（实验稿）解读》（2002）对美国、英国、法国、日本、加拿大、澳大利亚、德国、俄罗斯8个国家近几年制定和修改的中学地理课程标准的研究表明，国际地理课程标准的共同特点是：不严格地把地理科学体系作为地理课程的内容体系；关注现实社会的重大问题和学生生活实际问题，充分考虑学生的学习兴趣和个体发展的需要；注重地理技能、能力和地理思想的培养等[24]。《普通高中地理课程标准（实验）解读》（2004）对国际高中地理课程进行了比较研究。在高中地理课程内容体系比较方面，认为人口、资源、环境、区域发展是国际高中地理课程内容体系中的核心问题，使学生正确认识人地关系，形成可持续发展观念是世界各国的共识。其次，开阔视野，重视国际理解与合作是国际高中地理课程内容构成的一个重要部分[25]。

王向东在其博士论文中对近百年来我国中学区域地理内容主题的演变和国际中学区域地理内容主题的选择进行了历史回顾和横向比较，并探讨了问卷调查法在中学区域地理内容主题确立过程中的具体应用。提出中学区域地理的主题选择与内容编制应遵循均衡性和典型性、综合性和区域性、基础性与探究性、权威性与趣味性、连续性与阶段性五对原则[26]。

从以上分析可以看出，多数学者是就整个地理课程内容的选择发表看法，而对地理学科中某一分支的教学内容选择的研究还很薄弱。当然，对整个地理课程内容的探讨，也会对地理学科中某一分支内容的选择起指导作用。分析上述专家学者对地理课程内容选择的看法可以得出，地理课程内容的选择既要具有基础性，又要反映现代地理科学的新成就，还要联系现实社会和学生的生活实际，以及考虑学生个人的需要和具有教育性等特点。高中地理课程中城市地理内容的选择同样遵循以上原则。

2.3.2　高中城市地理知识组织的研究

课程内容的组织是课程理论和实践中与逻辑联系最紧密的领域之一。课程内容采取何种逻辑形式编排和组织，直接影响着课程内容结构的性质，也制约着课程实施中的学习活动方式。早在 20 世纪 40 年代，泰勒就明确提出了课程内容编排和组织的 3 条逻辑规则，即连续性、顺序性、整合性。连续性是指直线式地陈述主要的课程要素；顺序性要求每一后继内容以前面的内容为基础，同时又对有关内容加以深入、广泛地展开；整合性则强调保持各种课程资源内容之间的横向联系，以便有助于学生获得一种统一的观念，并把行为与所学课程内容统一起来[27]。

关于高中地理教材中城市地理内容的组织研究极少，在搜集到的文献中，仅有一篇是探讨高中地理教材中城市地理内容结构的。董军[28] 对 4 个新版本高中地理教材中城市地理内容的结构编排进行了分析，认为各版本对课程标准的体现虽有其共性，但不同版本所选择的案例及描述的次序有所不同。接下来分别从教材中城市地理内容的安排与课程标准的对应程度、各节内部知识点的选取与编排、案例选择等方面对各版本教材中的该部分内容进行了分析。主要是对各版本教材中城市地理知识的选取和编排顺序进行分析比较，并没有从课程论或教材论的角度提出具体的高中城市地理知识组织的结构类型、原则等。

对整个地理课程内容组织的研究文献较多。陈尔寿先生[17] 认为地理教材一般有两种组织法：一是教材逻辑组织法，或称教材理论组织法。它是按照地理科学知识内在的基本逻辑顺序组织地理教材。它与地理科学知识体系的内在逻辑是相适应的。二是教材心理组织法。这种教材的编排顺序叫作教材心理顺序，或教材心理程序，即按照一定年龄阶段学生心理发展的特点，来组织地理学科教材的方法。陈澄教授[29] 提出，教材的组织方法有逻辑组织、心理组织和逻辑与心理交融组织等 3 种主要方法。王民教授[23] 认为，区域表述法（地方志编写法）和中心问题法是组织地理课程内容的两种基本方式。区域表述法又可分为典型的区域地理的表述（即以区域的名称为标题，按照自然地理、人文地理的顺序介绍；自然地理中又按照位置、地形、气候、土壤、植被的顺序介绍）和区域专题的方法（根据需要介绍区域内的某些专题）；中心问题法也有两种方式，一是典型的系统地理（或部门地理）的表述，即按照系统地理的组成要素，如地形地貌、气象气候、工业、农业、城市等，把每一个要素作为中心进行论述。二是围绕人地关系展开的中心问题，内容比系统地理更为综合、复杂，如南澳大利亚高中地理课程中的"人类对干旱化的对策""人文、环境和未来"等问题。张超、段玉山[16]认为，在教学内容的体系构建上，要打破以地理科学体系为教学内容构建模式的做法，而以与社会需求、生产生活密切联系的实际问题、案例为出发点，以"范例式""专题式""特征式"等体系形式，结合学生认知结构原理来安排新教材的教学内容体系。夏志芳教授[30]认为地理教材编排的基本样式有4种：要素式、系统式、专题式、混合式。所谓要素式是按照自然地理、人文地理要素编排教材的方式。这种编排方式反映了地理学科的基本形式体系，但并不体现内在的实质的知识联系。所谓"系统式"的教材样式，是用系统论思想组织教材内容的一种表现方式。目前，专题式的地理教材编写方式在国内或国外采用得比较多。混合式则是一种比较随意的从需要出发的非逻辑的教材编排方式，有时是为了系统地说明一组概念与原理，有时为了培养学生的探究兴趣，有时为了保持结构的完整性，教材编排方式显得"不伦不类"。严格地讲，不少地理教材实际上均属这种混合式，很难明确说该教材属于哪一种方式。林培英教授[31]尝试以案例分析的方法编写高中地理实验教材。提出在教材编写中，利用综合案例体现地理问题的综合性以及利用案例平台创建地理原理和地理事实之间的新关联。目的是希望促进教材编写思路和编写形式多样化的研究。赫兴无[32]认为，地理教材内容的组织应依据地理科学体系和学生心理发展两个方面，地理教材内容组织的原则有突出人地关系原则、连续性原则、顺序性原则以及分化性原则，地理教材内容组织的策略有"层级"组织策略和"螺旋式"组织策略。

《普通高中地理课程标准（实验）解读》[26]对国际高中地理课程进行了

比较研究。在高中地理课程内容结构的比较方面，认为课程内容组织以区域学习或专题学习为基本结构。各国高中地理课程内容的安排和组织特点有：一是区域学习结构，如法国采用的是区域学习结构，从初中到高中的地理课程设计为"世界地理—非洲、亚洲、美洲地理—欧洲地理—法国地理—欧洲地理—世界地理"学习顺序，体现循环上升，不断发展。二是专题学习结构，如美国高中地理课程内容主要有"地球和宇宙科学""环境科学""经济地理"等，具有专题学习的特征。三是区域学习和专题学习相结合的学习结构，较多的国家采用区域学习与专题学习相互结合的结构形式。

此外，王民教授和王向东教授还专门对地理课程中区域地理内容的编排顺序进行了研究。王民教授[23]认为，区域地理课程内容的安排顺序一般分为两种：由近及远和由远及近。前者是从身边的地理事物开始，逐渐向远、向外展开，直到世界，这对应课程论中的心理顺序；而后者则是从世界开始，逐渐向近、向内叙述，最后到达学生身边的地理事物，也就是学生的家乡，这对应课程论中的逻辑顺序。他通过对 23 个发达国家或地区的初中地理教学大纲的比较分析，发现由近及远的展开方式占多数。王向东教授[25]认为，区域编写的顺序主要有两种：其一是阶段顺序，即"先世界后本国"还是"先本国后世界"；其二是组合顺序，即在阶段顺序已经确定的情况下，进行被选区域的组合排列。关于区域编排的两种阶段顺序各有所长，很难说孰优孰劣。关于区域编排的组合顺序比较复杂，世界地理部分和中国地理部分略有不同。世界地理部分的区域组合有三种情况：洲、地区、国家分别列章，在章上体现区域尺度的层次性；洲、地区、国家列节，在节上体现区域尺度的层次性；洲、地区、国家混合排列。中国地理部分的区域组合顺序所体现的策略有 4 种：突出区域尺度、突出区域主题、强调区域分布、关注乡土地理。

分析上述文献可以看出，关于中学地理课程内容组织与编排的研究日益深入与细化，从最初的逻辑与心理顺序，到后来的专题式、要素式、案例式，再到更具体的区域地理内容组织策略。中学地理课程内容的组织既要考虑地理学科体系，又要结合学生心理发展特征与教育规律。无论采取何种编排方式，都应追求利教便学。同样的，中学地理课程中城市地理内容的组织与编排也需要遵循上述方式或策略。区域地理学是地理学的重要组成部分，也是世界上许多国家中学地理课程的核心内容。中学地理课程中区域地理内容的研究比较受到重视。而像城市地理学等其他地理学分支学科在高中地理课程中的探讨较少。随着我国城镇化的快速发展，越来越多的人会居住在城镇，对城镇环境的了解将会引起人们的关注，这一点在美国中学城市地理的教学中已得到印证。

2.3.3　高中城市地理教学的研究

我国高中地理课程中城市地理教学的研究主要集中在探讨某一节课的教学设计、教学策略及教学方法等方面。佟柠[33]设计了"城市区位与城市发展"为标题的探究教学过程，认为要真正实施探究式课堂教学，应体现3个原则：创设情境的真实性、学生参与学习的主体性和互动性、全体学生的参与性。薛晖[34]就"城市化过程中的问题及其解决途径"一节如何开展探究式教学进行了探讨。结合自身的教学经验，从分析教学思路、准备教学资源、开展具体的教学过程、反思教学4方面作了较详细的介绍。蔡珍树、王文[35]尝试在"城市的区位因素"一节的教学中采用案例教学法，具体教学过程大体分为阐明本节课的知识点、场景布置和表述案例、案例分析三大步。李秋林的硕士论文《高中城市地理自主创新学习教学模式研究》[36]从符合当今社会培养自学能力和创新精神的需要出发，把自主学习模式和创造教育进行有机结合，形成自主创新学习教学模式，应用于城市地理教学，并且在城市地理教学中强调紧密联系现实，凸显人类居住活动与地理环境之间的关系，即住区发展和环境的平衡关系的重要性，从而达到人类住区的可持续发展思想和人的教育的可持续发展思想两者的有机统一。李小红[37]认为要生动而完美地讲好一堂地理课，需从以下3个环节入手：以实例为主线，拓宽思维；图文结合，突破重难点；借助媒体信息，活化课堂教学。

朱雪梅等[38]以"城市空间结构"教学为例，提出乡土地理可以通过创设情境、案例教学及研究性学习渗透到高中地理教学中。林培英[39]以"城市空间结构的成因"教学为例，认为处理人文地理成因教学问题复杂性的方法主要有两种：一种是划分前提和不同因素所在层次，另一种是突出主要因素。周玲[40]

以"城市空间结构"的教学为例，提出地理情境教学的行动策略包括地理教学情境素材的生活性、地理教学情境线索的主题性、情境过程的实践性及情境作用的发展性。王芯芯等[41]就核心素养培育下"城市内部空间结构"的教学设计进行了探讨，提出：创设情境，借助乡土地理培养区域认知素养；开展调查，在活动中培养地理实践力；分层设问，在材料分析中锻炼综合思维能力；汇集信息，在思维提升中树立人地协调观。董冲、陆丽云[42]以"城市内部空间结构"为例，探讨了依据 SOLO 分类理论制定学习目标、选择教学方法及设计教学环节。李智芳、黄榕青[43]，李敏、黄榕青[44]分别探讨了将"体验学习圈"理论应用于"地域文化与城乡景观"教学和将随机通达教学法的教学理念与内容应用于"城市空间结构"的教学中。

综上所述，多数学者是就某一视角下高中城市地理某一主题进行教学设计探讨。此外，一些新的技术手段与方法，如百度地图、游戏软件、GIS、随机通达法、头脑风暴及 ARCS 动机模型等在城市地理教学中的应用也受到了一些老师的关注。

在高中城市地理教学的智能训练或培养方法方面，黄古成[45]根据"人类的居住地与地理环境"单元的智能（社会调查和综合分析）训练要求，探讨了实施这些智能训练的方法、步骤。社会调查方面，建议通过访问，了解学校所在地区城镇（或农村）发展状况。以城镇发展为例，教师在组织实施此类活动时可按以下思路设计：确定调查活动目标、确定调查活动内容、活动准备、指导调查的途径和方法、撰写调查报告。综合分析方面，建议结合区位因素分析当地某城镇的形成和发展状况。王平在"城市的区位因素（一）"一节的课堂教学中，谈到了学生用图能力的培养方法。认为地理教学中指导学生积极主动地使用地图，是提高地理教学质量的关键所在。

美国是世界上城市化水平最高的国家之一。自 1870 年实现初步城市化后，美国城市化进入了高速发展阶段[46]，到了 20 世纪 30 年代，城市化率已达到50% 以上。美国的中小学地理教育都非常重视城市地理知识的教学，对城市地理知识教学方法的探讨也较多。美国中小学注重课程开发，教学活动时间充足，注重教学中的学生参与、头脑风暴、思维培养、实践能力训练等。如：

Adelaide Blouch 介绍了借助城市的航空照片，寻找从郊区到市中心或从市中心到郊区旅行的最佳路线，在旅行过程中通过实地观察来学习城市的内部结构[47]。Rubym. Harris 认为，城市地理学是区域地理学的一个阶段，因此，作为对自然环境响应的个别城市的学习，可以安排在已学习过区域地理的年级中。美国一半以上的人口生活在城市里，尽管城市景观对许多学生来说是最熟悉的，然而，对它的解释往往是区域地理学范围内最复杂的问题之一。在中小学，对像芝加哥那样复杂的有机体进行全面的学习明显是不太可能的，但对结构较简单的城市的学习还是可以充满信心地去尝试。学生对较大规模城市的许多地理发展阶段的调查也会使人很满意[48]。J. Lewis Robinson 也认为，一般来说，一个城市地区只不过是另一个区域（小些，且有更多的人）。Ufuk Karakuş 探讨了摄影在地理教学中的应用（11 年级地理课程中人文系统单元"城市的人口和功能变化"）。通过观察，学生们能够利用摄影来拍摄扭曲的城市化、城市规划、交通和居住问题（强调教学中的学生参与，但我国还很缺乏）[49]。

许多区域地理教学方法仍可以适用于这些城市区域[50]。国外对区域地理的教学方法有广泛的研究，提倡主动学习、探究式学习、野外考察以及利用网络和地理信息系统进行区域地理教学[51]。Phil Klein 提出，在世界地理课程中采用主动学习的策略，即让学生自己做，目的在于培养他们主动的学习态度。Phil Klein 在区域地理的教学中，还总结了"地图热身""概念发现""问题分析"等几种方法，让学生分析基本的空间模式、理解重要的地理概念、形成正确的地理观念[52]。

许多中小学教师都考虑如何在他们当地的附近地区激发学生的学习兴趣和参与性的问题。当地附近地区的活动计划涉及学生实际接触和研究附近地区的商业区，被认为是一个可能的解决方案。完成这一计划的任务包括确定一个研究区域、绘制该区域的街道和某些商业的分布图、采访和（或）调查商人认为附近地区有哪些好的地方和不好的地方，以及最后联系当地的规划局，调查他们对所研究区域的未来的发展规划[53]。C. Murray Austin 探讨了角色扮演活动在城市地理教学中的运用[54]。James O'Hern 和 Jo Ann O'Hern 运用一张城市地图和电话簿黄页，探讨一些关于城市地区的基本概念的教学方法[55]。Kenneth E.

Corey 介绍了美国辛辛那提大学利用空中考察的方法进行城市地理教学。辛辛那提地区每年的空中考察要履行的功能有：①不论是初来的还是高年级的学生，学校都要给他们提供对"全体景观"进行概览的机会，对自然物理基础的观察和对聚落特征与城市群的观察一样都受到重视。②这种空中视角与教室工具（在空中考察前或在其后）如小尺度的地图、航空照片以及三维的模型一起，应该使学生对地理分析的多角度的方法有个充分的了解。空间理解是运用这组教学技术所追求的目标。③学生有机会亲眼看见他当地的区域，并对目前景观的变化保持了解[56]。

Joe T. Darden 探讨了城市地理学中的多元文化社会重构教育的问题。该门课程包含测量美国城市中的居民如何达到平等和他们如何真正地实践民主的理想。多元文化社会重构模型清晰地指出，在美国国家文件中所阐述的价值观与美国少数民族群体和妇女所受到的不公正的对待之间存在严重的冲突。多元文化社会重构教育教育学生，仅知道宪法或法律中所声明的美国人在住房、工作或教育方面都享有平等的权利是不够的，学生必须学会运用文件中所声称的民主思想把理想变成现实，以便人人确实都享有正义和平等的权力。这涉及要教授一些能够用于获得权力而又不发生暴力行为的社会行动策略。它要求教师给学生传递和发展一些有助于实现政治、社会和经济变化的必需的知识和技能，这些变化将为所有人群带来自由、正义和公平。在城市地理学中运用重构方法需要提供关于目前居住在许多大城市和大都市地区的不同人群间的关系的性质的信息，因为是关系的性质才导致不平等。而搜集不同人群间的关系的性质的信息，需要进行社会走访和调查[57]。

Halil.I.Tas 倡导在城市内部开展一系列的实地调查活动，如调查产业区位的选址、调查不同等级的居住区的分布等，以增加学生的实践体验[58]。体验学习教学法在本科生教育中得到了普遍运用，并宣称是提高学生学习效率的一个有效的策略。Sarah A Elwood 对这种教学法如何以及为什么能够培养学生的批判性思维和学习能力给予了解释。通过运用从一所城市大学中学习"野外"城市地理课程的大一学生那里搜集到的资料，她揭示了学生现有的城市空间和有关该城市的具体部分的知识是如何从各种来源和体验中建构的，并被纳入到培养批判性学习的体验学习活动中 [59]。

《全日制义务教育地理课程标准（实验稿）解读》[23] 和《普通高中地理课程标准（实验）解读》[24] 通过对国际中学地理教学方式方法的比较，认为国内外都普遍接受并积极提倡探究式的学习方式。

综合以上分析可以得出，国内外都对中学城市地理教学的方式方法进行了较多的探讨，我国中学城市地理教学的研究在近年来得到了快速发展。国外城市地理教学关注学生的积极建构，倡导探究式、实践式及信息技术在教学中的应用等，注重激发学生的学习兴趣及培养学生的思维和能力；我国高中城市地理教学的研究较重视探讨某一理念、方法或理论等视角下的教学设计，围绕地理学科核心素养的落实，越来越关注学生在学习中的主体地位及问题式教学法、探究式教学法、案例教学法、实践教学法及信息技术在教学中的应用。国内外的城市地理教学日益有较多的相似之处。

2.4　小结

公众参与城市规划在发达国家中已是普遍现象，并形成了一种成熟的制度与参与模式。随着我国城镇化进程的快速推进及城乡一体化战略的实施，公众参与城乡规划将日益受到重视。但我国公众参与城乡规划还存在着参与意识淡薄与城乡规划知识缺乏而导致参与能力不高的突出问题。这一问题已引起业内相关人士的关注，很多学者也对该问题的解决，提出利用大众媒体、培训及展览等方式普及相关知识的看法。在传播和普及公众城乡规划知识方面，鲜有人提出结合基础教育阶段具体学科内容进行传授的方式，相对来说，课堂教学传授的知识更具体、深入而系统，受众面更广且更可持续，可以为国家及社会陆续培养大批合格的城乡规划参与者。因此，根据地理学科尤其是城市地理学，长期为国家城市规划、国土空间规划服务的传统，本研究拟从基础教育阶段的地理课程出发，探讨在基础教育阶段地理学科中如何更好地进行基本的城乡规划知识学习，提升学生的城乡规划素养，为他们日后的工作和生活服务，相信这一研究将具有广泛且深远的实践意义。

随着基础教育课程改革的逐步深入，地理学科中有关城市地理与城乡规划方面的内容也日益得到重视，但有关该主题的课程与教学方面的探讨有待进一步深入系统。从以上对相关文献的分析可以看出，许多学者都是从地理学科一般特征上研究地理教育，对高中地理课程中城市地理专题的研究虽呈现日益增长的态势，但研究主题较为分散。目前我国高中地理课程中城市地理部分的研究主要集中在对某一理念、方法或理论等视角下某节课的教学设计方面的探讨，探究式教学法、案例教学法、问题式教学法、实践教学法及信息技术应用在高中城市地理教学中运用的研究日益受到关注。国外的城市地理教学研究，尤其是美国和英国的城市地理教学很重视实践法和探究式教学法的运用，注重激发学生的学习兴趣和培养学生的思维与能力。随着我国城镇化进程的加快和城镇在人们日常生活中的重要性的增加，城市地理知识及其教学将日益受到关注。哪些城市地理知识纳入高中地理课程？这些知识如何组织或编排利教便学？运用什么方式方法利于学生理解城市地理学的本质，加深学生对核心知识的理解，培养学生的思维与能力？这些问题需进行深入系统的研究。

参考文献

[1]　樊杰.中国人文地理学 70 年创新发展与学术特色 [J].中国科学：地球科学，2019，49（11）.

[2]　马勇.城市存量规划视角下公众参与的功能重塑与路径优化 [J].中国不动产法研究，2019 年第 2 辑.

[3]　许凌飞.公众参与如何避免"参与者困境"——基于 S 市城市总体规划编制过程的观察 [J].甘肃行政学院学报，2019（6）.

[4]　方舟.城乡规划管理中公众参与的问题与对策 [J].智能规划，2019，5（24）.

[5]　马军杰，张丹，卢锐，等.中国城乡规划法研究进展及展望 [J].规划师，2018，34（12）.

[6]　于瑞婷.公众参与城乡规划的实现路径探讨 [J].住宅与房地产，2017（12）.

[7]　熊耀平，梁炜炜.村镇规划：如何构建有效的公众参与机制 [J].城市地理，

2018（10）.

[8] 霍雅琴.城乡规划中的公众参与及实现路径——以大西安为例 [J].新西部，2020（6）.

[9] 何源.德国建设规划的理念、体系与编制 [J].中国行政管理，2017（6）.

[10] Aksoy B, Bozdoğan K, Sönmez Ö F. An evaluation of the publications in the field of geography education: bibliometric analysis based on the web of science database [J]. Review of International Geographical Education(RIGEO), 2021, 11(2), 540-557.

[11] Therese K. Teaching and learning global urban geography: An international learning-centred approach [J]. Journal of Geography in Higher Education, 2016, 41(1): 39-55.

[12] Angharad S. Recovering the street: Relocalising urban geography[J].Journal of Geography in Higher Education, 2013, 4(37): 536-546.

[13] John R, Gold, John C. Tales of the city: Understanding urban complexity through the medium of concept mapping [J]. Journal of Geography in Higher Education, 1998, 22(3): 285-296.

[14] Gillian K. School geography: What interests students, what interests teacher ? [J]. International Research in Geographical and Environmental Education, 2018, 27(4): 311-320.

[15] Tine B, Rickie S, Sirpa T et al. Teaching the geographies of urban areas: Views and visions[J]. International Research in Geographical and Environmental Education, 2007, 16(3): 25-257.

[16] 张超，断玉山.地理教育展望 [M].上海：华东师范大学出版社，2002.

[17] 陈尔寿.地理教育与地理国情 [M].北京：人民教育出版社，1998.

[18] J·Lewis R. The need for urban geography in our high schools [J]. Journal of Geography, 1966,(5): 239.

[19] Urban Geography: Topics in Geography， Number 1. National Council for Geographic Education, May 1966.

[20] Inside the City. Evaluation Report from a Limited School Trial of a Teaching Unit of the High School, 1966, 12.

[21] 吴巧新，吴殿廷，刘睿文，等.美国地理学百年发展脉络分析——基于《Annals of the Association of American Geographers》学术论文的统计分析 [J].地球科学进展，2007（11）.

[22] 钟启泉等.《基础教育课程纲要（试行）》解读 [M].上海：华东师范大学出版社，2001.

[23] 王民.地理课程论 [M].南宁：广西教育出版社，2001.

[24] 陈澄，樊杰.全日制义务教育《地理课程标准（实验稿）》解读 [M].武汉：湖北教育出版社，2002.

[25] 陈澄，樊杰.普通高中地理课程标准（实验）解读 [M].南京：江苏教育出版社，2004.

[26] 王向东.中学区域地理的主题选择、目标构建和教学策略研究 [D].长春：东北师范大学，2008.

[27] 彭虹斌.课程组织研究——从内容到经验的转化 [D].广州：华南师范大学，2004.

[28] 董军.四版本教材"城市"一章的比较及教学建议 [J].地理教育，2007（6）：21.

[29] 陈澄.地理教学论 [M].上海：上海教育出版社，1999.

[30] 夏志芳.地理课程与教学论 [M].杭州：浙江教育出版社，2004.

[31] 林培英.试论以案例分析的方法编写教材——以高中地理教材为例 [J].课程·教材·教法，2006，26（6）：62.

[32] 赫兴无.刍议中学地理教材内容的组织 [J].北京教育学院学报（自然科学版），2007，2（5）：43.

[33] 顾秀君."城市区位与城市发展"探究实践及启示 [J].地理教育，2005（2）.

[34] 薛晖.《城市化过程中的问题及其解决途径》探究设计与教学反思 [J].中小学教学研究，2007（4）.

[35] 蔡珍树，王文.案例教学法在中学地理教学中的价值和运用 [J].当代教育

论坛，2007（6）.

[36] 李秋林.高中城市地理自主创新学习教学模式研究 [J].济南：山东师范大学，2003.

[37] 李小红.地理教学中值得深思的几个环节——以"城市化"教学为例 [J].地理教育，2006（2）.

[38] 朱雪梅，陈茜.高中地理课堂教学中乡土化特色的功能实现——以"城市空间结构"为课例 [J].中学地理教学参考，2009（3）.

[39] 林培英，张孟侠.人文地理成因教学问题的讨论——以"城市空间结构的成因"为例 [J].中学地理教学参考，2010（4）.

[40] 周玲.以地理情境教学为支点，撬动课堂教学质量提升——以"城市的空间结构"同课异构为例 [J].中学地理教育参考，2017（9）.

[41] 王芯芯，廉丽姝，夏玲玉.地理核心素养视域下的教学设计思路探析——以"城市内部空间结构"为例 [J].中学地理教学参考，2018（7）.

[42] 董冲，陆丽云.基于 SOLO 分类理论的地理教学设计探讨——以"城市内部空间结构"为例 [J].中学地理教学参考，2019（1）.

[43] 李智芳，黄榕青.基于"体验学习圈"理论的文化地理教学设计——以"地域文化与城乡景观"为例 [J].中学地理教学参考，2021（4）.

[44] 李敏，黄榕青.基于随机通达法的高中地理教学实践探究——以湘教版"城市空间结构"（第三课时）为例 [J].中学地理教学参考，2020（14）.

[45] 黄古成.新教材第六单元智能训练点拨 [J].地理教育，2002，(2).

[46] 李山勇，张景秋，章定富.美国的城市化进程与现代城市规划联系的解读 [J].城市问题，2007，(4)：87.

[47] ADELAIDE BLOUCH. City study in the upper elementary grades. Journal of Geography, 1948, (12~1)：306.

[48] RUBY M, HARRIS. Urban geography in the grades [J]. Journal of Geography, 1932, (12~1)：166.

[49] Ufuk KARAKUŞ. ŞEHİR COĞRAFYASI ÖĞRETİMİNDE FOTOĞRAF KULLANIMI (The use of photographs in teaching the urban geography)[J].

Zeitschrift für die Welt der Türken, 2013.

[50] J. Lewis R. The need for urban geography in our high schools [J]. Journal of Geography, 1966 (5) : 240.

[51] 陈红 . 中学区域地理课程内容与教学研究 [D]. 北京：北京师范大学，2008.

[52] Phil K. Active learning strategies and assessment in world geography classes[J]. Journal of Geography, 2003, 102(4): 146-151.

[53] Richard A, Huck. An urban neighborhood project for grade school and high school students[J]. Journal of Geography, 1975, (9): 336.

[54] C. Murray A. Some suggestions for teaching introductory urban geography[J]. Journal of Geography, 1977, (12):253.

[55] James O'Hern, Jo Ann O'Hern. Fifth graders find urban geography in the yellow pages[J]. Journal of Geography，1969, (10): 436.

[56] Kenneth E, Corey. Urban geography from the air[J]. Journal of Geography, 1966, (10): 332.

[57] Joe T, Darden. Multicultural social reconstructionist education in urban geography: A model whose time has com [J]. Journal of Geography in Higher Education,1997, 7.

[58] Halil I Tas. Fieldwork within the cities: Construction of human geography activities[J]. Journal of Geography, 1999, 11.

[59] Sarah A Elwood. Experiential Learning, Spatial Practice, and Critical Urban Geographies[J]. The Journal of Geography, 2004, 103(2): 55-63.

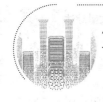

第3章 高中城市地理教学现状的调查与分析

　　本次调查问卷旨在了解高中教师和学生对城市地理教学的态度、城市地理教学的价值、高中城市地理知识的选择与组织等方面的看法，了解教师和学生对高中城市地理知识的需求，了解教师在高中城乡规划教学中所采用的教学方法及学生对教师所采用的教学方法的满意程度等。因此，本次问卷分教师问卷和学生问卷两部分。又由于高中城市地理知识分散在必修2和选修4《城乡规划》（当时使用的是2003年高中地理课标）两个模块中，加上选修4于2008年上半年在天津市进行试验，为了进一步了解教师和学生在教过或学过选修4《城乡规划》前后的发展变化，所以本次问卷分为必修和选修两套。必修问卷的调查对象是教或学过必修2但没有教或学过选修4的教师和学生，选修问卷的调查对象是必修2和选修6都教过或学过的教师和学生。

3.1　调查问卷的设计

　　问卷中设计的内容主要是笔者多次深入中学与一些教师、学生访谈获得的。此外，还请教了中国地图出版社的一些老师。研究往往因问题而始，和老师、学生的一次次谈话，让我了解到高中城市地理教学既呈现令人振奋、耳目一新的一面，但同时也存在一些不足。

　　必修问卷大体上是从城市地理知识的作用、师生对城市地理教学的态度、城市地理教学的难易程度、新旧版本中城市地理知识选取的比较【旧版本指2000年之前依据高中地理教学大纲编写的版本，新版本指依据2003高中课程标准（实验稿）编写的教材】、师生对新版本中城市地理知识选取与组织的看法、师生对城市地理知识的需求等几个维度进行设计的。选修问卷主要从城乡规划知识的作用、城乡规划知识的选取（包括是否贴近社会发展实际、是否考虑学生生活和发展的需要、是否体现学科发展的趋势等）、城乡规划知识的教学三大维度进行设计。访谈主要是从必修和选修教材中城市地理知识的选取、组织及教学方面进行。

　　本书呈现的问卷是在吸取了一些中学地理教师建议的基础上，并进行多次试测与修改而完成的。2008 年 5 月至 6 月，笔者在北京市和天津市进行了教师和学生问卷的试测，发现问卷中较多的主观题影响了教师和学生的回答，结果有三分之一的教师和学生都没有做完整。但这次调查的最大收获就是使我获得了更多教师和学生对高中城市地理教学的认识和看法，这对我以后设计以客观题为主的调查问卷起到了很大的作用。2008 年 9 月，北京市陈红教研员对我设计的问卷提出了很多建议，使得我的问卷在一定程度上更趋于完善。随着论文构思的进一步深入，问卷的内容进行了一些增删或调整。2008 年 11 月，请教了北京师范大学第三附属中学的李泉老师，她对我设计的问卷进行了一些措辞上的纠正。随后问卷就进入了正式调查阶段。

3.2　调查样本的选择

　　新高中地理教材共有 4 个版本，为了使调查具有普遍性，笔者选取了山东省威海市（鲁教版）、北京市东城区（人教版）、北京市海淀区（中图版）以及天津市河西区（天津市是当时唯一开设选修 4《城乡规划》的城市）作为调查的对象。前三者仅是教或学过高中地理必修 2 的教师和学生，后者是必修 2 和选修 4《城乡规划》都教过或学过的教师和学生。具体的调查对象和发放与回收问卷数如表 3-1、表 3-2 所示。

高中教师调查样本的选择与问卷发放和回收统计　　　表 3-1

调查统计	调查对象			
	必修			选修
	北京市东城区	北京市海淀区	山东省威海市	天津市河西区
发放数	46	57	67	23
回收数	45	55	67	23
有效问卷数	45	55	66	19

续表

调查统计		调查对象			
		必修			选修
		北京市东城区	北京市海淀区	山东省威海市	天津市河西区
总计	共发放数	170			23
	共回收数	167			23
	回收率	98.24%			100%
	有效问卷总数	166			19
	有效率	97.65%			82.61%

注：天津市每所高中担任《城乡规划》选修课的教师只有 1～2 位，大多数学校只有一位老师教这门课，在被调查的对象中，包括教研员和各级职称的教师，加上笔者多次在教研活动和听课中对该门课任教老师的访谈（后面会提到），因此，尽管调查的范围较小，发放问卷的数量较少，但基本上能反映出教师对该门课的认识。

高中学生调查样本的选择与问卷发放和回收统计　　　　表 3-2

调查统计		调查对象			
		必修			选修
		北京市东城区（22 中，高二，6 个班）	北京市海淀区（北师大第三附属中学，高二，6 个班）	山东省威海市（第一中学和第二中学）	天津市河西区（南开大学附属中学，高三，6 个班和 25 中，5 个班）
发放数		213	226	214	434
回收数		194	223	208	423
有效问卷数		187	221	197	414
总计	共发放数	653			434
	共回收数	625			423
	回收率	95.71%			97.47%
	有效问卷总数	599			414
	有效率	91.73%			95.39%

访谈情况：笔者于 2007 年 12 月 16 日、2008 年 4 月 17 日和 5 月 14 日向中国地图出版社教科书编辑人员了解新一轮高中地理教科书在各地区的试验情况及各地区选用不同选修模块的理由；于 2008 年 5 月 12 日、10 月 30 日与 12 月 5 日在北京东城区和海淀区开展教研活动时，向一些教师了解高中地

理必修 2 中城市地理部分的教学情况及教师对教材中该部分内容编排的看法；于 2008 年 3 月 25 日、4 月 9 日、5 月 14 日及 2009 年 1 月 9 日在天津市平山道实验中学的观摩课上、天津开发区一中的课堂上、天津市实验中学"高效课堂教学研讨会"上，以及天津市河西区的教师教研活动上，向一些教师和学生了解选修模块"城乡规划"的教学情况及他们在教学中遇到一些什么问题。

3.3　调查结果的分析

3.3.1　必修部分

1. 学生调查结果分析

（1）学生对城市地理知识学习的态度

19% 的学生认为自己很喜欢学习城市地理知识，64% 的学生认为自己有点喜欢学习城市地理知识，17% 的学生认为自己不喜欢学习城市地理知识，如图 3-1 所示。由此可以看出，谈得上喜欢学习城市地理知识的学生占 83%。

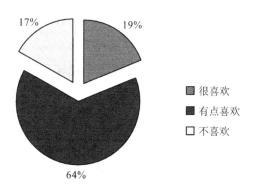

图 3-1　学生对城市地理知识学习的态度

（2）学生对城市地理知识学习难易程度的看法

13% 的学生认为城市地理知识很难学，57% 的学生认为城市地理知识有点难学，仅有 30% 的学生认为城市地理知识不难学。可以看出，认为城市地理知识比较难学的学生占大多数。这启发我们思考：产生这种现象的原因是否与我们的教学方式有关？选择我们熟悉的城市作为案例，并加强实践教学与信息技术应用，是否可以解决这一问题？

（3）学生对城市地理知识在生活中是否有用的看法

52%的学生认为城市地理知识在生活中有用，44%的学生认为城市地理知识在生活中有一点用，只有4%的学生认为没有用。总体来说，96%的学生还是认为城市地理知识在生活中是有用处的。

学生认为学习城市地理知识的作用，总体上来说，可以用一句话来概括，即"可以很好地了解城市"。然而，通过了解城市，学生感觉到学习城市地理知识有很多好处：学习城市地理知识，可以使我们更好地了解城市的功能，更好地享受城市所带来的各种服务，提高自己的生活水平；学习城市地理知识，可以使我们了解我们生活的城市环境，了解可持续发展的重要性，树立自觉保护环境的意识，为城市环境的可持续发展做准备；学习城市地理知识，可以分析我们所在城市的布局是否合理，了解合理规划对我们生活的重要性，积极参与城市的建设，为政府决策提供建议，这样就培养了我们发现问题、分析问题的能力；学习城市地理知识，还可以增长知识、开阔视野，一方面可作为我们将来走向社会的基本常识，在实际生活中有一定的作用，另一方面对我们今后在该领域的发展有用。

（4）高中新旧版本中城市地理知识选取的比较

在一些访谈中，很大一部分教师认为旧版本中的"城市的区位因素"很重要，而在新版本教材中却没有出现；也有一些教师认为"城市的区位因素"虽在新版本必修1教材中进行了讲述，但没有旧版本中讲述的系统、全面。针对这些问题，本题就对新旧版本中选取的城市地理知识作一比较。旧版本在必修教材和选修教材中各分一章讲述了城市地理知识，选取的城市地理知识有聚落的形成、城市的区位因素、城市化及其所产生的问题、城市地域功能分区、城市的合理规划。新版本必修2教材中选取了城市空间结构、城市服务功能、城市化及地域文化对城市的影响（由于所调查学校没有开设"城乡规划"课，所以这里不涉及选修教材中的城市地理知识。在2017版高中课标中，城市的服务功能安排到选择性必修2"区域发展"中）。综合新旧版本中选取的城市地理知识，列出了以下 7 个知识点：①城市的起源；②城市的区位因素；③城市的空间结构；④不同规模城市的服务功能；⑤城市化的过程和特点；⑥城市化对地理环境的影响；⑦地域文化对城市的影响。了解教师和学生对这些知识的重要性的看法和对这些知识的教学态度，以及二者的关系。

①学生对各城市地理知识点重要性看法的比较（图 3-2）

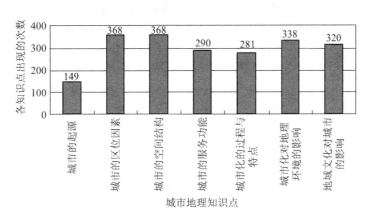

图 3-2　学生对城市地理各知识点重要性的看法

注：纵坐标表示的是出现的次数越多，学生认为该知识点越重要。

从图 3-2 可以看出，学生认为这些知识点的重要性从高到低依次为城市的区位因素、城市的空间结构、城市化对地理环境的影响、地域文化对城市的影响、城市的服务功能、城市化的过程和特点、城市的起源。

通过归纳总结，学生认为某些城市地理知识点重要的原因主要有两条：第一，与生活实际联系密切，一方面对生活有帮助，以后工作中或许会有所涉及，即具有实用性，另一方面可以结合生活实际进行教学，学习难度不大；第二，与城市本身的发展密切相关，对城市今后的发展有所影响，如城市区位的选择、城市的空间结构、城市化对地理环境的影响。

由进一步统计分析可以得出，学生对城市地理知识的重要程度的看法，受到性别的一些影响。从表 3-3、图 3-3 中可以看出，受性别影响明显的知识点有：地域文化对城市的影响，女生比男生高出 0.24%；其次是城市的服务功能，男生对比女生高 0.16%；城市的空间结构，男生比女生高 0.10%；城市化对地

49

理环境的影响，男生比女生高 0.08%。对城市化的过程和特点、城市的起源、城市的区位因素 3 个知识点的重要程度的看法，受性别的影响较小，分别相差 0.03%、0.01%、0.02%。可以看出，女生更倾向于对文化的理解，男生更注重对空间结构的分析。

男女生对城市地理知识重要性看法的统计　　　　表 3-3

知识点	男	女	差距
城市的起源	0.29	0.28	0.01
城市的区位因素	0.61	0.63	−0.02
城市的空间结构	0.67	0.57	0.10
城市的服务功能	0.57	0.41	0.16
城市化的过程与特点	0.49	0.46	0.03
城市化对地理环境的影响	0.61	0.53	0.08
地域文化对城市的影响	0.42	0.66	−0.24

注：表格中的数字为重要性系数。

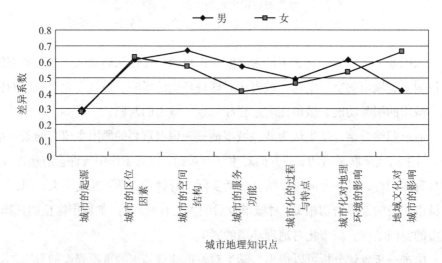

图 3-3　男女生对各城市地理知识点重要性看法的差异性分析

从图表中也可以看出，男女生对城市的区位因素、城市的空间结构、城市化对地理环境的影响 3 个知识点的重要性的看法都比较高，对城市的起源重要性的看法都较低，对城市化过程与特点的重要性的看法属于一般。在2003年以来的高中地理课程中，城市的空间结构与城市化主题在必修课程中一直保留着，但删去了城市的区位因素内容，城市的形成与发展纳入选修模块中。

②学生学习城市地理知识态度的比较

从图3-4中可以看出，学生对这些知识点喜欢学习的程度由大到小依次为：地域文化对城市的影响、城市的服务功能、城市的起源、城市化对地理环境的影响、城市的空间结构、城市化的过程和特点、城市的区位因素。可以看出学生比较喜欢学习的知识点具有与学生生活联系比较密切的特点，且这些知识理论性较弱。把学生对这些知识的重要性的看法和学生对这些知识的学习态度进行比较后可发现，学生认为比较重要的知识点（城市的区位因素、城市的空间结构）反而是学生较不喜欢学习的知识点，而学生认为较不重要的知识点（城市的起源、城市的服务功能）却是学生比较喜欢学习的知识点。城市化的过程和特点在学生看来既不重要也不喜欢学习。这也在一定程度上说明了理论性较强的原理性知识具有一定的学习难度，也解释了学生为什么觉得城市地理知识有点难学的原因。

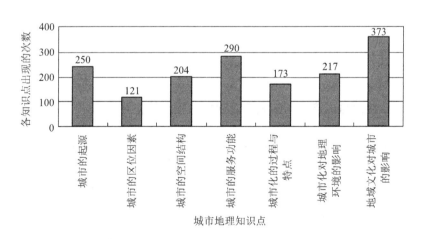

图3-4 学生对各城市地理知识点喜欢学习程度的统计

通过归纳总结，学生喜欢学习某些城市地理知识的原因依次为：与生活联系密切，对将来的生活、工作有帮助；可结合实际进行学习，易理解；有助于更好地认识城市，改造城市；希望丰富自己的知识，开阔视野；感兴趣；等等。可以看出，贴近学生生活实际、具有实用价值是学生喜欢学习某些城市地理知识的主要原因。大部分学生认为城市化的过程和特点与现实生活联系不密切，因此它在学生心中的重要性和受学生喜欢学习的程度明显降低，尽管它反映了城市发展过程的一般规律，是城市地理学研究的重要内容。而城市化对地理环境的影响，由于联系现实生活，易理解，也有助于更好地改造城市，所以比较受到学生的青睐。

学生对城市地理知识喜欢学习的程度同样也受到性别的影响。从表3-4、图3-4中可以看出，差别最明显的是女生对城市的起源和地域文化对城市的影响两个知识点的喜欢程度明显高于男生，分别达0.21%和0.22%。男生对城市的区位因素和城市的空间结构两个知识点的喜欢学习程度也明显高于女生，分别达0.11%、0.16%。男女生对城市化的过程与特点和城市化对地理环境的影响两个知识点的喜欢程度差别不大。男女生对城市的服务功能的喜欢程度一样。由此也可以看出，女生对城市的文化、历史等较为感性的材料比较感兴趣，男生较擅长于城市空间方面的理性分析。

从表3-4、图3-5中也可以看出，男女生对地域文化对城市的影响、城市的服务功能两个知识点的喜欢学习程度都较高，对城市的区位因素、城市化的过程与特点的喜欢学习的程度都较低。

男女生对各城市地理知识点喜欢学习程度的差异性统计　　　表3-4

知识点	男	女	差距
城市的起源	0.32	0.53	−0.21
城市的区位因素	0.26	0.15	0.11
城市的空间结构	0.42	0.26	0.16
城市的服务功能	0.49	0.49	0.00
城市化的过程与特点	0.30	0.28	0.02
城市化对地理环境的影响	0.36	0.37	−0.01
地域文化对城市的影响	0.52	0.74	−0.22

注: 表中数字为喜欢学习程度系数。

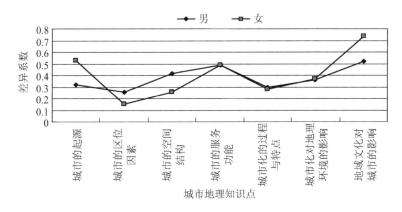

图 3-5 男女生对各城市地理知识点喜欢学习程度的差异性分析

（5）学生对目前高中地理必修 2 教材中城市地理知识选取的看法

调查显示，59% 的学生认为必修 2 教材中选取的城市地理知识联系现实、贴近生活；37% 的学生认为与生活联系不够密切（如城市化的过程与特点，其具有较大的时空尺度及其规律的总结）；仅有极少数的学生认为教材中选取的城市地理知识脱离现实生活，没什么用，占调查总人数的 4%。

（6）从便于学习的角度考虑，学生认为城市化、城市空间结构、城市的服务功能三者在教材中的顺序应该如何安排？

从图 3-6 中可以看出，在 6 种编排顺序中，所占比例最高的是按照城市化、城市空间结构、城市服务功能的顺序进行编排的，达 32.3%；其次是按照城市空间结构、城市服务功能、城市化的顺序进行编排的，占 27.4%；占比最低（5.9%）的是按照城市服务功能、城市化、城市空间结构的顺序进行编排的。目前人教版、中图版、湘教版是按照城市空间结构、城市的服务功能、城市化的顺序进行编排的，说明这样的安排顺序比较符合学生的意愿，也体现了地理学研究中从格局到过程的特点。

（7）高中生希望学习的城市地理知识

高中地理课程标准在选取城市地理知识时，考虑了我国社会发展需求、城市地理学科发展特点以及学生发展的需要等方面。本题综合了高中必修和选修（新旧版本）教材中选取的城市地理知识（个别知识是安排在初中的），共有

11 个城市地理知识点，如表 3-5 所示，旨在调查高中教师和学生希望教授或学习哪些城市地理知识。

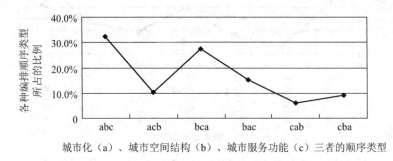

城市化（a）、城市空间结构（b）、城市服务功能（c）三者的顺序类型

图 3-6　学生对各城市地理知识点组织顺序的看法

高中城市地理知识点列举　　　　　　　　　　　　　　　　表 3-5

①城乡差别与联系	⑦城市土地利用与空间结构
②城市的形成与发展	⑧城乡规划与可持续发展
③城市区位的选择	⑨地域文化对城市的影响
④城市的功能	⑩城市形态
⑤城市化	⑪城镇合理布局与协调发展
⑥城市特色景观与传统文化的保护	

　　注："城乡规划与可持续发展"综合了课标中规定的"城乡规划"与"城乡建设与生活环境"两个标题中的所有知识点。下文相同。

　　从图 3-7 可以看出，学生希望学习的城市地理知识中，按出现次数由高到低进行排序，前 6 个是城市特色景观与传统文化的保护、城市的功能、城乡规划与可持续发展、地域文化对城市的影响、城市化、城市土地利用与空间结构；出现次数最少的两个是城市形态、城乡差别与联系；城市的形成与发展、城市区位的选择、城镇合理布局与协调发展分别位居第 7、8、9 位。新高中地理课程标准（2003 年版本）在必修模块中选取了城市的服务功能、城市的空间结构、城市化、地域文化对城市的影响 4 个知识点，这说明新高中地理必修教材中选取的城市地理知识是比较符合学生意愿的。城市特色景观与传统文化是城市建设与发展中须重点保护的对象，是学生很容易感知的内容，也是城市可持续发

展的一个重要方面；城乡规划是实现城乡可持续发展的重要手段，可看出学生
对城市可持续发展的重视。城市空间形态是 11 个知识点中学生最不希望学习
的城市地理知识。2017 版高中地理课程标准中保留了城市空间结构、城市化
及地域文化对城市的影响三个主题，其中也蕴含有城乡规划与可持续发展、城
市特色景观与传统文化的保护等内容；城市的辐射功能放到选择性必修 2 "区
域发展"模块中，可见是比较契合学生的期望的。

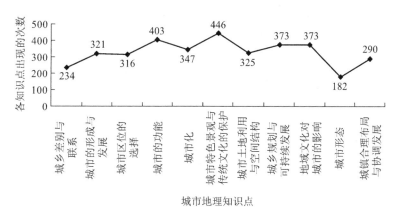

图 3-7　学生对各城市地理知识点学习意愿的分析

在学生希望学习的城市地理知识中，男女生也存在差异。从表 3-6、图 3-8
中可以看出，男生对城市化、城市土地利用与空间结构、城市区位的选择的
学习希望明显高于女生，相差分别达 0.16%、0.18%、0.10%。而女生对城乡
差别与联系（有些是历史、文化景观方面的）、城市特色景观与传统文化的保护、
地域文化对城市的影响的学习希望明显高于男生，相差分别达 0.15%、0.14%、
0.11%。其次，女生对城市形态的学习希望高于男生 0.09%，而男生对城市的
形成与发展的学习希望高于女生 0.07%。男生对城乡规划与可持续发展的学习
希望高于女生 0.04%。男女生对城市的功能、城镇合理布局与协调发展的学习
希望差别不大，前者男生高于女生 0.02%，后者女生高于男生 0.02%。再次证明，
女生对文化、历史方面的内容较感兴趣，男生较热衷于对空间结构方面的分析。

男女生对各城市地理知识点学习意愿的差异性统计　　表3-6

知识点	男	女	差距
城乡差别与联系	0.32	0.47	−0.15
城市的形成与发展	0.57	0.50	0.07
城市区位的选择	0.57	0.47	0.10
城市的功能	0.68	0.66	0.02
城市化	0.65	0.49	0.16
城市特色景观与传统文化的保护	0.67	0.81	−0.14
城市土地利用与空间结构	0.62	0.44	0.18
城乡规划与可持续发展	0.64	0.60	0.04
地域文化对城市的影响	0.57	0.68	−0.11
城市形态	0.26	0.35	−0.09
城镇合理布局与协调发展	0.48	0.50	−0.02

注：表中的数字为男女生对各知识点的希望系数。

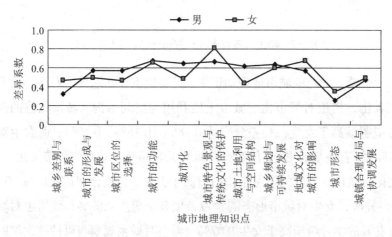

图3-8　男女生对各城市地理知识点学习意愿的差异性分析

2.教师调查结果分析

（1）教师对城市地理知识在生活中是否有用的看法

85%的教师认为城市地理知识在生活中有用，14%的教师认为有一点用，仅有 1% 的教师认为没有用。可以看出，99% 的教师认为城市地理知识在生活中是有用的。

（2）教师对城市地理知识教学的态度

统计结果如图 3-9 所示，53% 的教师认为自己很喜欢教城市地理知识；43% 的教师认为自己有点喜欢教城市地理知识；3% 的老师认为一般，谈不上喜欢或不喜欢；只有 1% 的老师认为自己不喜欢教城市地理知识。可以看出，谈得上喜欢教城市地理知识的教师占被调查人数的 96%。其中，在调查的男教师中，都喜欢教城市地理知识，达 100%；在调查的女教师中，喜欢教城市地理知识的占 96%。比较可知，男女教师对城市地理知识教学的态度差别不大。

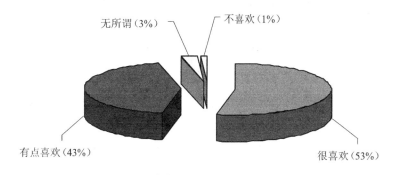

图 3-9　教师对城市地理知识的教学态度

通过归纳总结，教师喜欢教城市地理知识的原因如下：86% 的教师认为城市地理知识与生活实际联系密切，多了解城市地理知识就是多了解我们的家，这些知识是我们生活中必备的。具体来说，体现在：我们生活在城市中，教师和学生都对其感兴趣；学习身边的地理，就是学习有用的地理，对学生有实际意义；在城市地理教学过程中，可以根据生活中的实例进行讲解，联系实际进行教学，这样就易于理解、发挥、应用；学习城市地理知识，对城市规划、居住地选择以及投资都有帮助。城市在我国生活中的作用会越来越大。另外 14% 的教师认为城市地理内容丰富（9%）、时代感强（5%）。前者认为城市是人类活动最集中的地方，是区域的政治、经济、文化中心，包括的内容很多，知识面广。后者认为城市地理内容不断发展变化，体现社会发展趋势。以上所述原因与美国教师对城市地理教学的看法具有很大相同之处。

（3）教师对城市地理知识教学难易程度的看法

9%的教师认为城市地理知识难教，58%的教师认为城市地理知识有点难教，仅有33%的教师认为城市知识不难教。由此可以看出，大部分教师认为城市地理知识还是有点难教的。这和上述学生的调查结果——多数学生认为城市地理知识有点难学具有较大的一致性。

通过归纳总结，原因分析结果如图3-10所示：33%的教师认为城市地理知识与生活息息相关，学生有生活经验，易于理论联系实际，所以就不难教；46%的教师认为教材中的城市地理知识理论性较强，比较抽象，尤其是对于那些生活在郊区或农村的学生来说，由于对城市了解不多，无直观认识，对个别理论或原理的理解就有一定的困难；9%的教师认为城市中的问题比较复杂，多变的影响因素较多，部分内容不好把握，不明白什么是重点；6%的教师认为城市地理知识发展较快，自己知识储备不足，不如自然地理教学驾轻就熟；还有6%的教师认为获取新资料渠道有限，教学资料较难找。还有极个别教师认为教材系统性有点差和课本知识跟不上城市的发展，对丁后一个方面，笔者在北京市东城区访谈了一位老师，他谈到了教材中的个别城市地理知识落后于我国城市发展的现状。他认为像北京这样的大都市都已发展成了多核心的城市空间结构，而课文中讲述的同心圆、扇形结构模式与北京这样的大都市的发展状况不符；他还认为课文中讲述的中央商务区仅谈到是商业、金融、办公等的集中地，而没有包括居住用地，而北京的中央商务区就存在有住宅用地。这些看法对我国教材编制者来说具有一定的启发意义。教材编写要结合我国发展的实际，用城市地理学理论去解释生活周围的现象，用身边的实例来论证城市地理理论，这样教师易教，学生易学。随着我国城镇化的快速推进和城乡一体化战略的实施，越来越多的人会居住在城镇，教师和学生就会对城镇有更多的了解与认识，加上现代信息技术手段的应用，有关城市地理教学的难点自然会不攻自破。

58

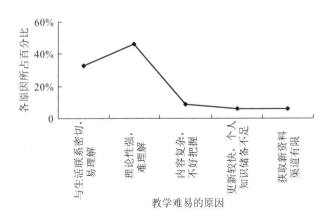

图 3-10　教师教授城市地理知识的难易原因统计

（4）新旧版本中城市地理知识选取的比较

①教师对各城市地理知识点重要性看法的比较

从图 3-11 中可以看出，出现次数占前 4 位的城市地理知识点分别为城市的区位因素、城市化对地理环境的影响、城市的空间结构以及城市化的过程与特点。出现次数最少的两个是城市的起源和地域文化对城市的影响。这说明教师普遍认为城市的区位因素、城市化对地理环境的影响、城市的空间结构以及城市化的过程与特点 4 个知识点比较重要。

通过调查分析，教师认为某些城市地理知识点比较重要的主要原因是这些知识点与现实生活联系比较密切，对生产、生活有用，具有现实意义，有利于学生学习对生活有用的地理。其他原因还有：培养学生的地理综合思维能力，如城市的空间结构；体现地理学科特色，如城市区位；了解人地关系，树立正确的人地观；知识基础性强、重要；理论成熟，内容讲述系统；师生感兴趣；等。此外，城市区位因素、城市化及城市空间结构多年来一直是高中城市地理教学的重点与考点，这也可能引起老师对这些内容的重视。2019 版高中地理必修教材中设置了城乡空间结构、城市化及地域文化对城乡景观的影响 3 个主题，增加乡村聚落地理学的相关内容，而略去城市区位选择知识，可能更多考虑与日常生产生活的联系性和我国城乡发展的现实性。城市特色景观与传统文化是一个城市特有的地域文化，对城市地域文化的保护与传承是城市规划与发展中需重点考虑的方面。

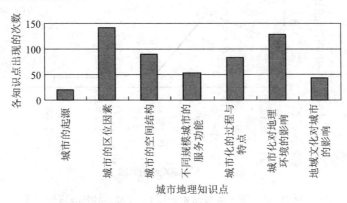

图 3-11　教师对各城市地理知识点重要性的看法

　　教师对各城市地理知识重要性的看法也受到性别的一些影响。从表 3-7、图 3-12 中可以看出，男教师对城市的空间结构和不同规模城市服务功能的差异这两个知识点的重要性的看法明显高于女教师，而女教师对城市化的过程与特点、城市化对地理环境的影响、地域文化对城市的影响这 3 个知识点的重要程度的看法也明显高于男教师。此外，女教师对城市的区位因素和城市的起源这两个知识点的重要程度的看法也稍高于男教师。在一定程度上体现了男教师较注重空间分析，女教师较倾向于历史、文化理解方面的特点，这与上述对学生的调查结果具有相似之处。

男女教师对各城市地理知识点重要性看法的统计　　　　　表 3-7

知识点	男	女	差异系数
城市的起源	0.10	0.14	− 0.04
城市的区位因素	0.85	0.91	− 0.06
城市的空间结构	0.73	0.48	0.25
不同规模城市的服务功能	0.43	0.28	0.15
城市化的过程与特点	0.43	0.57	− 0.14
城市化对地理环境的影响	0.73	0.86	− 0.13
地域文化对城市的影响	0.20	0.31	− 0.11

　　注：表中数字表示男女教师赋予知识点的重要性系数。

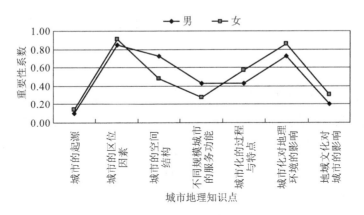

图 3-12　男女教师对各城市地理知识点重要性看法的差异性比较

②教师对各城市地理知识点的教学态度

从图 3-13 中可以看出，教师喜欢教的城市地理知识点中排前 4 位的分别是城市的区位因素、城市化对地理环境的影响、城市化的过程与特点、城市的空间结构，喜欢程度最低的是城市的起源和不同规模城市服务功能的差异。与前面分析的教师认为比较重要的城市地理知识点相比较，可以看出教师喜欢教授的知识点与教师认为比较重要的知识点之间大体是一致的。不同之处在于在教师认为比较重要的知识点中，城市的空间结构高于城市化的过程与特点，城市的服务功能高于地域文化对城市的影响。而在教师喜欢教授的知识点中，城市的空间结构低于城市化的过程与特点，地域文化高于城市的服务功能。

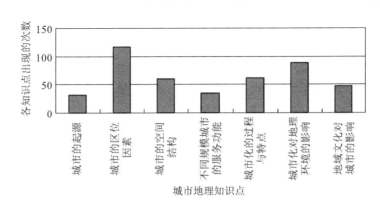

图 3-13　教师对各城市地理知识点的教学喜欢程度的比较

教师喜欢教授某些城市地理知识点的原因主要有 3 种，其中最主要的原因是知识的选取与现实生活联系密切，学生学习有用，具有实际意义；其次是有关该知识的资料丰富，可以扩充的内容多，用身边的城市作例子，学生很容易参与进来，易引起学生的学习兴趣，便于学生理解、掌握。再者就是知识点明确，结构清晰，内容系统性强，体系完善，便于教学深入，整体感强。

男女教师对各城市地理知识点教学的喜欢程度也存在性别上的差异。从表 3-8、图 3-14 中可以看出，男女教师都最喜欢教城市的区位因素，都比较喜欢教城市化对地理环境的影响。男教师对城市的起源、城市的空间结构、地域文化对城市的影响的喜欢教的程度明显高于女教师，分别相差 0.14%、0.11%、0.09%。女教师对城市化对地理环境的影响、城市化的过程与特点、城市的区位因素的喜欢程度明显高于男教师，分别相差 0.20%、0.15%、0.10%。男女教师对城市的服务功能的喜欢教的程度基本一致。可以发现，在男教师喜欢教的知识点中，空间分析特色不够突出；在女教师喜欢教的知识点中，历史、文化特色不太明显。这和前面分析的男女教师分别比较注重空间分析与文化理解存在一些偏差，也和学生的调查结果存在较大差异。也可以看出，女教师喜欢教的知识点大体是她们认为比较重要的知识点。

男女教师对各城市地理知识点教学喜欢程度的差异性统计　　表 3-8

知识点	男	女	差异系数
城市的起源	0.28	0.14	0.14
城市的区位因素	0.68	0.78	− 0.10
城市的空间结构	0.45	0.34	0.11
不同规模城市的服务功能	0.23	0.22	0.01
城市化的过程与特点	0.30	0.45	− 0.15
城市化对地理环境的影响	0.43	0.63	− 0.20
地域文化对城市的影响	0.35	0.26	0.09

注：表中数字为男女教师赋予各知识点的喜欢程度系数。

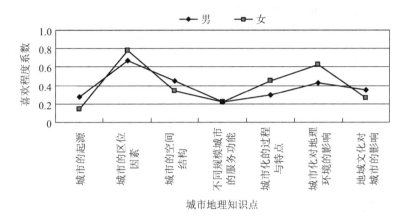

图 3-14　男女教师对各城市地理知识点教学喜欢程度的差异性比较

（5）对新版本必修教材中城市地理知识选取的看法

64% 的教师认为教材中选取的城市地理知识联系现实，贴近生活；36%的教师认为教材中选取的知识与生活联系不够密切。有关教材内容应与现实生活保持多大程度的关联，应引起课程设计专家与教材编者的思考。

（6）教师希望高中地理课程中选取的城市地理知识

从表 3-9、图 3-15 中可以看出，出现次数最多的前 6 个知识点分别是城市区位的选择、城市化、城市的功能、城市土地利用与空间结构、城乡规划与可持续发展、城镇合理布局与协调发展。出现次数最少的两个知识点是城市形态和城乡差别与联系。城市的形成与发展、城市特色景观与传统文化的保护、地域文化对城市的影响分别占第 7、8、9 位。可以看出教师希望高中地理课程中选取一些具有地理学科特色和实用价值的城市地理知识，不太希望选取城市景观与文化方面的知识。该调查结果与 2019 版高中地理必修与选择性必修教材中选取的城乡空间结构、城市化、地域文化对城乡景观的影响、城市的辐射功能 4 个主题稍有不符。教师觉得最重要、最希望选取的城市区位的选择却略去，而较不希望选取的城市地域文化方面的内容却纳入必修模块中。

教师希望高中地理课程中选取的城市地理知识的统计　　表 3-9

知识点	各知识点出现的次数
城乡差别与联系	44
城市的形成与发展	71
城市区位的选择	128
城市的功能	101
城市化	119
城市特色景观与传统文化的保护	66
城市土地利用与空间结构	95
城乡规划与可持续发展	95
地域文化对城市的影响	54
城市形态	33
城镇合理布局与协调发展	89

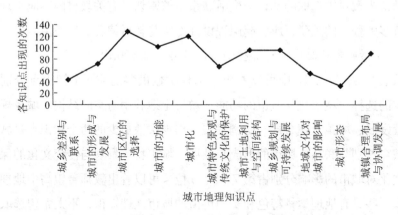

图 3-15　高中教师希望选取的城市地理知识点的比较分析

　　通过归纳总结，教师希望选取上述城市地理知识点的原因主要有以下几点（图 3-16）：最主要的原因是，教师认为这些城市地理知识贴近生活，教起来难度不大，学生易接受，占所有原因的 68%。教师认为这些城市地理知识能学以致用，包括两个方面，一方面在现实生活中很实用，有助于学生分析现实生活中存在的各种现象与问题；另一方面是指知识的基础性，对学生未来的发展有用，占调查原因的 57%。认为这些知识具有时代感，一方面是指顺应我国当前社会经济发展趋势，另一方面指属于学科前沿知识，占 17%。另外，还有一些教师考虑到学生的兴趣和理论的成熟，各占 5% 左右。在访谈中发现，教材中的知识讲述的越完整、系统，越受到教师的喜爱，因为他们认为，这样才能使教师的"教"和学生的"学"深入、系统、完整，学生能形成一个完整的认知结构，反对教材中对知识讲述的浅尝辄止。当然这些原因中，是存在交叉的，例如，城市地理知识贴近生活，能学以致用，自然能引起学生的兴趣。

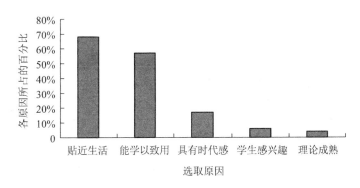

图 3-16　教师希望高中地理课程选取上述城市地理知识点的原因

　　男女教师对各城市地理知识点选取的意愿是存在差异的。从表 3-10、图 3-17 中可以看出，男教师对城镇合理布局与协调发展的选取意愿远远高于女教师，相差达 0.31%。女教师对城市化、地域文化对城市的影响、城市的形成与发展的选取意愿明显高于男教师，相差分别达 0.22%、0.17%、0.15%。此外，男教师对城市土地利用与空间结构、城市形态、城市的功能的选取意愿分别高于女教师 0.11%、0.10%、0.07%，女教师对城市特色景观与传统文化的保护的选取意愿高于男教师 0.09%。从这里可以看出男教师更希望选取城市空间分析方面的知识，女教师更希望选取城市历史、文化方面的知识；男教师偏重理性分析，女教师较青睐于感性感知。这与学生的调查结果较一致。男女教师对城乡差别与联系、城乡规划与可持续发展的选取意愿差别不大，对城市区位选择的选取意愿一样。男女教师的选取意愿系数都在 0.50 以上的有城市区位的选择、城市的功能、城市化、城市土地利用与空间结构、城乡规划与可持续发展、城镇合理布局与协调发展 6 个知识点。由于男教师对城镇合理布局与协调发展的选取意愿达 0.79,而女教师对其的选取意愿接近 0.50,所以也把它包含在内。其中对城市区位的选择的选取意愿最高,系数均达 0.84。男女教师对城市形态、城乡差别与联系两个知识点的选取意愿都很低,对地域文化对城市的影响、城市特色景观与传统文化的保护的选取意愿也较低。这再次证明了教师希望选取地理学科特点突出的城市地理知识。但随着我国城市发展的转型(由外延式到内涵式)与国际城市地理学的发展趋势,城市社会空间日益受到关注,其中特色景观与传统文化的保护与传承是城市建设与发展中需重点考虑的方面。

男女教师选取城市地理知识意愿的差异性统计　　　表 3-10

知识点	男	女	差异系数
城乡差别与联系	0.29	0.31	− 0.02
城市的形成与发展	0.37	0.52	− 0.15
城市区位的选择	0.84	0.84	0.00
城市的功能	0.71	0.64	0.07
城市化	0.66	0.88	− 0.22
城市特色景观与传统文化的保护	0.39	0.48	− 0.09
城市土地利用与空间结构	0.68	0.57	0.11
城乡规划与可持续发展	0.63	0.60	0.03
地域文化对城市的影响	0.26	0.43	− 0.17
城市形态	0.29	0.19	0.10
城镇合理布局与协调发展	0.79	0.48	0.31

注: 表中数字表示男女教师希望选取各城市地理知识点的意愿系数。

(7)学习城市地理知识对学生有哪些好处?

通过归纳总结,教师认为学习城市地理知识对学生的好处主要有以下几点:

①城市是高中生学习和生活的场所,或城市是大多数学生将来要生活的地方,了解城市地理知识,可以让学生很快地适应城市的生活,具有实际意义。

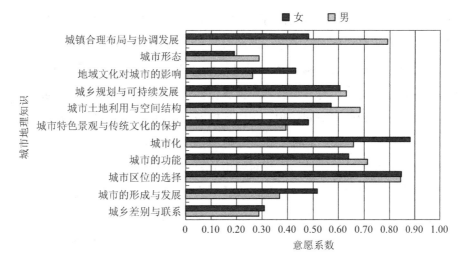

图 3-17　男女教师选取各城市地理知识的意愿的比较

②通过学习掌握城市地理方面的基础知识，可以对自己所在的城市用学过的知识进行分析，了解自己生活的环境，了解可持续发展的生活方式，知道合理规划城市的重要性。可以参与讨论城市发展的方向、不足及优势，以实现生活环境的可持续发展。在未来的工作与生活中理性地做出决策，更好地利用环境、改善环境，提高生活质量。

③丰富人文知识，掌握探求知识方法，有利于培养学生理论联系实际的能力，提高学生的素质，能更好地贯彻素质教育，为学生今后的发展奠定基础。

④城市是人类改造环境最强烈的地方，学习城市地理知识能让学生充分理解人类改造自然的巨大能力。

综合以上分析可以得出，学习城市地理知识，就是了解身边的地理，可以使学生综合分析、深入探讨生活中的事实。既可以提高学生分析问题的能力，又培养了学生可持续发展的观念，同时学生的基本素养也得到提升，对将来城市的发展和城市环境的保护都有一定的作用。

（8）教师对必修教材中城市地理知识组织结构的看法

新高中地理课程（2003 版高中课标）中选取的城市地理知识与以往相比发生了较大的变化。高中地理必修 2 中选取了城市的空间结构、不同规模城市的服务功能、城市化、地域文化对城市的影响4方面的内容。目前4套实验教材中有3套是按照课标中的顺序，即城市的空间结构、不同规模城市的服务功能、城市化、地域文化对城市的影响进行编排的。通过对16位教过高中地理必修2的教师的访谈，有9位教师对新课标实验教材中城市地理知识的组织结构提出疑问，认为城市空间结构、不同规模城市的服务功能、城市化、地域文化对城市的影响4方面内容的安排顺序应该是按照城市化、城市空间结构、不同规模城市的服务功能、地域文化对城市的影响的顺序进行组织。有7位教师认为无所谓，教材怎么编，我们就怎么教。大多数教师还是建议把城市化放到最前面。这与对学生的调查结果是一致的。城市化是一种地理过程，城市空间结构、城市服务功能及地域文化对城市的影响较侧重于格局，地理学研究倡导从格局到过程，反过来，新的过程又会形成新的格局。

3. 教师与学生调查结果的比较

由上述分析可以得出：

关于城市地理知识在我们生活中是否有用方面，接近100%的教师和学生都认为城市地理知识在我们生活中是有用处的。在城市地理知识教与学的态度方面，很大一部分教师和学生都比较喜欢教或学城市地理知识，尤其是教师所占的比例更高，男女教师对城市地理知识教学的喜欢程度差别不大。在城市地理知识教学的难易程度方面，多数教师和学生都认为城市地理知识有点难教或难学。

在新旧版本必修教材中城市地理知识的重要性比较方面，学生认为比较重要的4个知识点依次为城市的区位因素、城市的空间结构、城市化对地理环境的影响、地域文化对城市的影响；教师认为比较重要的4个知识点依次为城市的区位因素、城市化对地理环境的影响、城市的空间结构、城市化的过程与特点。学生和教师都认为城市的起源最不重要。可以看出，学生和教师对城市地理知识重要性的看法大体是一致的。在判断各城市地理知识点是否重要时，教师和学生都把与现实生活联系密切、学习对生活有用的地理、具有实用价值作为首要考虑的因素。男女教师和男女学生对各城市地理知识重要性看法方面，男教师和男学生、女教师和女学生大体上具有相对应的特点，男性擅长空间方面的理性分析，女性侧重对历史、文化等方面的感知和了解。

对新旧版本必修教材中城市地理知识教学的态度方面，教师比较喜欢教的4个知识点依次为城市的区位因素、城市化对地理环境的影响、城市化的过程与特点、城市的空间结构，最不喜欢教的是城市的起源，其次是城市的服务功能；学生比较喜欢学习的4个知识点依次为地域文化对城市的影响、城市的服务功能、城市的起源、城市化对地理环境的影响，最不喜欢学习的是城市的区位因素（这点与美国的调查相似，原因是学生认为与生活联系不密切），其次是城市化的过程与特点。可以看出，教师喜欢教的知识点和学生喜欢学的知识点存在很大不一致。教师比较喜欢教的知识点成了学生不喜欢学的知识点，而教师不喜欢教的知识点反而成了学生比较喜欢学习的知识点。我们还可以看出，教师喜欢教的知识点与他们认为比较重要的知识点是一致的，而学生方面则存在很大的错位，学生更喜欢学习贴近生活、理论性较弱的知识。在判断是否喜欢教或学某个知识点的原因方面，教师和学生都认为所选取的知识与生活联系密切、能学有所用、能结合实际进行教学以及易理解是最主要的原因。其次，大多数教师也认为知识体系结构完整，利于教学深入，也是他们喜欢教某些知识点的主要原因。例如，城市的区位因素、城市化的过程与特点等都是知识点明确、体系完善的内容，所以就受到一些教师的青睐，而一些学生认为城市化的过程与特点和现实生活联系不够密切，因此不喜欢学习。师生对各城市地理知识教与学的态度受性别的影响不大，男教师和男学生、女教师和女学生存在很大不一致。女生喜欢程度比男生高的城市地理知识点是男教师比女教师喜欢教的知识点，男生喜欢程度比女生高的个别城市地理知识点反而是女教师比男教师喜欢教的知识。

对高中地理课程中城市地理知识的需求方面，学生希望学习的城市地理知识点中排在前6位的依次是城市特色景观与传统文化的保护、城市的功能、城乡规划与可持续发展、地域文化对城市的影响、城市化、城市土地利用与空间结构；最不希望学习的知识点是城市形态，其次是城乡差别与联系。教师希望高中地理课程选取的城市地理知识点排在前6位的依次是城市区位的选择、城市化、城市的功能、城市土地利用与空间结构、城乡规划与可持续发展、城镇合理布局与协调发展，排在最后两位的是城市形态和城乡差别与联系。可以看出，教师和学生选择的前 6 个知识点中都有城市的功能、城乡规划与可持续发展、城市化、城市土地利用与空间结构，城市形态和城乡差别与联系都是教师和学生最不希望选取的知识点。教师和学生各选取的前 6 个知识点中差异最大的地方是：在教师看来，城市特色景观与传统文化的保护、地域文化对城市的影响是较不希望学习的知识点，分别排在第 8、第 9 位；而在学生看来，城市区位的选择、城镇合理布局与协调发展是较不希望学习的知识点，分别排在第 8、第 9 位。城市的形成与发展，在教师和学生看来都排在第 7 位。

师生对高中城市地理知识的需求受到性别的影响，男生对城市化、城市土地利用与空间结构、城市区位选择的选取意愿明显高于女生，女生对城乡差别与联系、城市特色景观与传统文化的保护、地域文化对城市的影响的选取意愿明显高于男生；男生对城市的形成与发展和城乡规划与可持续发展的选取意愿高于女生，女生对城市形态的选取意愿高于男生；男女生对城市的功能和城镇合理布局与协调发展的选取意愿差别不大。男教师对城镇合理布局与协调发展的选取意愿远远高于女教师，女教师对城市化、地域文化对城市的影响、城市的形成与发展的选取意愿明显高于男教师；男教师对城市土地利用与空间结构、城市形态、城市的功能的选取意愿高于女教师 10% 左右，女教师对城市特色景观与传统文化的选择意愿高于男教师 0.09%。可以看出，男性更希望选取城市土地利用与空间结构、城镇合理布局与协调发展等具有空间特点的城市地理知识，女性更希望选取地域文化对城市的影响、城市特色景观与传统文化的保护等具有文化理解方面的知识。对目前高中必修教材中选取的城市地理知识点的看法方面，大多数教师和学生认为目前必修教材中选取的城市地理知识点联系现实，贴近生活。在知识的组织方面，教师和学生的看法与目前的教材编排存在少许偏差。2019 版高中地理必修与选择性必修教材中保留了城市空间结构、城市化、地域文化对城市的影响及城市的辐射功能 4 个主题，较符合教师和学生的期望；同时增加了乡村聚落地理学的相关内容，更多考虑了我国的国情、城乡发展战略以及与现实生产生活的联系。

3.3.2 选修部分

1.学生调查结果分析

（1）对城乡规划知识在生活中是否有用及对该门课的学习态度

大部分学生认为城乡规划知识在我们生活中有用，占被调查学生人数的77%，23%的学生认为没有用。调查显示，51%的学生称自己喜欢学习这门课，26%的学生认为不喜欢，23%的学生不清楚自己是否喜欢，如图3-18所示。可以看出，有半数以上的学生对该门课持喜欢学习的态度。

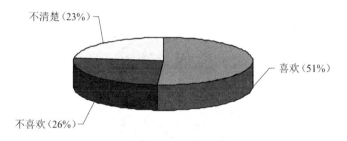

图 3-18 学生对城乡规划知识学习的态度

（2）教材中城乡规划知识的选取

在体现社会需求和发展方面，83%的学生认为教材中选取的城乡规划知识在社会生产和建设中有用，17%的学生认为没有用；84%的学生认为教材中选取的城乡规划知识体现了社会发展趋势，16%的学生认为没有体现。在满足学生需要和发展方面，80%的学生认为教材中选取的城乡规划知识对自己目前或未来的生活有用，如选择良好的居住环境，20%的学生认为没有用；61%的学生认为教材中选取的城乡规划知识对自己未来在该领域进一步学习深造有用，39%的学生认为没有用。可见大多数学生认为教材中选取的城乡规划知识体现了社会发展趋势及对自身目前生活与未来发展需要的考虑。

（3）城乡规划知识的学习方面

1）学生对城乡规划这门课难易程度的看法

如图3-19所示，81%的学生认为这门课不难学，19%的学生认为难学。其中认为难学的原因具体有以下几点：①有些知识和学生的生活联系不太密切，学生对知识的掌握比较难；②太专业，知识深奥，学生学起来感觉枯燥乏味，建议少选择一些知识，着重系统讲述某个专题；③个别学生对该门课不感兴趣。

　　某些学生也列出了不难学的原因：①这门课让我们更加了解我们生活的环境；②让我们了解了家乡的建设与发展；③可以很好地了解自己所在的城市如何规划更为合理；④可以拓展知识，扩大知识面。可以看出，认为城乡规划这门课不难学的学生都认识到了学习城乡规划知识的作用，发现了城乡规划知识的价值。透过学生的看法，发现城乡规划不难学的主要原因：城乡规划知识贴近生活，与现实社会联系密切，易于结合实例进行教学。

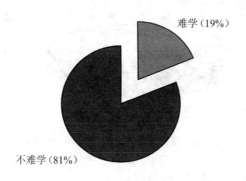

图 3-19　学生对城乡规划知识难易程度的看法

　　2）学生希望教师采用的教学方法

　　通过访谈一些教师，了解到教师在城市地理知识教学中采用的教学方法有教师讲解、小组讨论、案例分析、社会调查、分组研究以及查资料等。从图 3-20 中可以看出，在城乡规划知识学习中，希望教师采用的教学方法中，社会调查（包括实地考察、走访调查等）所占的比例最大，约占 25%；其次是案例分析，约占 21%；然后依次是教师讲解、小组讨论、查资料、分组研究。通过社会调查，学生一方面可以在学习新知识之前获得感性认识，另一方面，可以对已经学过的知识起到复习巩固和验证的作用。再者，新高中地理课程改革的基本理念中也提到"开展地理观测、地理考察、地理调查等实践活动"。81% 的学生希望了解一些社会调查的方法，而调查结果显示，仅 19% 的学生参加过一些社会调查活动。

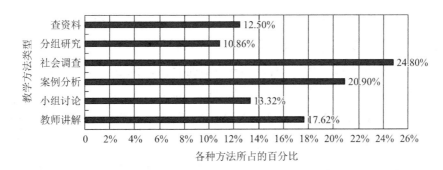

图 3-20　城乡规划学习中学生希望教师采用的教学方法的统计

（4）城乡规划课程塑造学生的价值观情况

调查显示，学生认为通过学习城乡规划这门课，自己某些方面的价值观获得了发展。从图 3-21 中可以看出，在培养学生的 4 种价值观中，因地制宜观点和可持续发展观所占的比例较大，其次是人地协调观，空间观点所占的比例最小。

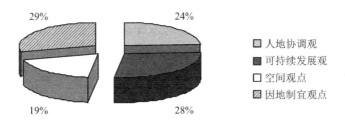

图 3-21　城乡规划课程塑造学生的价值观情况

2.教师调查结果分析

（1）城乡规划知识的作用

在被调查的 19 位教师中，有 15 位教师认为城乡规划知识在生活中有用，但有个别老师认为城乡规划知识对成人有用，和学生的生活有点距离。有 3 位教师认为城乡规划知识在生活中没用。1 位教师没作答。可以看出，大多数教师认为城乡规划知识在生活中是有用的。

（2）课程标准中城乡规划知识的选取方面

①在体现社会发展方面，在调查的 19 位老师中，仅有 4 位教师认为课标

中选取的城乡规划知识贴近社会发展实际，1位教师认为一般，14位教师则认为没有体现社会发展情况。②在体现学科发展前沿方面，有11位教师认为课标中选取的城乡规划知识没有体现学科发展前沿，仅有8位教师认为有所体现。③在满足学生需要和发展方面，有8位教师认为课标中选取的城乡规划知识对学生目前或未来的生活有用，11位教师认为没有用；有14位教师认为课标中选取的城乡规划知识对学生未来在该领域进一步学习深造有用，有5位教师认为没用。在对教师进行访谈时得知，一些教师认为城乡规划这门课在高中开设，专业性有点强，学生理解起来有困难。④关于课标中规定的城乡规划知识量方面，有9位教师认为比较多，7位老师认为适中，3位教师认为较少。⑤关于课标中选取的城乡规划知识的难易程度方面，有11位教师认为较难，有8位教师认为适中。综合以上调查结果，可以看出多数教师对城乡规划模块的设置持消极态度。

根据笔者深入中学一线的观察、调查，结合对相关资料的分析，认为我国高中地理课程中首次单独开设城乡规划模块，而在大学中系统学习过城乡规划专业的地理老师较少甚至没有，因此该模块的设置给地理教师带来很大的挑战（美国中学在20世纪50至60年代城市化快速发展时期加强了对城市地理的学习，教师同样也面临着难以胜任、需要进行再教育的挑战和要求），这在很大程度上影响了教师对该模块的认识和看法，后面的调查分析也印证了该推测。

（3）高中生学习城乡规划知识的必要性分析

从培养现代公民必备的地理素养的角度来说，有14位教师认为高中生有必要学习、了解这些城乡规划知识，5位老师认为没有必要。可见，大多数教师对城乡规划这门课的开设，还是持赞成态度的。

（4）城乡规划知识的教学方面

1）教师对城乡规划知识教学的态度

在调查的19位教师中，有14位教师认为自己不喜欢教城乡规划这门课，仅有3位教师认为自己喜欢教这门课，还有2位老师不清楚自己是否喜欢。既然老师们已认识到该模块对培养学生必备的地理素养很必要，那么为什么不喜欢教授呢？可能由于该模块在高中阶段是首次开设，对教师的挑战很大。

2）城乡规划教学的难易程度方面

在被调查的 19 位教师中，全部教师都感觉城乡规划这门课难教。主要原因有以下几点：①太专业，理论性强，超出学生认知水平；②与学生生活实际距离较远，选取贴近学生生活实际的案例较困难；③有些知识教师自己就不够清楚；④前沿科学中有争论性的内容不好把握。这也就解释了教师为什么不喜欢教授该门课程的原因。

3）教师在城乡规划教学中经常采用的教学方法

经调查，教师在城乡规划教学过程中采用的教学方法主要有讲授法、探究式教学法、案例教学法、讨论式教学法 4 种。从图 3-22 中可以看出，其中采用案例教学法的频率较高，其次是探究式教学法，教师采用讲授法和讨论式教学法的频率较低。在被调查的 19 位教师中，有 17 位教师称自己经常采用案例教学法。

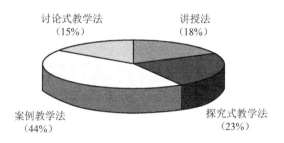

图 3-22　教师在城乡规划教学中经常采用的教学方法的统计

4）教师在城乡规划教学中是否组织过一些实践活动

在被调查的 19 位教师中，均没有组织过如实地调查、参观考察等之类的科学探究实践活动。经调查分析，教师不组织实践活动的原因大致有 4 种，分别为时间问题、安全问题、经费问题以及自身条件。在被调查的教师中，大多数教师认为，教学任务重，没有多余时间组织活动；小部分教师认为，外出存在安全问题；将近一半的教师认为，领导不支持，学校无此经费；还有个别教师认为，初次教授该门课，组织实践活动的经验不足或对专业知识的把握不系统、不透彻，对实际案例不能做出确切判断，焉敢指导外出考察？从图 3-23

中可以看出，教师不组织实践活动的主要原因是教学任务重，时间不允许。

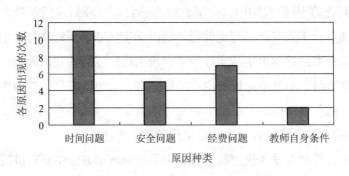

图 3-23　教师不组织实践活动的原因统计

（5）城乡规划在培养学生的价值观方面

经统计，在被调查的 19 位教师中，有 15 位教师认为城乡规划这门课有助于培养学生的因地制宜观点，有 12 位教师认为有助于培养学生的可持续发展观，有 10 位教师认为有助于培养学生的人地协调观，有 7 位教师认为有助于培养学生的空间观点，如表 3-11 所示。在培养学生的价值观方面，教师的调查结果和学生的看法高度一致。

教师认为城乡规划课程培养学生的各种价值观的统计　　　表 3-11

价值观	人地协调观	可持续发展观	空间观点	因地制宜观点
				1
	1	1		1
	1			1
		1		1
			1	1
各价值观出现的次数		1		
		1	1	
		1	1	1
				1
	1	1		
	1	1		1
	1		1	1

续表

价值观	人地协调观	可持续发展观	空间观点	因地制宜观点
各价值观 出现的次数	1	1		
	1	1	1	1
	1			1
	1			1
	1	1		
	1		1	
		1	1	1
总计	10	12	7	15

3. 教师与学生调查结果的比较

在城乡规划知识的作用方面，大多数教师和学生都认为城乡规划知识在我们生活中是有用处的。在城乡规划知识的选取方面，大多数学生对教材中知识的选取持满意态度，认为教材中选取的城乡规划知识体现了社会需求、学生需要以及学科发展的特点；而教师对课标中规定的城乡规划知识尤其不满，多数教师认为选取的知识没有贴近社会发展实际，没有体现学科发展前沿，对学生目前或未来的生活没有用等。教师和学生的看法差别很大。在城乡规划知识的量和难易程度方面，半数以上的学生都认为比较适中，而有一半左右的教师却认为课标中选取的城乡规划知识偏多、偏难。

对《城乡规划》这门课教学的态度方面，有半数以上的学生认为自己喜欢学习这门课，而只有极个别的教师喜欢教这门课。在教学难易程度方面，有80%以上的学生认为这门课不难学，而在所调查的教师中，全部都认为这门课难教。究竟是什么原因使教师和学生对这门课难易程度的看法反差如此之大呢？在被调查的19位教师中，16位是地理专业的本科生，2位是地理教育专业的硕士，1位是自然地理专业的硕士。在访谈时，很多教师都谈到自己没有学习过城乡规划方面的知识，对有些专业性较强的知识把握不准，给教学增加了一些难度。多数教师都认为"城乡规划"模块专业性太强，在高中开设这门课不太合适。然而，大多数教师和学生又都认为，从培养现代公民必备的地理素养的角度来说，高中生又有必要学习、了解这些城乡规划知识。

在城乡规划教学方面，学生希望教师采用的教学方法和教师在城乡规划教学过程中采用的教学方法基本吻合。差别是：在学生希望教师采用的教学方法中，社会调查法所占的比例最高，其次是案例分析和教师讲解，而教师经常采用的教学方法是案例分析、探究法及讲授法等，实践活动组织的很少或从没有组织过，因此希望教师加强实地调查或参观访问等实践性教学方法。

在《城乡规划》这门课培养学生的价值观方面，教师和学生的看法一致，都认为最有助于培养学生的因地制宜观点，其次是可持续发展观，再者是人地协调观和空间观点。

3.4 调查结论与启示

通过对教师和学生的调查结果的分析，主要得到以下几点结论与启示：

第一，大多数教师和学生都认为城市地理知识在生活中是有用处的，认为城乡规划教学有助于学生树立正确的价值观，依次为：因地制宜观、可持续发展观、人地协调观和空间观点。但他们在进行新高中城市地理知识教学时都感觉到有点困难，这不得不让我们反思其中的原因，是课程内容选取的太难，还是教材编写的不利于教师的教和学生的学，或是教师在教学过程中运用的教学策略不恰当，抑或是教师的专业知识有待加强，等。

第二，多数教师和学生都认为新高中地理必修课程中选取的城市地理知识联系现实与贴近社会生活，就其重要性方面，与旧版本必修课程中选取的城市地理知识相比，师生都认为旧版本中的"城市的区位因素"知识最重要；多数教师对选修模块"城乡规划"知识的选取不太满意。而在高中地理课程标准的实验稿和修订版中均没有明确要求"城市的区位因素"知识，而坚持保留了城乡规划模块，原因为何？

师生希望高中地理课程中选取的城市地理知识不太一致，学生希望学习的城市地理知识中排在前6位的依次是城市特色景观与传统文化的保护、城市的功能、城乡规划与可持续发展、地域文化对城市的影响、城市化、城市土地利用与空间结构；教师希望高中地理课程选取的城市地理知识排在前6位的依次是城市区位的选择、城市化、城市的功能、城市土地利用与空间结构、城乡规划与可持续发展、城镇合理布局与协调发展。而 2003 年版高中地理必修课程中选取了城市空间结构、城市的功能、城市化、地域文化对城市的影响 4 个知识点，2017 年版高中必修 2 和选择性必修 2 模块中选取了城乡内部空间结构、城市化、地域文化对城乡景观的影响以及城市的辐射功能，依据该版课标编写的教材中也体现了城乡规划与可持续发展和城乡特色景观与传统文化保护的内容，可以看出目前高中地理课程中的城市地理部分是比较符合学生和教师的意愿的，尤其是很大程度上迎合了学生的期望。

从师生希望高中地理课程选取的前 6 个城市地理知识中也可看出，师生都比较希望选取具有实用性和使城市变美好的城市地理知识，如城乡规划与可持续发展；学生较希望学习教材中新出现的知识点，如城市特色景观与传统文化的保护、地域文化对城市的影响两个具有文化景观理解的城市地理知识，教师较希望选取具有典型"区域性"和"空间性"特点的城市地理知识，如城市区位的选择、城镇合理布局与协调发展。

另外，通过分析性别在教师和学生对城市地理知识重要性、教学态度以及需求方面的影响，得出：男性较擅长于空间分析方面的理性知识，女性较倾向于文化理解方面的感性知识。

那么，高中地理课程中的城市地理知识应该如何选择才能更科学合理？才能既培养了现代公民必备的城市地理（2017 年版增加了乡村聚落地理相关内容，合称为聚落地理）素养，又能满足学生不同的城市地理（聚落地理）学习需要呢？目前的 2017 年版高中地理课程标准已给出了比较满意的答案。

第三，对高中地理必修教材中城市空间结构、城市的服务功能、城市化三者的编排顺序，赞成先讲城市化，再讲城市空间结构和城市服务功能的教师和学生在各自的统计中所占的比例最高，体现了从地理过程到格局的编排逻辑。这种编排顺序是不是最优的？是否还有其他类型的组织结构？

第四，在城乡规划教学中，学生希望教师采用的教学方法依次为社会调查、案例分析、教师讲解、小组讨论等，而教师经常采用的教学方法依次是案例法、探究法、讲授法、讨论法，可看出教师的教学方法是比较符合学生意愿的。其中，教师和学生都认为案例教学法是高中城乡规划知识的主要教学方法。多数学生还希望教师在城乡规划教学中多采用实践法，但由于受各种条件（时间、安全、经费、教师自身条件）的限制，运用实践法进行教学较难实施。在所调查的教师中，均没有采用过实践教学法。为了增加学生的实践体验，培养学生的创新精神和实践能力以及科学探究的方法和态度，采用实践法（实地调查、参观考察等）进行教学有一定的必要性。以上时间、安全、经费限制条件均可以克服，重要的是教师自身的专业知识必须有所完善，针对教学内容的特点，有重点地开展一些实践活动。哪些城乡规划主题适宜采用实践教学法？城乡规划实践活动又该如何设计与实施？这便成为采用实践教学法时首要考虑的问题。

　　以上从高中师生对城市地理知识作用的认识、对城市地理知识教学的态度、对城市地理知识的选取与组织及城乡规划知识的教学等方面对本章的调查结果进行了归纳总结，启发我们可以对以下问题展开进一步的研究：高中地理课程中应该选择哪些城市地理知识？这些城市地理知识有哪些组织结构类型？高中城市地理案例教学如何更好地设计？哪些知识适宜采用实践探究法？这些问题将在论文以后的篇章中作较深入的探讨。

3.5　美国高中城市地理教学状况分析

　　20世纪50至60年代，美国城市发展迅速，城市化率达到70%以上，与此同时，城市地理学也得到快速发展，目前仍是美国地理学中的重要分支。城市地理学的快速发展对高中地理课程带来了挑战和新的发展机遇。美国城市时代的高中地理项目，有以聚落为主题单独开设课程的，也有直接以城市地理冠名的，并融入城市规划方面的内容。"在我们的历史上，没有任何时候比今天更迫切地需要了解城市环境。许多教育工作者意识到城市的日益重要性和复杂性，以及当前学生理解这种新环境的必要性。越来越多的文章和书籍、教学单位、研讨会和研究会正致力于城市化及其对教育的影响。这种意识在地理学科中得到了很好的反映。例如，由最受尊敬的专业地理学家组成的高中地理项目指导委员会，决定将大约7周的城市地理课程纳入目前正在开发的30周的课程中，供美国中学使用。他们指出，现在大多数的美国高中学生住在城市或邻近城市。因此，处于这种环境的教学单位从熟悉的事物开始；城市是引导学生理解地理原理和学习方法的理想起点"[1]。于是在 20 世纪 60 年代进行了一系列高中城市地理课程的开发与试验。然而，对城市地理学日益增长的学术兴趣中有一个令人失望的方面，那就是研究人员没有能力或缺乏兴趣与所有学术级别的教师进行交流。很少有小学和中学教师，甚至更少的大学教师对专业城市地理学家正在攻克的问题和他们的发现有清晰的概念（一定程度上说明了中学一线教师缺乏相关知识）。

高中地理项目（High School Geography Project, HSGP）是由美国地理学家协会赞助并由美国国家科学基金会支持的地理课程内容改进项目，该项目的目标是开发十年级新的地理教材。其中有根据聚落主题开发的课程大纲材料。该课程以聚落主题为基础，包括入门单元、城市内部单元、城市网络单元、制造业单元和政治过程单元五大单元[2]。

1965—1969 年，美国一直在进行着有限（局部）学校的 HSGP 试验，目的是提供信息反馈，用以修订所试验的单元内容，其中城市地理内容一直包含在内。总的来说，老师和学生对这个单元的印象都很好。教师们认为，该单元所处理的信息是学生们非常感兴趣的，而多样化的活动有助于保持学生的高水平兴趣。许多老师评论说，这个单元最大的优势是它的及时性（时效性）和与学生生活的相关性。还有很多人认为，它最大的优势在于，在很长一段时间内，它成功地激励和吸引了大部分学生，尤其是在波茨维尔（Portsville）的活动中。除了五名老师外，所有的老师都认为单元的题材对大多数学生来说不是太复杂；除了两名老师外，所有的老师都表示题材组织良好，使学生能够应用他们所学的知识。几乎 90% 的学生认为这个单元作为一个整体是一般的或非常有趣的，其中 80% 的学生说它很有趣。总之，许多教师评论说，这个单元的最大优势是它成功地激励了大量的学生，并使他们感兴趣，以及它的及时性和与学生生活的相关性（内容的及时性和与生活的相关性方面与我国的调查结果相似，但如何通过多样化活动的形式激发学生的学习兴趣和探究欲望还值得我们思考）[3]。

在 1968—1969 年的试验中，29 名教师被选为现场试验对象，约 950 名

9 至 12 年级的学生参与了试验。本单元包括 8 项综合活动和 6 项可选活动：①城市区位与发展。这个活动受到了普遍的欢迎。与其他 HSGP 材料相比，它被评为总体"良好"评级。②新奥尔良。新奥尔良是除了波茨维尔以外最令人愉快、最有效的活动。它的总体评分为"优秀"，可以被认为是城市时代地理课程中最强的活动之一。③城市形态模式。总体评分为"一般"。当被问及问题的质量和顺序是否达到预期目的时，例如课堂讨论，只有 33% 的人回答"是"。几位教师提到难以引发学生的讨论。④波茨维尔市。主要涉及城市土地利用模式。波茨维尔仍然是一个优秀的活动。⑤购物之旅和贸易区。主要涉及贸易区大小和形状的影响因素。该活动的总体评级被置于"良好"的低区间内。老师们对它的热情普遍不如学生。老师们普遍认为这些材料太基础，智力上没有挑战性。⑥聚落系统模型。主要关于不同大小聚落的位置与间距。总的评价是"差"，这种活动在目前的形式下不能令人满意，教师们对这项活动尤其不满。学生表示这是本单元最没有兴趣和最没有价值的活动。⑦时间地点及模型。《时间、地点和模型》在老师和学生中普遍不受欢迎。它的总体评级是"一般"。该活动对老师和学生来说都不那么有趣。有趣的是，那些有强大的地理背景和大量教学经验的老师，明显更好地接受该活动。在这个活动的两个组成部分中，第一部分是地方之间的差异，显然更难变得有趣。⑧特殊功能城市。主要涉及城市的特殊功能。活动 8 获得了很高的"良好"评级。老师和同学们都很喜欢这个活动，并给予了很好的评价。然而，当被问及它有多大价值时，他们都把它的评级降到了"好"。老师们的感觉似乎是，随着内容的扩充（包括更多的练习和更深入的学科内容），这可以成为一项在各方面都很优秀的活动。

1968—1969 年学校测试的所有指标表明，新版《城市地理单元》的评分与 1966—1967 年的版本大致相同。就学生兴趣而言，本次测试中 81% 的学生表达了积极的看法；而在过去的几年里，该单元在学校试用中受到多达 92% 的学生的积极欢迎。关于本单元与其他课程的价值相比，82% 的学生持积极的态度，占比较高［我国的调查结果也表明，学生对城市地理（规划）的兴趣和价值认同也比较高］。学校的试验结果相当清楚地指出了组成单元的活动的有效性的重要差异（详见表 3-12）。活动 4 评价最高，活动 6 评价最低，活动 1、2、8 在平均分以上，活动 3、5、7 低于平均水平。至少有 4 名教师认为活动 3、6、7 和 8 需要大量修改，几乎一致认为活动 1 和 4 对该单元是最重要的，需要修改的最少。由表 3-13、表 3-14 和表 3-15 可以看出，聚落系统模型（我国称为城镇体系或城镇合理布局）、城市形态模式（城市空间形态）、购物之旅和贸易区（城市辐射功能）及时间地点及模型是师生较不喜欢的活动，这与我国的调查结果（城市辐射功能除外）有些许相似之处，尤其是学生较不喜欢时空尺度大的城市地理知识。

城市地理活动的价值评级　　　　表 3-12

活动数量	教师感受	教师效果评估	学生兴趣	学生价值评估	总体等级
1	良好	良好	优秀	优秀 (-)	良好 (+)
2	良好	优秀	优秀	优秀 (-)	优秀 (-)
3	一般	一般	良好	优秀	良好 (-)
4	优秀	优秀	优秀	优秀	优秀
5	一般	良好 (-)	良好	良好 (-)	良好 (-)
6	较差	较差	一般	一般	较差 (+)
7	一般 (-)	一般	一般	一般	一般
8	优秀 (-)	良好	优秀 (-)	优秀	优秀

我国历史上高中地理课程中出现次数较多的城市地理知识　　表 3-13

主题	城市地理知识点
城市化	城市的形成与发展、城市化的进程、城市化过程中的问题
可持续发展与城市规划	城市合理规划
中心地理论及其运用	城市的区位因素、中心地理论的基本内容
城市内部空间结构	城市功能分区、城市地域结构模式

一些国家和地区高中地理课程中选取较多的城市地理知识　　表 3-14

主题	城市地理知识点
城市内部空间结构	城市土地利用或功能分区、城市地域结构模式、城市或乡村空间形态
城市化	城市或乡村的形成与发展、发达国家与发展中国家城市化进程的比较、城市化所产生的问题
城市问题	内城衰落
中心地理论及其运用	城镇功能、城镇等级（或规模）、城镇体系、城镇区位的选择、中心地理论、城市（或乡村）的分类
城乡规划与可持续发展	城市规划的原则与方法、城市特色景观与传统文化的保护

我国高中地理课程中应该选取的城市地理知识　　表 3-15

主题	城市地理知识点
城市内部空间结构	城市土地利用或功能分区、城市地域结构模式、城市或乡村空间形态（仅作了解）
城市化	城市的形成与发展、城市化所产生的问题、发达国家与发展中国家城市化进程的比较、城市化进程（仅作了解）
中心地理论及其运用	城市的功能、城市区位的选择、城镇等级（或规模）、城镇合理布局与协调发展、中心地理论（仅作了解）
城市问题	城市环境问题、交通问题、居住问题
城乡规划与可持续发展	城乡规划的原则与方法、城市特色景观与传统文化的保护
城市景观	地域文化对城市的影响

参考文献

[1] Urban Geography: Topics in Geography, Number 1. National Council for Geographic Education, 1966.

[2] Inside the City. Evaluation Report from a Limited School Trial of a Teaching Unit of the High School, 1966.

[3] Kurfman, Dana. High School Geography Project: Geography of Cities. Abbreviated Evaluation Report. High School Geography Project, Boulder, Colo. National Science Foundation, Washington, D.C.1968.12.

第4章 高中城市地理知识选择研究

由于学校教育的时间和财力有限，不可能把所有的知识都教给学生，因此必须对课程内容做出选择。拉尔夫·泰勒在1949年出版的《课程与教学的基本原理》，构建了现代课程研究领域最有影响的理论构架：①学校应该达到哪些教育目标？②提供哪些教育经验才能实现这些目标？③怎样才能有效地组织这些教育经验？④怎样才能确定这些目标正在得到实现？被公认为现代课程理论的奠基石。其中教育经验（或课程内容）的选择和组织是课程编制过程中的一项基本工作。

在哲学认识论中有关知识价值的探讨，对课程内容的选择与组织关系甚大。英国学者赫伯特·斯宾塞明确提出了"什么知识最有价值"这一经典的课程问题。他认为能为人们完满生活做准备的知识最有价值，把科学知识置于课程的中心位置。美国的约翰·杜威认为，最有价值的知识莫过于与儿童生活相联系的经验，他强调的是一种经验的课程或活动课程。英国的保罗·赫斯特则特别注重知识与心智的和谐，重视有助于发展心智的最基本方面的知识，体现了博雅教育的理念。学科结构课程理论认为，知识是课程中不可或缺的要素，强调要把人类文化遗产中最具学术性的知识作为课程内容，并且特别重视知识体系本身的逻辑顺序和结构。

自20世纪80年代以来，城市地理知识在高中地理课程中的比重不断增加，尤其是2003年以来的高中地理课程改革，更加大了城市地理知识所占的比重。然而，新高中地理课程中城市地理知识的选取也不是尽如人意，这可以从前面的调查中得知。高中地理课程中应该选择哪些城市地理知识呢？目前对该领域的研究还较薄弱。第3章对高中地理课程中城市地理知识的选取进行了实证研究，了解高中教师和学生对新高中城市地理知识选取的看法和对城市地理知识的需求。本章将对高中城市地理知识的选取进行纵向与横向分析、比较及公众的问卷调查，以期了解不同历史时期、不同国家和地区高中地理课程中城市地理知识选取的特点与原因，以及社会大众对城市地理知识的需求。

本章首先概括介绍城市地理研究内容的发展历程。其次，为了便于对高中地理课程中的城市地理知识进行分析、比较，根据城市地理研究内容之间的关系，构建分析高中地理教材中城市地理知识的主题框架（或称分析模型）。然后，根据这六大主题，对高中城市地理知识的选取进行历史回顾、国际比较和问卷调查，分析不同历史时期、不同国家和地区高中城市地理知识选取的特点与原因及我国社会大众的需求。最后，根据我国目前社会发展的状况、城市地理学科发展的特点和对学生培养的要求以及地理课程内容选择的基本准则，探讨我国高中地理课程中应该选择哪些城市地理知识。

4.1　城市地理学发展历程与主要研究内容

城市地理学是地理学中一门年轻的分支学科，它形成于 20 世纪初叶，至 20 世纪 50 年代进入历史以来最旺盛的发展时期[1]，现已成为地理学中最有影响的学科之一。随着时代的发展和地理学研究方法的改变，城市地理学研究的内容在各个时期有所不同。

1920 年之前是城市地理学的初创时期。这一时期受自然环境决定论的影响较深，研究着重于对城市自然地理位置和相对位置的分析，认为位置和自然条件是决定城镇产生的主要因素。

1920—1950 年，受自然地理学和社会学的影响，城市地理学的研究范围大大扩大，初步奠定了当代城市地理研究的两个重点——城市体系和城市内部结构研究的基础。城市位置和城市自然条件的分析依然是本时期的一个研究重点。本时期研究的第二个重点是对城市内部结构的研究，这种研究分为两方面，一是对城市形态的研究，另一个是构建城市内部结构的模式。对城市职能和腹地的分析是本时期研究的第三个重点。在对城市腹地的研究中，侧重于城市吸引圈的分析。有些学者通过通勤、食品供应、电话呼唤等方面的调查画出城市的影响圈。这些研究为以后城市体系的研究奠定了基础。本时期中，特别值得一提的是，为城市地理学发展作出杰出贡献的、于 1933 年提出中心地理论的德国城市地理学家克里斯泰勒（W.Christaller）。克里斯泰勒在一系列假设的基础上，探讨了一定区域内城市等级、规模、职能间的关系及其空间结构，推导出六边形的城市分布模式。克里斯泰勒的中心地理论标志着城市地理学的研究从格局描述走向模式建造，是城市地理学研究方法的重大革新。

20 世纪 50 年代中期，人文地理学中逐渐形成空间分析学派，他们试图对人文地理学传统的思想体系加以改造，把地理学看作空间关系的科学。空间分析学派的观点对 50 至 60 年代城市地理学的发展产生了重要影响。在空间分析学派的影响下，城市地理学被认为是一门研究城市空间组织的学科。由于城市是一种特殊的地域，它在区域中表现为一个点，而其本身又是具有一定广度的面，因此，城市地理学着重从两种地域系统中考虑城市的空间组织——区域的城市空间组织和城市内部的空间组织，即城市体系和城市内部结构的研究。此外，城市地理学还从点面结合的角度去考察城市化问题。

1950—1970 年，经济学和计量方法的应用对城市地理学的发展产生了较大的影响。这一时期城市地理学研究的内容主要有以下几个方面：①城市化的研究。人口从农村流向城市，几乎成了世界各国共同的趋势。各国地理学家对城市化都有较多研究。②中心地的研究。20 世纪 50 年代，克里斯泰勒的中心地学说被介绍到美国，与当时兴起的计量革命相结合，对城市地理学的发展起了巨大的推动作用。对中心地学说的研究成为西方国家城市地理学界最流行的研究课题之一。③城市经济基础理论的研究。50 年代起，城市地理学家开始探讨城市成长的经济基础，并试图分析城市经济活动的增长导致城市人口增加的机制。经济基础理论认为，城市的存在和发展，取决于城市在自身地域界限以外地区销售货物和提供服务的能力。④空间相互作用和扩散过程的研究。空间相互作用的研究分为两方面，一个是对城市与区域相互作用的研究，另一个是对城市间相互作用的研究。在城市地理学中，注重新事物（指新思想、新事物、新技术等）扩散过程的研究，这种扩散其实是城市间相互作用中的一个重要内容。戈德根据距离、城市规模等影响新事物扩散的因素，把扩散分为传染扩散、重新区位扩散、等级扩散 3 种类型。⑤城市规模分布理论的研究。所谓城市规模分布理论，就是考察一个国家或区域内各种城市的规模层次分布，以及产生这种分布的原因。这个理论受到了经济学家、地理学家、社会学家的广泛重视，被认为是分析城市系统最基本的理论之一。⑥因子分析的研究。因子分析首先被运用于城市分类的研究，最早的一个例子是普赖斯于1942年对美国93个城市的分类。使用因子分析法，不仅能反映出城市经济结构方面的差异，还能反映出城市在社会、人口方面的差异，因此目前进行的城市分类研究多采用因子分析。因子分析应用的第二个领域是对城市内部结构的分析。以上几个方面代表了本时期城市地理学研究中的主流，其中很多研究至今仍在进行。

从20世纪70年代中期到80年代初，西方一些国家经历了第二次世界大战后最严重的经济危机。与此同时，这些国家的社会经济发展出现一些新的动向，如人口增长率下降、家庭规模趋向小型化、大城市市中心人口外迁、妇女就业率上升等。所有这些因素给西方国家城市的发展带来很多新的问题，从而导致70年代城市地理的研究重点逐步从城市体系转向城市化和城市内部结构的研究。在城市内部结构研究中出现两个新的动向，一个是行为研究，另一个是政治经济学的研究，相应形成行为学派和制度学派。行为研究与人对城市的感应及相应做出的决定有关，他们认为城市地理学应着重过程的研究；政治经济学的研究则试图用政治观点对城市发生的社会过程和城市问题做出新的解释。这些趋势反映了60年代空间分析研究的不足之处，即过于注重理论的抽象化，与现实问题相距太远；过分强调标准行为和城市格局的分析；在构造城市和区域模式时忽视政治、经济背景。

20世纪80年代，城镇体系的研究又逐步活跃起来。但人们认识到，必须对以往的研究方法加以改革，重新确定研究方向。80年代城市体系的研究要与当代的社会经济问题结合得更紧密，要以更多的注意力去评价和了解宏观经济事件和政策，以便综合分析影响区域发展的限制因素和机会[2]。城市地理学面向城市规划应用需求开展的相关基础理论与方法体系的研究，是更为重要且对之后长期蓬勃发展产生深刻影响的研究。广大城市地理工作者在参加编制城镇体系规划、城市规划等应用实践中，也走出一条应用中发现科学问题、向国外学习中把握前沿问题、发展中国城市地理学理论方法、提高城市规划应用实践能力的路子[3]。

到20世纪90年代，城市地理研究更为多元化，不仅新理论、新领域、新方法的研究日益增多，而且在传统的研究中也包含了新的内涵。传统的城市地理学研究城市内部空间结构的着重点，是城市形态和城市土地利用或称功能分区等物质空间，现代城市地理学还研究城市内部市场空间、社会空间和感应空间等。城市社会问题研究的具体内容涉及住房问题、特殊群体问题、邻里和社区问题、公共服务设施问题以及城市政治经济问题，此外还有贫困与犯罪问题等。围绕信息化和全球化拓展城市地理研究的新领域与新方法，主要涉及与信息化密切相关的信息技术应用、网络城市研究、城市建模研究、高新技术区发展，与经济全球化相关的经济全球化、世界城市、全球城市劳动地域分工与生产性服务业研究；与城市管理相关的管治、公众参与以及与人居环境相关的居住生态化研究等。城市产业研究方面，主要运用新制度经济学的理论来解释城市经济组织的发展和经济组织的解体，研究后福特时代产业重构过程以及在此过程中大都市区的弹性生产方式等[4]。同时，城市地理研究已经从对经济的关注扩大到对社会文化的理解[5]。城市地理、旅游地理迅速崛起，发展成为与经济地理学在研究体量上可以并列的两大新兴领域。80 至 90 年代，一系列城市地理论著的出版也标志着中国城市地理学已经成为相当成熟的人文地理学分支学科，一批国内外具有广泛影响的城市地理学理论方法在城市规划领域被广泛应用。

　　进入 21 世纪以来，围绕可持续发展方向，城市地理学、乡村地理学等人文地理学不同分支，基于人地关系地域系统理论，对城镇化与新农村建设、精准扶贫及区域可持续发展等开展了广泛而深入的研究。以人类生活活动与生活空间为主要研究对象的城乡地理研究成为我国人文地理学研究的三大支柱之一。城市地理学的研究内容与中国城市化进程中的热点难点问题基本一致。21世纪，在坚持城市化和城镇体系的研究作为中国城市地理研究的核心内容，并继续为城市规划和城镇体系规划提供科技支撑的同时，对城市居民行为、城市历史与文化、生态与环境，以及城市全球化和国际化的研究日益关注，城市管理也被提上日程，"文化转向"和"环境转向"初露端倪。乡村地理的研究经历了改革开放前成为中国人文地理学的重点优势学科、改革开放后学科研究力量显著削弱、进入 21 世纪后又得以逐步复兴的一个发展历程，在复兴过程中开拓新的研究领域、聚焦具有现实应用和学科前沿时代感的研究命题，包括开展农业与乡村地理学的综合研究、农村空心化与空心村整治并向地理工程拓展、新农村建设综合研究并服务新农村规划、区域农业与乡村发展研究并与城乡协调和统筹研究接轨等，在研究成果系统化的同时加快国际化的进程，并一跃成为中国人文与经济地理学分支学科中后来居上、在国际化程度进程领先的分支之一 [3]。

4.2　教材中城市地理内容分析主题的确定

为了便于对教材中选取的城市地理知识进行分析比较，根据知识之间的相互联系，把城市地理研究的主要内容归纳为六大主题，每一主题中又包含一些具体的知识点。这六大主题及其包含的知识点如表 4-1 所示。拟从这六大方面对所选取的一些国家和地区的高中地理课程中的城市地理知识进行分析比较。

教材中城市地理内容分析的主题构成　　　　表 4-1

主题	涵盖的具体知识点
城乡内部空间结构	城镇形态、城市土地利用、城市功能分区、城市地域结构模型、城市社会空间结构等
城市化	城市的形成与发展、城市化的过程与特点、城市化对地理环境的影响、不同国家城市化过程的比较等
中心地理论及其运用	城镇体系、城市等级、城市的影响范围、聚落区位的选择、聚落的功能、聚落的分类、城乡联系等
城乡规划与可持续发展	城乡规划的原则与方法、城乡产业布局、城乡规划中的公众参与、城乡建设、特色景观与传统文化的保护等
城市问题	城市环境问题、交通问题、社会问题、内城问题、城市蔓延等
城乡景观	城市景观、乡村景观、地域文化对城乡景观的影响等

1. 城乡内部空间结构

城乡内部空间结构包括城镇内部空间结构和乡村内部空间结构。城镇中不同功能区的分布和组合构成了城镇内部的空间结构。城镇土地利用是城镇功能分区的基础。城镇内部空间结构与城镇形态密不可分，它们强调的是城镇的不同方面。如果说城镇内部空间结构表现为城镇发展的内在动力支撑要素，那么，城镇形态则表现为城镇发展的外部显性的状态和形式。它们受到城镇的自然环境、工程技术环境和社会环境的制约，通过城镇内在的动力因素，展现不同的结构形式和独具风采的城镇形态。城镇内部空间结构往往包括城镇形态，广义的城镇形态也包括城镇内部空间结构[6]。城镇土地利用、功能分区或城镇形态都属于城镇实体空间结构研究的内容。我国社会空间结构的研究近年来才得到重视。城市地理学所研究的社会空间通常包括邻里、社区和社会区 3 个层次，而以社会区为主。社会区（social area）是指占据一定地域，具有大致相同生活标准、相同生活方式以及相同社会地位的同质人口的汇集[7]。

2. 城市化

城市化一词源于英文 Urbanization，可译为"城市化""都市化"。对城市化的理解人们经历了由浅入深的过程：早期理论认为，城市化就是农村人口向城市集中的过程。然后人们渐渐发现，在农村人口向城市集中的过程中伴随着城市数量的增多和城市规模的扩大，于是把城市化进一步定义为：城市区域的扩大、城市数量的增多、城市人口的集中和增加等这样一系列变迁过程。随着城市化的深入，城市对农村的作用也日益加强，即城市的政治、经济、文化及生活方式不断地渗透到农村社区，从而进一步加深了人们对城市化的理解，认为城市化不仅指城市规模、数量的不断扩大与增加和大量农村人口不断向城市转移的过程，还包括农村产业结构由农业型经济转变为工业型经济、城市生活方式向乡村聚落扩展的过程[8]。研究各种类型国家城市化的进程、特点和趋势，目的在于探索和揭示城市化的普遍规律。只有认识规律，才能自觉遵循规律的要求，充分发挥规律的作用[1]。城市化与城市发展的涵义既有联系又有区别。从城市人口方面来说，城市化指某一地方城市人口的比例的增加，城市发展指居住在城市地区的人口的数量的增加，可以看出二者都表示城市人口的增加，但城市人口的增加并不一定产生城市化。

3. 中心地理论及其运用

中心地理论是城市地理学的基础理论之一，也被认为是 20 世纪人文地理学最重要的贡献之一。德国波鸿鲁尔大学城市地理学家绍勒尔（P. Scholler）甚至说："没有克里斯塔勒的中心地学说，便没有城市地理学，没有居民点问题的研究"[7]。中心地理论是研究城市空间组织和功能布局的一种城市区位理论。该理论探讨了一定区域内城镇等级、规模、数量、职能间的关系及其空间结构的规律性，并采用六边形图式对城镇等级与规模加以概括。中心地理论的基本概念有中心地、服务范围和需求门槛、六边形网络、城镇等级体系、不同原则下的中心地空间结构[6]。中心地理论认为，城市的基本功能是作为其周围区域的服务中心，为其腹地提供中心性商品和服务，如零售、批发、金融、企业、管理、行政、专业服务、文教娱乐等。由于这些商品和服务按照其特性可分成若干档次，因而城市可按其提供的商品及服务的档次划分若干等级，各城市之间构成一个有规则的层次关系。也可根据中心地所执行职能的数量，把中心地划分成高低不同的等级。一般来讲，中心地等级越高，它提供的服务越多，人口也越多，反之，中心地的等级越低，提供的中心职能越少，人口也越少；高级的中心地不仅有低级中心地所具有的职能，而且具有低级中心地所没有的较高级的职能，这些新增加的职能有较高的门槛值和较大的服务范围；中心地的级别越高，数量越少，彼此间距就越远，它的服务范围也就越大，反之，越是低等级的中心地，数量越多，相互间隔越近，服务的地域越小[8]。

4. 城乡规划与可持续发展

城乡规划是对一定时期内城市和乡村的经济与社会发展、土地利用、空间布局及各项建设的综合部署、具体安排和实施管理。城乡规划是城乡实现可持续发展的重要手段。具体来说，城乡规划主要从以下几方面促进城乡的可持续发展：①城乡规划依据"珍惜用地、合理用地、保护耕地"的原则，严格执行国家用地标准，充分利用闲置土地，合理安排各类产业。②制定和实施城乡规划要求注重城乡生态环境的保护和改善，加强城乡绿化，改善环境卫生条件。③城乡规划注重抵御和减少灾害对城乡的危害，尽量满足城乡防火、防爆、防洪、防台风、防泥石流以及治安、交通管理和人民防空建设等要求，保障城乡安全和社会稳定。④考虑城乡结合，协调城乡发展。⑤在城乡规划中，注重对自然遗产和历史文化遗产的保护，实现对历史名城整体格局、历史文化保护区、文物古迹及周边环境的保护；详细规划出城乡历史文物、场所、遗存、历史性建筑、街区和地段，甚至特定历史条件下的整个城区的保护，并注重地方特色和民族传统特色的保护，使人类文化遗产长久相传，永续发展 [9]。城市的可持续发展是目前世界各国共同的追求。随着城市中经济、社会利益的日益多元化，国外建立了比较成熟的公众参与城市规划体系，使公众对城市未来发展方向的选择达成认同和共识，以保证社会的公平和稳定发展 [10]。公众参与和咨询是实现城市可持续发展的一个重要成分。例如，近年来，香港开始实施一个更加积极主动的公众策略，以寻求公众支持和提高公众对可持续性问题的意识。在制定与复审规划与发展策略中，政府会对相关利益人群和一般公众成员进行广泛的咨询 [11]。

5. 城市问题

城市化在带来经济上巨大的聚集效益的同时，也造成了一系列的城市问题或称"城市病"，如用地紧张、住房短缺、基础设施滞后、交通堵塞、生态环境恶化以及失业、社会不安定等。其中环境问题是城市问题的主题和核心，无论在国际上还是在国内，城市环境问题都成为社会各界所关注的焦点问题之一 [8]。其他问题包括交通问题、社会问题及住宅问题等。城市问题是城市发展过程中经常需要面对的客观存在 [12]，只有科学地认识问题，了解问题的演化过程和可能后果，才能进行正确的决策和适时地发现问题、解决问题，从而促进城市全面、协调、健康地发展。

6. 城乡景观

城市和乡村是人类所创造的一种文化景观，尤其是城市，除了少数平地起来的城市外，都是长期历史发展而形成的，因此，它有丰富的内涵。不同国家、不同地区的城市，甚至同一地区的不同城市间都存在着或多或少的风格差异。这种风格，或曰特色，不仅因时代不同而有形态、结构、气派和特色上的差别，而且即使是同一时代，也会因地域、气候、民族等原因，显现迥然相异的城市气息，进而表现出独特的城市个性。不同地区甚至同一地区的不同城市间存在的这种风格差异，是其不同文化底蕴和地域文化内质的外在表现 [13]。

在城市景观中，最明显的是城市建筑高度，其次，城市景观往往与著名的建筑物相联系，该建筑也就成为该城市的标志与象征。丘吉尔曾说过，"人塑造建筑，建筑也塑造人"，人造的城市也缔造了自己的独特文化。建筑文化，作为社会整体文化的一部分，在熔铸民族（地域）性格的过程中，起了不可替代的作用。首先，建筑反映和表达了社会的各种价值观，包括哲学、经济和美学等观念，反过来，它也巩固、强化或削弱这些价值观，如西方的教堂体现的就是一种文化观念。其次，建筑反映了人们的生活模式。人总是以自己的理想模式来建造房子，并改造其周围的环境。然而，一旦建成，它们又反过来用自己的模式来制约人际关系。北京的四合院是中国传统家庭"几世同堂"理想的产物，它反过来肯定和强化"忠孝"的伦理思想。再者，建筑有自己的语言体系，开拓了一条人际对话的重要渠道。如阿拉伯的拱券、中国的曲线屋顶、法国的芒萨屋顶等都产生于本地区的自然和人文条件，并且和语言、文字一起，构成了本民族（地域）独特的表述和交互手段。中国各地的民居，又相当于建筑的方言。掌握建筑语言可以极大地帮助我们通过对城市和建筑的阅读加深对一个民族或一个地域整体文化的了解[14]。第三，城市景观表现在城市的格局方面。一些经过规划而建设的城市往往表现得尤为突出，不仅重要建筑物的单体与组合，而且整个城市的道路系统都反映出其独特的风格与含义。第四，表现在城市与环境的协调所形成的风格。由于一些城市所在的地理环境的不同，因而形成一个城市的特色风格。例如，沿海、沿江、沿湖的城市多充分利用其水体表现城市特色。另外，还有山城、泉城、沙漠城、高原城和绿洲城，都是由于特殊的环境而具有自己的特色[7]。

城市通过建筑物、建筑空间及其组织形式——城市规划，综合反映一个地域内城市的物质文明和精神文明，包括城市所赖以存在的地理环境、经济、科技，以及属于上层建筑的历史、哲学、艺术、教育、宗教、民俗等。因此说，城市景观是一种集大成的文化景观，它以城市建筑物的形式和总的规划，反应不同历史时期的文化形态和价值趋向[13]。

需要注意的是，以上六大主题之间并非是割裂的关系，它们之间也有很强的相互联系。如城市化可以改变一个城市的内部空间结构，可以促进某一区域城市数量的增多、某一城市规模的扩大、功能的改变和景观的变化，也可以产生某些城市问题，进而采取相应的城市规划方案以实现城市的可持续发展。

4.3　我国中学城市地理知识选择的历史回顾

对中学城市地理知识的选择进行历史回顾的目的，是了解哪些城市地理知识在中学地理课程中采用的时间长，以及选取这些城市地理知识的原因。根据我国城市地理学的发展阶段和中学城市地理知识选取的特点，分以下 4 个阶段进行探讨。由于某些时期城市地理知识在初中和高中均有讲述，因此，有时把"高中"称为"中学"。

4.3.1　新中国成立之前中学城市地理知识的选取特点及其原因分析

1. 清朝末年（1904—1911 年）

这一时期，中学五年，每年都有地理课，各年级的设置如表 4-2 所示。

清末中学堂各年级的地理课程设置　　　　　　　表 4-2

年级	一	二	三	四	五
地理科目	地理总论 亚洲地理 中国地理	中国地理	外国地理	外国地理	地文学

当时的中国地理教材，是以我国封建时代记述地理学——地理志和地方志的观点和方法编辑的，主要叙述我国的疆域、山川、各省所辖州县、城市、道路、名胜古迹以及特产等。地理总论和外国地理的教材，主要是根据印度广学会刊行的《地理精要》一书翻译改编而成，以记述世界各洲和各国的山河、城市、物产为主[15]。这一时期，"城市"主要是作为一种地理现象出现在中国地理和外国地理教材中。有学者认为[16]，从严格意义上讲，把城市作为一种地理现象加以记述，并不是真正的城市地理知识。可看出该时期的地理教材中并没有出现真正的城市地理知识。

2. 民国初年（1912—1921 年）

此时期中学改为四年。中学地理课程的设置如表 4-3 所示。限于当时地理科学水平和认识，区域地理教材仍以记述地理事物为主。这里以《（中华）中学地理教科书》[17]为例，分析该时期教材中城市知识的编排情况。

民国初年 1912—1921 年中学地理课程设置 　　　　表 4-3

年级	一	二	三	四
地理科目	地理概论 本国地理	本国地理 外国地理	外国地理	自然地理概论 人文地理概论

《（中华）中学地理教科书》分为四卷，第一卷《世界及中华总论》，第二卷《中华地志》，第三卷《世界地志》，第四卷《自然地理概论与人文地理概论》。以下分别对第二卷、第三卷以及第四卷中选取的城市知识进行分析。

在中学地理教科书（第二册）《本国地理》的"第一篇　都城"中，分别从名称、位置、形势、城垣、名胜、交通要道几方面来介绍都城北京，内容叙述详细。例如，对位置的描述，这样写道：

都城据直隸省平野之中央，當北緯三十九度五十七分，革耳尼天文臺東一百十六度二十八分。東由白河以通渤海，北憑長城遙製蒙古，東北控滿洲，西隔豫晉秦隴以通西藏。南扼中國本部，居高臨下，有高屋建瓴之勢，形勢頑固，與英之倫敦、法之巴黎、德之柏林、俄之聖彼得堡、意之羅馬、美之華盛頓，相伯仲焉。

课文中附有北京城规划示意图以及照片（东交民巷英国使馆、北京前门街市图、玉泉山图）。

书中在介绍各省时，都讲述了各省的省会和其他主要城市。如河南省介绍了开封、郑州、洛阳、信阳、南阳、陕州、彰德。有些省份在介绍都会时，附以照片加以说明，如湖北省在介绍武昌时，附有黄鹤楼照片以突出其典型景观（名胜）；在介绍汉阳时，附有汉阳铁厂照片，突出其工业发展特点。直隶省在介绍天津时，为让读者理解其商业繁盛、贸易发达，还以表格形式列举其贸易之主要品。

分析课文中有关"城市"的内容可看出，《本国地理》教材中的城市知识侧重叙述其所在的地理位置、周围形势，并附带有交通、人口、产业等要素。

中学地理教科书（第三册）《世界地理》在介绍各个国家时，基本上都从疆界、地势、都会、物产、现势等几个方面入手。在介绍都会时，也多从地理位置、人口、地势、产业、现势几个方面着手。例如，英国是工业革命的发源地，城市化开始较早。对伦敦的介绍就突出了其工业发达、商业繁荣、机构齐全、富甲天下的特点。其介绍城市之多，也反映了其城市较为发达的特点：

倫敦　跨達迷塞河兩岸，距河口百五十里，為英之都城，又為聯閤王國之首府，世界第一大城也。人口達四百五十萬。爾蘭，蘇格蘭人居其地者，反多於其本鄉，其他各遊歷，寄居之人，其數亦多。倫敦者，聚天下之商務，具天下之人種，謂之一小世界，可也。其人煙之稠密，或狀之為人類之蜂房。若語其建築之多，則軼海椿山矣。工厰數千家，煙煤與浮雲相若，中有倫敦塔、國會議事堂、聖保羅堂、大英博物院。規模宏大，結搆壯麗，世罕其匹。其東六俚有革耳尼天文臺，經度以此為起點。

墨西哥及一些中美洲国家，都会发展较慢，课文中介绍的都会，不仅数量少，而且叙述均较简略。如墨西哥对其都城墨西哥的介绍如下：

墨西哥　墨之都城也，據南部高原之中央，高齣海麪凡七千五百呎，人口十五萬。其地多山岳，富森林，風景絕佳。

中学地理教科书（第四册）《地球概论》，全书分为自然地理概论和人文地理概论两大部分。在人文地理概论的"第四篇　人类之住所"的第二章讲述了"都会之成因及其市街之形状"，第三章讲述了"村落及都会之密度与农工业的关系"。

文中讲述的都会所以致繁盛之原因有六条：①因防禦外敵而成都會者；②因宗教之崇奉而成都會者；③因政治之活動而成都會者；④因精神之娛樂而成都會者；⑤因學術之研究而成都會者；⑥以經濟之活動而成都會者。

"市街之形状"讲述了旧都会和新都会市街的特点，认为旧都会的市街一般布置不规则，新都会市街皆井井有条。这从侧面反映了规划在新都会中的应用。

"村落、都会与农工业之关系"，课文是这样叙述的：

一國之中都會村落髮達與否，不惟關于人口，於居民生業亦有至大之關繫

也，如農業。國多耕地，則富於村落。工業，國地狹而稠密，則多都會如英國
以有大炭田而工業甚盛，都會極多，其都會有人口五萬以上者，達八十六處。
吾國礦產饒富，甲於全毬，將來礦業興盛，工業可因之髮達。新髮生之都會，
當踵相接焉。

可以看出，民国初年的中学地理教材中出现了真正的城市地理知识，如城
市的形成原因，城市、村落的分布密度与工农业的关系，城市规划的应用等。

3. 1922—1948 年

20 世纪 20 年代，西方近代地理学思想在我国中学地理教育中开始有所反
映。1922 年，我国中小学学制仿效美国，改为小学 6 年，初中 3 年，高中 3 年。
中学把学科分为选修和必修。在初中必修科目中，公民、历史、地理合为社会
科，未作年级安排，由各校自定。高中必修课中无地理，高二选修课中有地理，
作为升大学文科、商科所需的选科。

1923 年，在王伯祥起草的《新学制课程纲要初级中学地理课程纲要》中，
要求学生研究地理与人生的关系，要求注重人类全体的生活，所以中外地理的
界域，首宜打破。在课程纲要规定的"教学要项"的第 11 条"重要的城市"中，
规定的城市地理知识如表 4-4 所示。从表中可看出，涉及的城市地理知识有城
市的起源与发展、城市的职能以及按照城市职能对城市进行的分类。

《新学制课程纲要初级中学地理课程纲要》中规定的城市地理知识　表 4-4

"城市的起源"	市集的由来，大都会的出现
"文化上的城市"	如长安、江宁，巴特那 Patna，开罗 Cairo，雅典 Athens，罗马 Rome，库斯科 Cuzco 等
"工商业上的城市"	如上海，伦敦 London，纽约 New York，芝加哥 Chicago 等
"交通上的城市"	如新加坡 Singapore，彼得散特 Port Side，巴拿马 Panama，火奴鲁鲁 Honolulu 等

1922 年以后，初中地理教材要求打破自然地理、人文地理、中国地理、
外国地理的界限，综合编写。1925 年，商务印书馆出版的张其昀编写的《人
生地理教科书》[18]（上、中、下三册）可为代表。该书之宗旨使学生明了地理
与人生之关系，贯通人地之间，兼包中外各国。本书刊载地图、照片、图解、

表解五六百幅，其重要性不亚于正文，足为上课时师生间问题讨论之资料。每章之末附有习题举例，大都都属于思考的而非记忆的。全书分 12 章，人文地理部分 7 章，区域地理 5 章。上册是关于人文地理内容方面的，区域地理内容分布于中、下两册。人文地理部分中城市地理知识的叙述较详细，区域地理中的城市知识还是把城市作为一种地理现象，描述其地理位置、重要特征等。这里主要对人文地理部分中的城市地理知识进行分析。

在《人生地理教科书》（上册）"第四章　土壤、矿产与人生之关系"的"第三节　金属与文明"，在介绍"产业革命以后之工业都市"中，讲述了西洋产业革命时代，其经济之进步与都市发展、兴旺有一种连带关系。

"西洋工業極盛時代，都市之工厰林立，農民去鄉村而入城鎮做工。才智之士，希冀榮達，不願蟄居鄉俚，亦云集于都市。例如，英國人口比較，百分之八十在城（二千人以上之城），百分之二十在鄉。此種都市人口集中之現象，遠非農業國如我國者，所可比擬。然而城市人口過多，利之所在弊亦隨之。列錶如下："

都市生活之利益	都市生活之流弊
①機器製造，氣大規模之生産事業，故資本雄厚，經濟發皇。 ②群衆接觸之機會多，文化易于灌輸。 ③工商社會，註重傚率與積極進步。 ④有自由之空氣，於革新之精神	①資本傢與勞動者貧富懸殊，以緻階級鬥爭屢續慘劇。 ②浮華、奢侈、機詐、虛偽之習，亦因五方雜處之故而癒甚。 ③生存競爭過于激烈，汩沒人類之天趣，毀滅人類之靈性。 ④專務嚮外髮展，勢利之心太重，道德觀唸，有江河日下之勢

从以上课文可看出，城市是工业生产活动的中心，随着城市工业的发展，城市的物质条件和生活方式对农村人口产生了强大的吸引力，引起了农村人口向城市迁移，这样就进一步促进了城市的发展。英国是工业革命的发源地，城市发展迅速，然而，大规模的人口向城市集中（称为城市化），导致城市人口过多，也会产生一些问题。城市生活的两面性促使一些人对城市生活进行反思。如在第四章后面的习题中，就出现了"進来有人提倡'都市之農村化'，者，亦有人提倡'農村之都市化'，者。當略知其理由與辦法。"的问题。这里涉及城市化、城市生活问题方面的知识。

本书受当时美国地理学家亨丁顿所著《人生地理学原理》、法国地理学家白吕纳所著《人生地理》的影响较大。这种用人地关系解释地理事象的教材，比旧方志式地罗列地理事物和现象、堆砌资料的教科书，有积极的进步意义。然而，这种用综合法编写的教科书，因师资难得，未能普遍推行，后又用分科法编写中国地理和世界地理。

1929 年 8 月，国民政府颁布的《初中地理课程暂行标准》，规定初中各年级都设地理课，初中第一、第二学年讲本国地理，第三学年讲外国地理。同年 11 月，颁布的《高级中学普通科地理暂行标准》，规定本国地理和外国地理共讲 1 学年。《初中地理课程暂行标准》在教材大纲的第六条"都市"中规定有"（甲）政治中心，（乙）文化中心，（丙）经济中心，（丁）人口在二十万以上者"。可看出主要从城市职能和人口规模两个角度来选择教材中要讲述的城市。1932 年，高中改为三年都设地理课，初高中各年级的地理课程设置如表 4-5 所示。

1932 年中学地理课程设置　　　　　　　表 4-5

年级	初一	初二	初三	高一	高二	高三
教学内容	中国地理	中国地理	外国地理	本国地理	本国地理 外国地理	外国地理 自然地理

这一中学地理课程标准，基本上用到 1949 年中华人民共和国成立前夕。但各校实际执行时，高三下学期的自然地理多未开设，仍以授外国地理为主。

当时初、高中的中外地理教材，除详略有所不同外，初中中国地理以讲省区地理为主，高中中国地理以讲自然地理区域为主。外国地理除各洲概述外，初高中均以讲分国地理为主，初中较为简略，高中略为详细。在中国地理和外国地理的省区地理与分国地理内容中都有对主要城市的介绍。

下面以王均衡所著的新课程标准适用《初中本国地理教科书（上卷）》[19]为例，来分析教材中城市知识选取的特点。

本书编辑大意中有两条这样写道：本书最注意之点，在于一洗以往干燥的、无用的、非地理范围以内的材料，专致力于说明我国地理环境的因果关系，并指示如何利用他改良他的方法和步骤；地理书中（尤其教本）之无图，犹盲者之无行杖然，本书一方面搜中外名著的插图，一方自加绘制（如关于各区地形图、经济分布图等），插图之多，敢云为从来教科书所未有，几乎无页无图。由此可看出，教材的科学性与编排质量比以往有所提高。

本卷上册的目录为：第一篇地球概说，第二篇中国的自然环境，第三篇各地方分志。在第三篇各地方志中，均讲述了各地主要城市的突出特点，城市知识较多。如江苏省讲述了地扼南北的铜山、米盐集中的江都、省会镇江、棉田盐垦的南通、小上海无锡以及蚕丝中心的吴县。首都南京从首都的地理环境、过去和现在、市区 3 方面进行介绍。上海市介绍了上海发达的原因、上海的现状以及上海的租借地。这里仅对"南京的市区"和"上海发达的原因"加以举例分析。

对南京市区的叙述：市區——全市麵積約為 664 方公裏，現將全市規劃為行政、學校、住宅、市圍、工業、商業、農林及預備擴充地八區。全市人口近年激增，約共五十餘萬，工商業蒸蒸日上，尤以機械業最盛。对南京市区的介绍提到了其功能分区、产业、人口、面积。

对上海市发达原因的叙述：髮達的原因——（a）附近大生産地，原料遠遠不絕；（b）位于人口極密的江浙平原，勞工易于召集；（c）水陸交通，十分便利；（d）黃浦江天然成一海港，為內外航路中心；（e）為沿海七省的中樞，長江流域的總齁口。重視从上海市所处的地理位置的角度进行分析。

后来，王均衡等人对《初中本国地理教科书》进行了修改完善。1936 年版的《初中本国地理教科书》[20]与 1933 年版的相比，不仅在原来内容的基础上进行了删旧增新，作了一些调整，而且增加了一些新的内容。课文中的城市知识也发生了些许变化，这里还以对"南京市区"和"上海市发达的原因"的叙述为例进行分析：

（南京）市區——全市麵積約 664 萬公裏，現將全市規劃為行政、學校、住宅、市圍、工業、商業、農林及預備擴充用地八區。全市人口近年激增，在民國十七年為四十五萬人，至民國二十三年增至七十四萬餘人。工商業蒸蒸日上，尤以機械業最盛。与 1933 年版相比，运用新的人口数据，注意人口的发展变化。

（上海）發達的原因——（a）附近為大生產地，原料源源不絕；（b）位于人口極密的江浙平原，勞工易于招集；（c）水陸空交通，均十分便利；（d）黃浦江天然成一海港，為内外航路中心；（e）為沿海七省的中樞，長江流域的總齣口。水陆交通变成了水陆空，反映了社会的新发展。

增加的新内容如广东省的南海：南海——在广州的西麵，扼廣三路的要街，是古時的四大鎮之一，市街跨珠江兩岸，長達十七公里，因其地房租地價均較廣州為廉，而交通便利，人工易集，故工業頗盛，有輼絲制紙織染鑄刀陶瓷諸業，人口約五十萬。把南海作为新内容列入教材中，同样也反映了当时社会的新发展。

通过对以上 3 个阶段中学地理课程中讲述的城市知识的分析，可以发现本时期中学地理课程中已出现真正的城市地理知识，涉及城市的起源与发展、城市的形成原因、城市的职能、城市化、城市问题、城市规划的应用、城市、村落的分布密度与工农业的关系以及城市的地理位置、产业、人口等方面。但该时期教材中的城市地理知识主要还是把城市作为一种地理事象，对主要的城市进行描述与介绍，分析与阐释方面的内容较弱。

4. 新中国成立之前中学城市地理知识选取特点的原因分析

中华人民共和国成立前，在我国地理学研究中，城市地理学属空白。因此，该阶段中学地理课程中的城市地理专题知识主要是由国外翻译而来，这从前面的分析中也可略知。西方发达资本主义国家对城市地理学进行研究开始较早，于 19 世纪就已展开。在 20 世纪 50 年代初期之前，城市地理学主要是描述单个城市或分析城市区位、城市形成和位置与自然环境间的关系，并把物质环境的约束条件看成城市命运的决定因素 [17]。因而，本阶段中学地理课程中的城市知识注重单个城市现象的描述与介绍，并着重于城市的区位与位置。

4.3.2　新中国成立至 1980 年代初中学城市地理知识的选取特点及其原因分析

1. 新中国成立至 1980 年代初中学城市地理知识选取特点的分析

中华人民共和国成立初期，暂时沿用中华人民共和国成立以前中小学的地理课程体系。这是新的地理教学体系和教学大纲制定前的过渡时期。1952—1957 年，中学地理课程结构主要是学习苏联经验，结合我国实际制定的。该时期中学地理课程体系如表 4-6 所示。1958 年将初一自然地理取消，把高中两门经济地理先合并，1959 年又全取消，仅在初一、初二开设世界地理和中国地理。1963 年又规定将中国地理设在初一开设，世界地理设在高一。这个时期，人文地理内容遭到全盘否定。中学地理教育以经济地理取代了人文地理。城市作为经济活动的中心，在教材中受到一些重视。

1952—1957 年的中学地理课程设置　　　　　　表 4-6

阶段	初中			高中	
年级	一	二	三	一	二
地理课程内容	自然地理	世界地理	中国地理	外国经济地理	中国经济地理

经济地理教材的结构和编写形式比较单调、枯燥。外国经济地理的格式，都是"概述、自然条件、居民、工业、农业、运输业和对外贸易"。中国经济地理总论的各章基本上也是如此。分区部分大致是按照自然条件、居民、经济、城市的顺序进行编排的，没有"对外贸易"部分。各章节的内容仍以罗列地理事实材料、统计数字为主，理论知识较少，分析问题的论述也少。中外经济地理教材中都对主要的经济活动中心——城市和海港进行了介绍。

例如，高中课本《中国经济地理（下册）》[21] 在对"山东区"的介绍中，对济南市的叙述如下：

济南为山东省省会，位于小清河南岸，胶济铁路和津浦铁路的会合点。在经济上处于本省耕作业中心——鲁西平原的边缘，为本省最大的农产品集散地。同时是本省第二大工业城市，主要工业有面粉、油脂、造纸、纺织等。机器制造工业在解放以后发展很快，现市内有几个规模较大的机器制造厂，能生产机床、柴油机等。

可以看出，对城市的介绍侧重于其经济发展方面。

区域地理教材中的城市内容也是对主要的城市进行介绍。与以往不同的是，此时期的城市内容注重介绍其经济方面的知识，包括交通和产业发展特点等。例如，人民教育出版社出版的初级中学课本《中国地理（下册）》[22] 中的 "湖北省" 一节，对 "新兴的工业基地——武汉" 的叙述如下：

武汉是本省的省会，当汉江入长江处，京广铁路在这里同长江干流相交，水陆交通都很方便。（方便的交通，即由有利的地理位置）本省交通地位的重要性，突出地表现在武汉一地。历史上，武汉就被称为 "九省通衢"。

武汉东南的大冶有丰富的铁矿，豫赣皖等省有丰富的煤炭。我国第二个大钢铁工业企业——武汉钢铁联合企业，就是利用本省和邻省丰富的煤铁等资源建立的。新建的重工业还有机床制造、运输机器制造等部门。在本省棉花和其它农产品的基础上，纺织、食品等轻工业都发展很快。武汉已成为新兴的工业基地。武汉对外交通方便，建立工业基地便于支援周围的广大地区。意义很大。

武汉市区被长江和汉江分割为武昌、汉口、汉阳三部分。解放以后，在长江和汉江上修筑了大桥，不但使武汉三镇联成一体，而且京广铁路也南北通行无阻。长江自古称为天堑，现在天堑变通途了。

除了武汉以外，本省的其他城市都不很大，主要有武汉东南的黄石，三峡东口的宜昌。黄石是本省的第二大工业城市。宜昌成为 "川鄂咽喉"，往来于武汉和重庆之间的物资，多在这里换船。

中学恢复了初一中国地理和初二世界地理之后，教育部1978年颁发的《全日制十年制学校中学地理教学大纲（试行草案）》中规定，这两门课以区域地理知识为基本内容，以自然地理知识为重点。中国地理教材中的城市知识，除突出三个直辖市外，一般结合在交通中讲授。该时期区域地理教材中的人文地理内容侧重于经济地理方面，同样，城市地理知识也侧重于城市经济发展方面的内容。

例如，人民教育出版社出版的全日制十年制学校初中课本《世界地理（下册）》[23] 教材中的 "美国" 一节，对其 "工业分布和主要城市" 的描述如下：

纽约、费城和波士顿是大西洋沿岸的工业中心和港口。纽约又是全国最大的城市。首都华盛顿也位于大西洋岸，居民80多万，是一个政治中心，工商业远不及美国其他大城市。五大湖区的芝加哥，是美国中部的最大城市和机械、钢铁、肉类加工工业中心。底特律是最大的汽车制造工业中心。匹兹堡是另一个重要的钢铁工业中心。

休斯敦为炼油、化学、机器制造和宇宙空间研究的中心，达拉斯为纺织、炼油、飞机制造和宇宙航空工业中心，伯明翰为钢铁工业中心，亚特兰大为交通枢纽和贸易中心。

洛杉矶是西部最大的工业中心和港口，也是美国西部最大城市，主要生产飞机、汽车和船只等。旧金山和西雅图是西部的大港口。

综合以上分析可看出，该时期中学地理课程中的城市知识主要是把城市作为经济活动中心，着重讲述其经济发展特征，涉及资源、产业、交通等方面。

2. 该阶段中学城市地理知识选取特点的原因分析

中华人民共和国成立后，我国地理学工作者学习苏联，把地理学划分为自然地理学和经济地理学，而对从西方引进的人文地理学，则采取了全盘否定的态度[24]。1949—1978 年，是经济地理学一枝独秀、人文地理学衰落的阶段。少数经济地理学工作者把城市作为经济活动的中心，对城市进行了少量的研究。当时，城市地理学是地理学中一个十分薄弱的环节[7]。因而，这一阶段的中学地理课程中的城市知识主要选取城市经济方面的内容。

4.3.3　1980 年代初至 21 世纪初高中城市地理知识的选取特点及其原因分析

这一阶段，中学地理课程除了对主要城市进行讲述外，还增加了城市地理（或聚落地理）专题方面的内容。高中地理课程中的城市地理知识，不仅数量越来越多，理论逐渐增强，而且其重要性也日益增加。这一时期主要对高中地理课程中的城市地理知识进行分析。

1. 1980 年代初至 1990 年代中期高中城市地理知识选取特点的分析

1981 年，教育部颁发的《全日制六年制重点中学教学计划试行草案》和《全日制五年制中学教学计划试行草案的修订意见》中，决定高中恢复设置地理课。1982 年开始试用的新编高中《地理》教科书，以"人类与地理环境"的关系为线索组织教材。由人民教育出版社出版的高中《地理（下册）》[25]在第十章"人口与城市"中，分两节讲述了城市地理知识。在"城市的发展和城市化问题"
一节中，讲述了城市的形成和发展、城市化及其进程、城市化过程中产生的问
题、制定城市规划及保护和改善城市环境；"我国城市的发展"一节讲述了新
中国成立以来城市发展的特点、我国城市建设的前景。

　　1986 年颁布的《全日制中学地理教学大纲》在初一"中国地理"教学内
容的"区域特征和区域差异"一项中，规定学习"农村、牧区和城市"方面的
内容。具体内容有：农村人民的生产和生活，北方与南方的差别；牧区人民的
生产和生活，我国的四大牧区；城市的主要特征，城市职能的分类，我国城市
发展的方针。这些都是聚落地理研究的内容（由于该大纲中初中的聚落地理知
识较突出，所以在这里也对其进行了介绍）。《全日制中学地理教学大纲》在
高中地理教学要求中规定，使学生了解和掌握有关资源、能源、农业、工业、
人口、城市等方面的地理基本知识，掌握生产布局和城市规划的一些基本原理。
该大纲规定的高中城市地理知识和 1982 年相同，选取的具体知识如表 4-7 所
示。1990 年对该大纲进行了修订，高三增设选修课，讲述区域地理方面的内容。
1992 颁布了《九年义务教育全日制初级中学地理教学大纲（试用）》，初中
地理教学就根据该大纲实施。《全日制中学地理教学大纲》中规定的高中地理
教学内容一直沿用到 1996 年。

1986 年高中地理课程中"人口与城市"一章规定的城市地理知识　表 4-7

第十章　人口与城市	
第三节	城市的发展和城市化问题 ● 城市的形成和发展 ● 城市化及其进程 ● 城市化过程中产生的问题 ● 制定城市规划，保护和改善环境
第四节	我国城市的发展 ● 建国以来城市发展的特点 ● 我国城市建设的前景

　　从上述分析可知，这一阶段（1982—1996 年）中学地理课程中的聚落地
理知识涉及农村、牧区、城市 3 种聚落类型，但主要是讲述有关城市聚落方面

的知识，涉及城市的特征、职能、发展方针以及城市的发展和城市化、城市规划等问题，这些主要是城市地理方面的最基本的知识，理论性较弱，但涉及城市发展方针、城市规划等应用性较强的知识。此外，该阶段城市地理知识的选取也受到当时城市地理学者广泛参与城市规划实践的影响，因此课程中选有城市规划与城市发展方针等方面的内容。

2. 1990 年代中期至 21 世纪初高中城市地理知识选取特点的分析

1996 年颁布的《全日制普通高级中学地理教学大纲（供试验用）》中规定的城市地理知识（表 4-8），与以往相比，无论是在量上还是在质上都有明显的不同。此时高中地理课程中的城市地理知识明显增多，难度加深，理论性增强。高中地理必修和选修教材中分别单列一章对其进行讲述。

1996 年《全日制普通高级中学地理教学大纲（供试验用）》中

规定的城市地理知识　　　　　　　　　　表 4-8

年级	章名	教学内容要点
高中一年级	人类的居住地——聚落	（一）聚落的形成　乡村的形成；乡村的地域类型；城市的起源 （二）城市的区位　城市的分布；城市的区位因素 （三）城市化　城市化的标志；城市化的进程；城市化过程中的问题 （四）城乡联系　城乡的相互关系；城乡地理差别；乡村的发展
高中二年级（限定性选修课程）	城市的地域结构	（一）中心地理论的基本内容 （二）城市地域结构　城市地域功能分区；城市地域结构模式 （三）城市的合理规划

2000 年，对 1996 年颁布的《全日制普通高级中学地理教学大纲》进行了修订，高中地理必修课程中的城市地理知识删去了"乡村的地域类型"与"城乡联系"，选修中的城市地理知识没有变化。

3. 该阶段城市地理知识选取特点的原因分析

1976 年以后，特别是党的十一届三中全会以后，我国的城市化进程开始处于恢复与发展阶段[26]，城市规划工作受到重视和普遍开展。城市地理学家将城市地理学的理论引入到城市规划中去，提高了城市规划的科学性，由此带来了城市地理研究工作的迅速发展，20世纪80年代达历史以来最旺盛的发展时期。80年代初期和中期是我国城市化研究的高潮期。城市发展方针的研究在该时期也受到重视[7]。长期以来，我国采取"控制大城市规模，发展小城镇"的方针，1980年明确提出了"控制大城市规模、合理发展中等城市、积极发展小城市"的方针。随着商品经济的发展，经济效益成为城市发展的主要目标，控制大城市规模的政策受到了冲击，一场关于中国城市发展方针（也可以说是中国城市化道路问题）的辩论在学术界开展起来。总结了新中国成立以来城市规模的投资效益和经验教训，开展了城市合理规模的研究。许学强、周素红认为[4]，20世纪80年代前半期城市地理应用于城市规划方面的研究在该时期城市地理研究中也占有突出地位。通过分析我国20世纪80年代初城市发展的状况与需求以及我国城市地理研究内容的特点可以发现，高中地理教材中选取城市化、城市规划、我国城市发展的特点与方针、政策等内容，既反映了社会发展的现实需求，又体现了学科发展的主要前沿。也可看出，该阶段教材中的城市地理内容主要是为政府和经济建设服务，以"任务带学科的学科发展路径"特点很突出。

20世纪80年代以来，我国经济逐渐走上正常的发展轨道，作为一种社会经济和空间现象的城市化也开始了新的进程，各级城市普遍发展。一方面城市规模不断扩大，另一方面小城镇迅速发展。伴随着城市化进程，产生了诸如城市环境污染、生态失衡、交通拥挤、居住条件差、就业困难、社会秩序混乱等之类的问题。这些问题反过来作用于人类社会，影响城市的健康发展。制定科学完善的城市规划，是合理布局和管理城市的关键，利于实现城市的可持续发展。因而，对城市进行合理规划是世界各国普遍重视的问题。在我国城市地理研究领域方面，20世纪80年代末期以来，城市化的研究侧重于回顾与总结；城市体系的研究较深入，侧重城市群体的研究，在理论研究的同时，结合区域规划与国土规划的研究十分活跃。有关城市形态和内部空间结构的研究一直停留在介绍国外理论的水平上，而对中国这方面的研究几乎是空白。近几年来才开始了这一领域的研究[7]。有关中国城市形态的研究，是从社会、经济、文化和自然等角度对中国城市形态发展演变作动力学机制的探讨。有关中国城市内部空间结构的研究，主要集中在内部功能分区和各功能区的相互关系方面。许学强、周素红[4]通过收集和整理 1980—2000 年国内主要地理及相关期刊，对 20 世纪 80 年代以来我国城市地理学的发展进行回顾分析得出，在研究领域方面，城市空间结构、城镇体系与城市带以及城市化一直是研究的重点。

根据以上分析可知，20 世纪 90 年代末高中地理课程选取城市化、城市区位因素、城市空间结构、中心地理论（它是城市体系的理论基础）、城市规划等方面的知识是有充分的社会和学科发展根据的。此外，该时期的地理课程设置也考虑到了学生心理发展特点和未来生存发展的需要。高中一年级开设地理必修课，讲述地理环境的基础知识和人地关系；高中二年级和三年级开设限定性选修课，讲述人文地理基础知识和中国地理区域研究。城市地理知识在高中一、二年级讲述。高中一年级的城市地理内容侧重于基本知识和人地关系的讲述；高中二年级的城市地理知识理论性与应用性均较强，目的是使学生了解城市地理知识在经济建设、社会发展和日常生活等方面的作用，会用城市地理的基本概念和原理思考和分析问题。

4.3.4　小结

通过对中学地理课程中城市地理知识选取的历史回顾可知，在 20 世纪 80 年代之前，仅在 20 世纪 20 年代左右的中学地理课程中出现过城市地理专题方面的知识，如城市的形成原因、城市与乡村的分布密度与工农业的关系、城市规划的应用、城市的起源与发展、城市的职能、城市化、城市问题；在 20 世纪 80 年代之后，高中地理课程中的城市地理专题知识逐渐增多。总体来说，我国历史上中学地理课程中选取的城市地理知识如表 4-9 所示。可以看出，城市化、城乡规划与可持续发展两个主题中的知识点在中学地理课程中采用的时间较长，其次是中心地理论及其应用主题中的知识点。城市地域结构主题是在 20 世纪 90 年代中期之后出现在高中地理课程中的知识。在城市化主题方面，城市的起源、城市化的进程、城市化过程中的问题出现的次数较多；对城市进行合理规划、保护和改善城市环境也是出现次数较多的知识点。

我国历史上高中地理课程中选取的城市地理知识列举　　　表 4-9

知识主题	20 世纪 80 年代之前 （20 世纪 20 年代左右）	20 世纪 80 年代之后		
		1986 年大纲	1996 年大纲	2000 年大纲
城市化	城市的起源与发展 城市化	城市的形成和发展、城市化及其进程、城市化过程中产生的问题	乡村的形成与发展、城市的起源、城市化的标志；城市化的进程；城市化过程中的问题	乡村的形成、城市的起源、城市化的标志；城市化的进程；城市化过程中的问题
城市（乡村）地域结构			乡村的地域类型、城市地域结构	城市地域结构
中心地理论及其运用	城市的职能、城市与乡村的分布		城市的分布和区位因素、城乡的相互关系、城乡地理差别、中心地理论的基本内容	城市的区位因素、中心地理论的基本内容
城乡规划与可持续发展	城市规划的应用	城市规划	城市的合理规划	城市的合理规划
城市问题	城市生活问题			

　　从以上分析也可知，不管中学地理课程的体系如何，有关城市的教学内容总是存在的。有的结合在区域地理之中讲授，有的是以系统地理的形式出现。但是，由于不同时期的社会、经济、政治形势不同，教育方针政策不同，地理学本身发展的水平也不一样，因此，不同时期中学阶段的城市地理的教学内容有很大差异。

　　20 世纪 80 年代之前，我国城市化率很低，城市地理学没有发展或发展很薄弱，我国中学地理课程中的城市知识主要是对单个城市进行介绍，仅有少量城市地理专题方面的内容（这主要是从国外借鉴的）。从清末到 20 世纪 80 年代初，城市的教学内容大多安排在"地理总论（或称地理概论）""中国地理"和"外国地理"之中。1949 年以前，由于我国城市地理学研究尚属空白，中学地理课程中的城市地理专题方面的知识多从国外翻译而来。20 世纪 50 年代初，由于我国学习苏联，把地理学分为自然地理学和经济地理学两门独立的学科，而对人文地理学采取了全盘否定的态度。少数经济地理学工作者把城市作为经济活动的中心，对城市进行了少量的研究。当时城市地理学是地理学中一个十分薄弱的环节。这一时期的中学地理课程中的城市知识主要也是对单个城市进行介绍，把城市作为经济活动的中心，着重讲述其经济发展方面的内容。

20 世纪 80 年代以来，随着我国中断多年的城市地理学的复兴和迅速发展，加上我国城市化水平逐渐提高，城市化进程日益加快，以及政府对城市规划工作的重视，中学尤其是高中地理课程加大了城市地理内容的比重，城市地理专题日益在高中地理课程中占有重要地位。从这一阶段高中地理课程中城市地理知识的发展变化可以看出，课程内容随着时代的发展、现实社会的需要以及学科的发展而发生变化。城市地理学的发展为高中地理课程中的城市地理知识提供了基础和前提，而国家和社会发展需求是促进高中城市地理内容变革的直接动力。随着我国城市化的逐渐推进，学生的发展和生活需要也将对高中城市地理知识的选择与编排产生较大的影响。

4.4　高中城市地理知识选择的中外比较

对高中地理课程中城市地理知识的选取进行国际比较的目的，是分析不同国家和地区高中地理课程中城市地理知识的选取特点及其存在差异的原因，了解高中地理课程设置的驱动机制，分析哪些城市地理知识在国际高中地理课程中采用率较高。

4.4.1　分析比较所依据的材料

由于本研究主要探讨高中地理课程中城市地理部分的选编特点，因此本部分分析比较的材料主要选择含有城市地理知识的教材，具体有：我国大陆 2003 年高中地理课程标准颁布以来的 4 个版本的高中地理必修 2 与选修 4（分别根据 2003 年版和 2017 年版课标进行编写的，各 4 个版本；2017 年版课标将《城乡规划》模块更改为选修 6，且在选择性必修 2 "区域发展" 中涉及城市的转型发展与辐射功能等知识）教材；我国香港特别行政区教材《地理学中的问题5》；我国台湾高中地理教科书（4）。此外，美国历史上城市化快速发展时期开发的主要地理课程项目、*GEOGRAPHY* 及 *GEOGRAPHY THE HUMAN AND PHISICAL WORLD*；英国教材《聚落与人口》（*Settlement and Population*）和《关键地理学1》（*Key Geography for GCSE book1*）；日本教材《地理B》；新加坡教材《中学地理3（快班）》［*Secondary School GEOGRAPHY 3（express course）*］与《中学地理4（快班）》［*Secondary School GEOGRAPHY 4（express course）*］；印度教材《地理学的原理：第二部分》（*Principles of Geography：Part II*）。

4.4.2　中国高中城市地理知识选取的分析

1. 我国大陆高中城市地理知识选取的分析

依据新高中地理课程标准编写出版并投入使用的教材有4套，分别为人民教育出版社（简称人教版）出版的高中地理教材、中国地图出版社（简称中图版）出版的高中地理教材、湖南教育出版社（简称湘教版）出版的高中地理教材以及山东教育出版社（简称鲁教版）出版的高中地理教材。这里主要对各版本必修2中的城市地理部分和选修模块《城乡规划》进行分析。由于各版本教材中选取的城市地理知识不完全相同，这里主要是排除相同的、保留不同的，以求全面分析我国大陆高中地理课程中所选择的城市地理知识的范围。

（1）2003年版《普通高中地理课程标准（实验稿）》中规定的城市地理知识

通过对4个版本必修2教材[27-30]中的城市地理内容的分析，选取的城市地理知识有：①城市空间结构方面，涉及城市形态、城市土地利用和功能分区、城市地域结构模式；②中心地理论及其运用方面，涉及不同规模城市服务功能的差异、中心地理论；③城市化方面，涉及城市化的过程与特点、城市化对地理环境的影响；④城市景观方面，涉及地域文化对城市的影响。

选修模块《城乡规划》是地理必修2中城市地理内容的拓展和延续，侧重应用性质的城市地理知识。根据对4个版本选修4教材[31-34]内容的分析，选取的城市地理知识有：①城市内部空间结构方面，涉及城乡空间形态；②城市化方面，涉及城市的形成与发展、不同国家城市化过程的比较；③中心地理论及其应用方面，涉及城乡空间分布、中心地理论、城镇体系；④城乡规划与可持续发展方面，涉及城乡规划对于城乡可持续发展的意义、城乡规划的原则与方法、城乡产业布局原则、城乡建设、城乡特色景观与传统文化的保护；⑤城市问题方面，涉及城市环境问题，侧重讲述大环境的问题，包括交通、住宅、社会问题等。

（2）《普通高中地理课程标准（2017 年版 2020 年修订）》[35]中规定的城市地理知识

课标中必修地理 2 模块中对"城镇和乡村"一章的要求主要有 3 点：结合实例，解释城镇和乡村内部的空间结构，说明合理利用城乡空间的意义；结合实例，说明地域文化在城乡景观上的体现；运用材料，说明不同地区城镇化的过程和特点，以及城镇化的利弊。四版教材[36-39]均按照课标要求，围绕城乡内部空间结构、城镇化和地域文化与城乡景观三大主题选取相关知识。不同点在于：①在"城乡内部空间结构"一节，湘教版设置了"城乡区位分析"，讲述了区位的概念、影响城镇形成和发展的区位因素及其变化，显著区别于其他三版；人教版和中图版单列"合理利用城乡空间"这一标题，详细阐述了合理利用城乡空间的意义。②在"城镇化"一节，人教版与湘教版选取了现代地理信息技术在城市管理中的应用，说明了技术发展对城市管理的影响，体现出了城市地理学发展趋势之一——与地理信息技术的融合[3]。四版必修 2 教材的具体内容比较如表 4-10 所示。此外，课标在选择性必修 2"区域发展"模块中涉及城市转型发展、城市辐射功能等方面的内容。

四版必修 2 教材"乡村和城镇"章、节、目比较　　表 4-10

人教版	中图版	鲁教版	湘教版
第二章：乡村和城镇 第一节：乡村和城镇空间结构 ● 乡村的土地利用 ● 城镇内部空间结构	第二章：乡村和城镇 第一节：乡村和城镇内部的空间结构 ● 乡村内部的空间结构 ● 城镇内部的空间结构	第二章：乡村与城镇 第一节：城乡内部空间结构 ● 乡村内部空间结构 ● 城镇内部空间结构	第二章：城镇和乡村 第一节：城乡空间结构 ● 城乡土地利用 ● 城乡空间结构 ● 城乡区位分析

续表

人教版	中图版	鲁教版	湘教版
• 城镇内部空间结构的形成和变化 • 合理利用城乡空间的意义 第二节：城镇化 • 城镇化的意义 • 世界城镇化进程 • 城镇化过程中出现的问题 • 地理信息技术在城市管理中的应用 第三节：地域文化与城乡景观 • 地域文化 • 地域文化与乡村景观 • 地域文化与城镇景观	• 合理利用城乡空间 第二节：地域文化与城乡景观 • 地域文化与地域文化景观 • 地域文化在乡村景观中的体现 • 地域文化在城市景观中的体现 第三节：不同地区城镇化的过程和特点 • 城镇化的概念 • 世界不同地区城镇化特点 • 城镇化的利弊	• 案例：深圳蛇口城乡内部空间结构的变化 第二节：地域文化与城乡景观 • 地域文化 • 地域文化在城乡景观上的体现 • 案例：特色民居建筑——福建客家土楼 第三节：城镇化 • 城镇化及其过程 • 不同地区的城镇化 • 案例：中国新型城镇化发展道路	第二节：地域文化与城乡景观 • 地域文化与城乡景观的内涵 • 地域文化在城乡景观上的体现 第三节：城镇化进程及其影响 • 城镇化 • 城镇化进程 • 城镇化对地理环境的影响

　　2017年版的《城乡规划》模块主要包括3方面内容：城镇和乡村、城镇化、城乡布局和规划。旨在帮助学生形成城乡融合发展观念，以及在城乡规划中保护环境和传统文化的意识。根据课标分析，选取的城市地理知识有：①城市内部空间结构方面，涉及城乡空间形态和景观特色；②城市化方面，涉及城市的形成与发展、新型城镇化的内涵和意义；③中心地理论及其应用方面，涉及城镇合理布局与协调发展、交通运输对城市分布和空间形态的影响；④城乡规划与可持续发展方面，涉及城乡规划的作用和意义、城乡规划的原则与方法、城乡产业布局、城乡特色景观与传统文化的保护。对比2003年版高中地理课程标准，"城乡规划"模块中删去或弱化了城市化、城乡建设及城市问题等方面的内容（城市化和城市问题调整到必修课程中），对相关内容进行了整合（人居环境部分整合为评价居住小区的区位与环境特点；两条有关商业的布局合并为一条；乡村集市不再单独列出等），行为条件和行为动词表述更为具体、可操作（老版本有缺少行为条件的，部分行为动词表述模糊），而且内容安排也更为合理（如"特色景观与传统文化保护"放到城乡规划部分；"交通运输对城市分布和空间形态的影响"放置在城镇合理布局之后，突出区域中的城镇布局）。也可以看出，

2017 年版课标很好地体现了选修模块与必修模块中城乡地理知识的衔接，同时体现了国家社会发展和学生发展的需求。具体内容比较如表 4-11 所示。

2003 版和 2017 版高中地理课程标准中规定的
"城乡规划"内容标准（要求）比较　　　　表 4-11

2003 年版内容标准	2017 年版内容要求
1. 城乡发展与城市化 ● 举例说明中外城市的形成和发展，归纳城市在不同发展阶段的主要特征。 ● 比较不同国家城市化过程的主要特点及其意义。 ● 举例说明城市环境问题的成因与治理对策。 ● 比较在不同地理环境中，乡村聚落的分布特点，并分析其形成原因。 ● 举例分析乡村集市的分布特点及其成因。 2. 城乡分布 ● 运用资料，分析现代城市或村镇的空间形态、景观特色及其变化趋势。 ● 举例说明在一定的区域范围内，如何实现城镇的合理布局和协调发展。 ● 举例说明在城乡发展过程中，为了保护特色景观和传统文化所应采取的对策措施。 3. 城乡规划 ● 说明城乡规划对于城乡可持续发展的意义。 ● 了解城乡规划中土地利用、项目选址、功能分区的主要原则和基本方法。 ● 理解在城乡规划中，工业、农业、交通运输业、商业、文化等部门的一般布局原则。 4. 城乡建设与生活环境 ● 了解城乡人居环境的基本评价内容，分析房地产开发的地理区位因素，评价居住小区的环境特点与结构功能。 ● 说出商业布局与人们生活的关系，以及不同商业部门布局的特点与功能。 ● 结合实例，比较不同的城市交通网络的特点。 ● 举例说明文化设施布局与人们生活的关系	6.1 举例说明城市的形成和发展，归纳城市在不同阶段的基本特征。 6.2 举例说明不同地理环境中乡村聚落的特点，并分析其成因。 6.3 结合实例，分析城镇与乡村的空间形态和景观特色。 6.4 运用资料，阐述新型城镇化的内涵和意义。 6.5 举例说明促进城镇合理布局和协调发展的途径。 6.6 举例说明交通运输对城市分布和空间形态的影响。 6.7 运用资料，说明城乡规划的主要作用和重要意义，了解城乡总体规划的基本方法。 6.8 结合实例，说明城乡规划中工业、农业、交通运输业、商业的布局原理。 6.9 结合实例，评价居住小区的区位与环境特点。 6.10 运用资料，说明保护传统文化和特色景观应采取的对策
注：加粗字体是保留的	注：加粗字体是新增的

分析 2003 版和 2017 版高中地理课标中城市地理知识的发展变化，可以看出 2017 年版城市或聚落地理内容的选取更能凸显我国社会经济的新发展和城

市地理学的研究前沿；必修课程中注重让学生学习城市地理学的基础知识，选修模块是在必修课程基础上的拓展与加深；前者面向的是全体学生素养培养的要求，后者主要关注部分学生的兴趣爱好、学业发展和职业倾向的需要。通过以上对必修和选修教材中城市地理内容的分析，普通高中地理课程中城市地理知识的选取情况主要有：①城市空间结构方面，涉及城乡内部空间结构、城乡空间形态与景观特色、城市地域结构理论；②城市化方面，涉及城市形成与发展、城镇化的过程与特点、不同国家城市化过程的比较、城镇化对地理环境的影响；③中心地理论及其运用方面，涉及中心地理论、城镇合理布局与协调发展（城镇体系）；④城市问题方面，涉及城市环境问题、城市社会问题等；⑤可持续发展与城乡规划，涉及合理利用城乡空间的意义、城乡规划的原则与方法、城乡产业布局原则、城乡特色景观与传统文化的保护等；⑥城乡景观，涉及城市景观、乡村景观、地域文化对城乡景观的影响。

2. 我国香港高中城市地理知识选取的分析

《地理学中的问题5》[40]是"地理学中的问题（issues in geography）"系列教材中的一本。该系列的教材共有6本，其中，《地理学中的问题1》《地理学中的问题2》及《地理学中的问题3》是初中地理教材，《地理学中的问题4A》《地理学中的问题4B》《地理学中的问题5》是供高中学生使用的地理教材。本书包括第六和第七两大部分内容，分别是产业和动力选择、城市与可持续发展。

本书选取的城市地理知识有：①城市空间结构方面，涉及城市形态、城市结构。本书讲述的城市形态是广义上的城市形态，包含了城市结构方面的内容。课文用大量篇幅讲述了香港过去几十年中城市形态的发展变化。②城市化方面，涉及香港城市化的原因、香港城市的发展；③城市问题方面，涉及香港内城区的问题（市区衰落、土地利用冲突）、香港城市蔓延（郊区衰落、导致冲突、未授权土地的利用、环境问题、泛滥问题）；④可持续发展与城市规划方面，涉及香港城市的规划策略（包括城市规划的基本原则、领土发展策略、港区发展策略、分区发展策略）、可持续城市的特征、把香港变成可持续城市的方法、自然景观的保育与文物保存。关于"自然景观的保育与文物保存"，课文这样叙述："自然景观的保育在'把香港发展成为一个可持续的城市'中具有非常重要的作用。自然环境提供了娱乐、教育与生态旅游的机会。为了保证目前和未来的几代人能够继续享受重要的景观和生态特性，我们的政府划定了许多郊野公园、海岸公园、海岸保护区以及自然保护区，用以保育和保护当地具有科学价值的动物区系与植物区系以及其他的自然特色。保存文化遗产与重大事件（landmarks）是可持续的城市中受到关注的一件事情。近年来，越来越多的人关注历史建筑的保存。我们的政府在这件事情上给予许多重视。例如，文物保存是在进行城市更新时从事的重要方向之一。对带有历史、建筑学以及文化价值的建筑的保存，目的是保留社区的地方特征。从更广泛的意义上来说，保存也包括对当地的活动、风俗与传统的尊重。……"⑤中心地理论及其运用方面，涉及城市的功能。

香港高中地理课程中的城市地理内容侧重于城市问题的解决（内城更新、解决城市蔓延问题）和对城市进行可持续发展的规划，致力于把香港发展成为一个可持续的城市。本部分内容在章首以"问题探究"的形式，告诉学生我们的城市面临着追求经济繁荣与城市发展、但同时又要努力维持环境质量的困境。香港怎样才能平衡这两个目标是要解决的一个重要问题。围绕着"如何才能把香港发展成为一个可持续的城市"这一目标，课文中除了详细介绍了城市更新的措施与城市蔓延问题的解决方法，还分两节详细分析了如何在城市规划中贯穿可持续发展的理念和把香港发展成为一个可持续城市的方法。因此，也可以说本书的城市地理内容强调的是城市的可持续发展。

3. 我国台湾省高中城市地理知识选取的分析

2001 年，台湾正中书局出版的由刘鸿喜主编的高中地理教科书（4）[41]。该书是依照 1995 年 10 月公布的台湾高级中学选修科目地理课程标准编写而成的。高中地理（4）是高中第三学年下学期的教学用书，内容为人文地理的应用。

本书中的城市地理知识注重其应用性。选取的城市地理知识有：①中心地理论及其应用方面，涉及中心地理论、城乡关系、都市间距、生活圈的规划与配置、都市机能的观察（区位商数法等）；②可持续发展与城市规划方面，涉及新市镇开发计划、都市区计划、公共设施区位择地；③城市问题方面，涉及城市环境问题、社会问题、都市住宅问题分析。在都市住宅问题方面，首先介绍了影响都市住宅的因素：都市住宅有高级、中级、低级之分，其主要决定因素有地租、地价、社会经济及种族特征等。都市住宅问题有违章建筑、供需失衡、贫民窟等。

4.4.3 美国高中城市地理知识选取的分析

1. 美国历史上高中城市地理知识选取的分析

20世纪50至60年代，美国城市化发展迅速，城市地理学也得到了快速发展，对中学尤其是高中城市地理教育产生很大的影响。与此同时，高中开发并实施了一系列课程项目。由国家科学基金支持的高中地理项目（HSGP）是为十年级学生准备的。1965—1969年，美国一直在进行着有限（局部）学校的高中地理项目试验，目的是提供信息反馈，用以修订所试验的单元内容，其中城市地理内容一直包含在内。

各个教学单位都以"聚落主题"为中心，由不同大学的专家进行开发。"城市地理作为第一个要开发的单元，有两个重要的考虑：现在大多数的高中生都住在城市里或邻近城市，因此，解释这种环境的单元从熟悉的事物开始；其次，我们看到，在过去的几年里，地理学的一些杰出研究已经涉及城市问题"。城市地理是一个知识丰富的领域，充满了新思想。将这些令人兴奋的新发展转化为中学生能够理解的术语，对学生和学科都是很重要的。

经过初步的研究和非正式的学校试验，确定以4个学科主题概念为中心：①确定聚落（settlements）的有利位置特征是可能的（聚落选址）；②城市通过生产商品和服务并将这些商品和服务卖给其他地区的人们而得以存在和发展（城市如何发展的）；③可达性概念用于解释城市土地利用模式的重要方面（城市地域结构）；④为了在城市地区创造和维持理想的生活条件，地方土地使用规划是必要的（城市规划）。很明显，在城市地理单元学生不用记忆十几个城市的事实性知识，而是试图教给学生一些基本原理：城市为什么形成；它们在哪里；它们如何发展的；为什么它们在内部是这样排列的；等等。这些是城市地理学的一些基本问题。

　　高中地理项目中城市地理的第二单元是关于城际分析的，以下列主题为中心：①一个聚落发挥的功能和它的规模有关（聚落功能与规模）；②城市之间的相互作用是通过它们之间的商品、人口、思想及服务的流动实现的（城市关联）；③城市和贸易区是相互依存的。一个城市的大小和重要性在一定程度上取决于它的贸易区的面积、人口密度和财富（城市服务范围）；④城市化以一种革命性的方式改变了美国的聚落体系[42]。

　　可以看出该教学单位开发的聚落主题涉及中心地理论及其应用、城市地域结构与城市规划、城市化等，其中尤其强调中心地理论及其应用方面。

　　有的教学单位以聚落主题开发的高中地理项目包括 5 个单元，分别为入门单元、城市内部单元、城市网络单元、制造业单元和政治过程单元[43]。城市内部单元包括 4 个部分：①聚落的位置（The Location of Settlements）；②可达性与土地利用模式（Accessibility and Land Use Patterns）；③城市发展（Growth of the Cities）；④发展规划（Planning for Growth）。可以看出，城市时代（城市化率较高）的美国高中地理课程，有以聚落为主题单独开设课程的现象，其中大篇幅地融入了城市地理相关主题，包括规划方面的内容。同样涉及中心地理论及其应用、城市内部空间结构、城市化、城市规划方面的主题。

　　在 1968—1969 年的试验的"城市地理学"单元包括 8 项综合活动和 6 项可选活动[44]：①城市区位与发展；②新奥尔良；③城市形态模式；④波茨维尔市（主要涉及城市土地利用模式）；⑤购物之旅和贸易区（主要涉及贸易区大小和形状的影响因素）；⑥聚落系统模型（主要关于不同大小聚落的位置与间距）；⑦时间地点及模型；⑧特殊功能城市。主要涉及中心地理论及其应用（城市区位与发展、城市功能、聚落系统）、城市内部空间结构两大主题。

　　在大量报道美国学生的地理知识严重不足后，为解决这个问题，美国国家地理学会发起了一个构建各州地理联盟网络的十年计划。这个计划的主要策略是提高人们对地理在教育中的重要性的认识，发展中学教师和大学地理教授之间的伙伴关系，以及举办暑期研习班以发展中小学教师的地理教育技能。1987年夏季在德克萨斯州萨里马科斯的西南德克萨斯州立大学地理与规划系举办的首批培训班中，参加该学院的教师以小组形式合作，目的是为地理教学开发有效的课程。课程计划的目的是根据地理教育领域的最新发展和德克萨斯州公立学校地理教学的国家规定的"基本要素"来"更新"地理教学活动。编制了包含 20 个地理主题研究班级活动的教师用书，最终目标是帮助学生发展地理素养。活动内容多样，涉及地图阅读技能、气候学、时讯、城市发展及社区规划（主要以活动的形式来开发课程，以增强学生的参与性和积极建构）[45]。其中涉及城市地理主题（即城市发展与社区规划）的活动如下：

活动 6：城市发展的三种模式，或德克萨斯州圣安东尼奥市的发展存在一个模式吗？

通过让学生在德克萨斯州圣安东尼奥市的地图上用不同颜色标出各种商业与经济活动的位置，掌握不同类型商业和经济活动的选址特点。并对德克萨斯州圣安东尼奥市的发展模式与三种城市发展模型进行比较分析。

活动 7：社区规划：要求学生在他们学校的空白图上，按照他们认为它应该的样子，安排学校的布局，并讨论他们的高中是否是城市中心的缩影，以及探讨自然地理对这所学校和城市发展的影响。

活动 8：了解城市的功能：一次城市地理实地考察

学习成果：学生掌握：①分析聚落模式、城市区位、结构及功能；②描述城市的功能；③分析城市环境中人员、商品及服务的流动；④分析城市地区的环境问题；⑤识别并应用术语"site"（位置）和"situation"（区位）。

基本要素：世界地理研究，9～12 年级：①分析城市的位置与区位条件；②描述城市的功能；③分析城市环境中的人流、商品流和服务流；④分析城市发展所带来的环境问题。

基本地理主题：位置（相对的）；地方（可观察的特征）；地方间的联系；运动；区域。

拟议的实地考察行程样本有两个，分别关注早间城市功能和一般城市功能。

作者认为，在每种情况下应该鼓励学生去调查与城市活动和功能有关的地理因素。在参观这些地方时要观察的特征：

污水处理：一个大城市的污水是如何处理的？水是如何在城市中流动

的？经过处理的水去了哪里？对废物和废水的处理与处置有什么重要的地理因素？

　　电视、收音机和报纸：地方、国家和国际各级信息传播的主要形式。通信是一种运动吗？通信对一个地方或地区有多重要？新信息能改变一个地方的特征吗？

　　经销商：产品是如何分发给大众的？在将产品运输给消费者时考虑了哪些地理因素？这些产品最初来自哪里？

　　电厂：电力是如何提供给城市人口的？电力是如何输送和产生的？什么自然特征对能量产生是重要的？电力公司为了运营需要解决哪些环境问题？

　　警察 / 消防部门：如何向公众提供服务及提供何种服务？火灾或犯罪倾向于发生在城市或县的某些地区吗？城市里的消防站或警察局最好布置在哪里？在设立警察局或消防局时应考虑哪些地理因素？

　　机场：机场是如何服务于城市及其周边地区的？大部分飞机从哪里来又往哪里去？除了人，还有什么货物是空运的？机场对周边地区有何影响？在机场选址时应考虑哪些自然及其他特征？

　　军事：军事基地是如何建立在这个地方的？住在基地或基地附近的人在哪里居住或购物？

　　超市和快餐：如何和谁被服务？那里卖的水果和蔬菜从哪里来的？为超市或饭店找一个好位置要考虑什么因素？

　　市办事处：市政府是如何运作的？未来的城市规划应考虑哪些因素？这个城市的哪些自然、文化及经济地理特性吸引人们来到这个地区？

　　医院：提供了哪些服务以及如何提供？医院最好的位置在哪里？医院附近布置了哪些其他类型的经济活动？

　　以上三个活动是 9 至 12 年级世界地理研究中与城市地理有关的主题。主要涉及中心地理理论及其应用（城市位置、功能、联系）、城市内部空间结构、城市问题、城市规划等主题。课程中虽没有明确列出城市规划课程，但在开发的活动项目中，都很明显地指向不同类型经济或商业活动的选址问题，即优化城市内部产业活动的空间布局。这与我国高中开设城乡规划的课程目标是不谋而合的。值得一提的是，美国注重课程开发，教学活动时间充足，注重教学中的学生参与、头脑风暴、思维和实践能力培养等。从以上分析可以看出，美国历史上较注重以活动的形式呈现课程内容，注重学生的参与体验，这很大程度上受到当时杜威提倡的学生中心论、"做中学"思想的影响。

2. 美国当前高中城市地理知识选取的分析

《国家地理标准》的目标是帮助学生通过对事实知识、心理地图和地理工具以及思维方式的了解和掌握，成为地理上见多识广的人。2012年颁布的第二版本的《生活化的地理学》如第一版一样，确保国家地理标准继续给学生提出高标准要求，并强调一些地理学中最重要、保持最持久的概念，同时也吸收了一些地理学的新概念，增加了学习过程，以及超越学科界限的额外技能。

《生活化的地理学：国家地理标准》中有关聚落的内容要求体现在第（12）条"人类聚落的过程、模式与功能"主题中，主要内容和要求如下：

学生知道和理解：

12.1 聚落的数量、类型和功能范围随着时间和空间的变化而变化

12.2 聚落随着时间的推移可以增长和（或）衰退

12.3 聚落的空间模式随着时间的变化而变化

12.4 城市模型被用于分析城市区域的发展和形式

因此，学生能够：

12.1A 解释城市的数量和功能范围是如何变化的和为什么变化，以及未来将产生哪些变化

12.2A 解释并比较促进聚落随时间推移而发展或衰退的因素

12.3A 比较并解释聚落功能、规模以及空间模式的变化

12.3B 分析并解释特大城市和大都市的结构与发展

12.4A 运用不用的城市模式解释并比较城市的发展与结构

在该"标准"的要求下，部分地理教材中的聚落或城市地理内容选择分析如下：

GEOGRAPHY 在第 1 单元"地理学基础"的第 4 章"人文地理学——人

与地方"的第 4 节"城市地理学"中选取了城市区域发展【城市区域（郊区、大都市区）、城市化】、城市位置、城市土地利用模式及城市的功能方面的内容。

GEOGRAPHY THE HUMAN AND PHISICAL WORLD 在第 1 单元"世界"的第 4 章"人类世界"中的第 5 课"城市地理学"中选取了城市的性质【城市的功能、城市的结构（同心圆、扇形、多核心模式）】【引导性问题：一个城市的功能如何影响它的结构？】、城市化的模式（中心地理论、世界城市等）【引导性问题：什么影响了城市的位置与发展？】、城市发展面临的挑战（引导性问题：城市区域面临哪些问题？）。对我国的启发是美国城市地理教学注重城市位置（区位）、城市土地利用模式（包含同心圆、扇形、多核心模式）及城市功能的学习，体现出对城市地理学基本理论的重视。

美国国家教育发展评估（National Assessment of Educational Progress，简称 NAEP）被决策者视为学生在学校经历的关键时刻中学习成果的最全面的衡量标准。它们是唯一的全国性评估标准，旨在监测美国的教育成就。在制定地理评估框架时，美国国家评估管理委员会深信，广泛的地理知识是全面教育的重要组成部分。理事会责成编写框架的研究人员、教师和地理专家提出丰富和严格的评估设计，要求编写真正反映世界一流标准的成就水平的描述 [46]。

成就水平描述了学生应该知道和能够做什么，以达到 4 年级、8 年级和 12 年级的基础、熟练和高级水平的成就，这 3 个年级由美国国家教育发展评估测试。熟练水平代表了对挑战性主题的能力。该框架旨在评估 4 年级、8 年级和 12 年级学生的地理教育成果，作为美国国家教育发展评估的一部分。它将地理的自然科学和社会科学的关键方面融合成一个紧密结合的、具有专题性（按专题分类）的整体。它侧重于学生应该了解什么样的地理才能成为 21 世纪有能力和有生产力的公民，并使用三个内容领域来评估这些来自地理教育的成果。这些内容领域是空间与地方、环境与社会、空间动态与联系。空间与地方，包含了地理学的基本原理，在 4 年级、8 年级和 12 年级时，40% 的问题应该被评估。其他更复杂的内容领域，应该由 3 个年级中每个年级 30% 的问题来评估。该 NAEP 地理框架及其三个内容成果有助于澄清在 NAEP 地理评估中应衡量的主题的具体内容。空间与地方、环境与社会、空间动态与联系等内容领域旨在构建以衡量学生学习成果的评估练习的开发和报告。这个广泛和创新的框架试图抓住学生在学校学习过程中应该掌握的地理内容和思维技能的范围。该框架的内容包含了学生在课堂内外不可避免的会遇到的现代生活的复杂问题。

内容维度在K-12的课程中，地理通常是在其他科目中教授的。在小学阶段，教师会讲解地图和全球技能，并试图为学生提供基本的地理词汇。方向、位置、环境、尺度和距离经常被教授。培养地方感也是教学的共同目标。在初中阶段，地理经常作为一门独立的学科出现在六年级或七年级，或者作为一个特定课程的教学单元，旨在帮助学生认识区域化的性质以及地球的自然特征和居住在地球上的人的文化特征。在高中，地理通常不是一门特定的课程。但是，越来越多的高中开设地理课程，作为社会研究的其他课程的替代，或者将地理课程与历史课程结合起来。此外，科学和地球科学课程包含许多自然地理主题。地理教育联合委员会自1984年出版《中小学地理教育指引》以来，"地理五大主题"为教师提供了方便的地理教学架构。这些主题为地理提供了强大的内容组织者：位置、地方、人/环境相互作用、运动和区域。

认知维度：NAEP将包括测试学生认知能力的问题，包括基本的认知水平、更复杂的理解水平以及涵盖广泛批判性思维技能的应用水平。这个维度反映了框架委员会对学生学习地理概念和词汇（了解）、思考它们的意思（理解）以及将它们应用到实际问题（应用）中的重视。到12年级的时候，学生应该牢固地掌握用于理解和应用基于事实知识的事实和概念。学生必须在工作、管理自己的生活和为社会做出贡献时使用更高阶的思维技能。因此，与4年级（25%）和8年级（30%）相比，12年级（40%）将进行更彻底的测试。详见表4-12。

4年级、8年级以及12年级跨认知维度联系池的分布　　　表4-12

年级	了解	理解	应用
4年级	45%	30%	25%
8年级	40%	30%	30%
12年级	30%	30%	40%

通过分析《美国国家地理学家联合会会刊》中刊载的论文发现，在美国地理学研究内容中，自 1951 年开始，"自然和社会"领域的研究比重遥遥领先，其次是"人口、地方、区域（宏观：空间、土地利用、区划等）"方面的研究。而"地方"主要指从微观、中观的尺度，研究城市、乡村的区位、空间、住宅、环境、社会形态、城市化问题等。此后美国地理学对于地方和区域的研究基本居于第二位，仅次于"自然与社会"领域，从此可以推测出美国对城市地理研究及教学的重视[47]。

从美国基础地理教育的历史发展中可以看出，20 世纪 50 至 60 年代城市化快速发展时期，城市地理或聚落地理在地理课程中的地位尤其突出，其后也一直保持有较大的比重。涉及的城市地理知识主要有：①中心地理论及其应用，包括聚落区位选择、城市功能、城市间相互作用、城市系统等；②城市内部空间结构，包括城市土地利用模式及其影响因素等；③城市化，涉及城市形成与发展等；④城市规划，涉及土地使用规划、产业活动布局等；⑤城市问题，涉及城市环境及其他方面的问题。尤其是城市位置、城市发展、城市地域结构（含3 种模式）及城市功能等方面的内容是传承时间较久的知识点。

4.4.4　英国高中城市地理知识选取的分析

英国是西方国家中重视中学地理教育的典型，地理已成为其中学的传统学科，绝大部分中学都将地理学科摆在不可或缺的位置上。英国中学地理课程设置的连续性为其他国家少见，也为保证地理教学的质量打下了基础。

1.《关键地理学 1》中城市地理知识的选取

"关键地理学（Key Geography）"是关键阶段 3 和阶段 4 或普通教育证书（General Certificate of Secondary Education，简称 GCSE）阶段的主要地理课程。GCSE 阶段相当于我国的高中。本套书共有 7 本，其中，"关键地理学·1"和"关键地理学·2"是 GCSE 阶段的地理课程[48]。城市地理知识主要集中在《关键地理学·1》中。

该书选取的城市地理知识有：

（1）城市空间结构方面，涉及城市地域结构模型、城市功能分区、城市土地利用。课文首先介绍了两种典型的土地利用模式，即同心圆与扇形模型。接下来一节讲述了城市功能区的位置与不同类型土地利用的分布受到交通可达性、土地价格以及城市发展序列的影响。然后分析了当聚落变得老化和人们具有不同的需求时，聚落的土地利用与功能就会发生变化。最后以伦敦港区为例，说明了内城区土地利用是如何变化的，以及这些变化对居住在该地区的人们产生的重大影响。

（2）中心地理论及其应用，涉及聚落等级、聚落区位的选择。聚落等级是指根据聚落的规模或它们为人们提供的服务而对聚落进行的排序。聚落等级可以通过3种不同的方法获得：①人口规模——聚落的规模越大，数量越少；②间距——聚落越大，它距离其他大型聚落的距离越远；③服务范围和提供服务类型的数量——聚落越大，提供的服务越多。聚落区位的选择是英国中学城市地理部分中重要的内容之一。在初中和高中都列一节对其进行讲述。内容采用螺旋式的编排方式。初中阶段仅介绍了影响早期聚落择址的一些自然条件，高中阶段在此基础上，不仅讲述了影响聚落发展的一些自然与人文特征，而且指出这些影响因素是在发展变化的。

（3）城市化方面，涉及发展中国家与发达国家城市化进程的比较、发展中国家城市化所产生的问题（以加尔各答城市为例）。发达国家与发展中国家城市化的比较很简略，仅提及二者在20世纪下半叶城市化进程快慢不同而已，而且，主要讲述发展中国家的城市化。

（4）城市问题方面，讲述的是发达国家的城市问题，以纽约为例，具体问题有住房与市区衰落、种族分离、失业与犯罪、交通拥挤、污染。

（5）可持续发展与城市规划方面，涉及城市规划中的公众参与。课文向学生介绍了在城市规划中谁是决策者和规划决策是如何产生的？当制定影响城市发展与规划的政策时，不同的人群会提出不同的意见，并发挥不同的作用。一些人可能支持这个政策，而一些人可能否决。由于在最终制定决策之前每个人都可以发挥自己的作用，所以在政策最后被接受或被否决之前常常可能用很长时间。

2.《聚落与人口》教材中城市地理知识的选取

本书适用于 GCSE/ 关键阶段 4 和标准年级（standard grade）学生的学习。

本书是《人类及其环境》（*People and Their Environment*）系列中的一本[49]。本系列丛书共有 5 本，分别为《农业与工业》（*Agriculture and Industry*）、《聚落与人口》（*Settlement and Population*）、《资源、能源与发展》（*Resource, Energy and Development*）、《自然环境与人类活动》（*Physical Environment and Human Activities*）、《技巧、技能与评估》（*Techniques, Skills and Assessments*）。

全书分为 7 个单元，分别为：第一单元"人们住在哪里？"第二单元"城市聚落模式"；第三单元"交通与工业"；第四单元"城市组织"；第五单元"发展中的世界"；第六单元"人口趋向"；第七单元"对比"。前五章是关于城市地理方面的内容。

选取的城市地理知识有：

（1）城市空间结构方面，涉及城市地域结构模型、城市土地利用、城镇社会空间结构、乡村形态。城镇社会空间结构部分中，教材运用人口普查信息，分别从年龄结构、小汽车拥有者、房间密度、职业类型与社会阶层 4方面进行统计，分析具有每一特征的社会区的空间分布特点，例如，史云顿（Swindon）城市中较老的内城区比较新的外围地区有更多的年龄在 60 岁以上的老人。乡村形态在本书中讲述得很简略，仅对集中型和线型的乡村进行简单说明而已。

（2）中心地理论及其应用方面，涉及乡村区位的选择、城镇功能、城镇影响范围、聚落等级。城镇功能是指发生在城镇中的各种活动。较大的城镇比较小的城镇具有较多的功能。维持一项功能的最小人口数（顾客的数量）称为门槛人口。城镇的服务范围是指中心地提供商品和服务的最大销售距离，也是消费者为购买某种服务所能付出的最大成本距离。

（3）城市问题方面，涉及内城问题、社会问题（种族歧视与争端）、发展中世界的城市问题。在英国、欧洲以及北美的最古老的城市中，都存在一个内城区。这里有较大比例的人口处于贫困之中。这些人口有失业者、病人、老人、低收入者、处境不利的少数民族群体。之所以称为内城问题，是因为城市问题最集中表现在内城区。社会问题方面，课文中讲述了种族歧视和故意破坏行为。发展中国家的城市问题主要是由于城市人口增加过快而引起的城市基础设施如道路、排水管道、水电等超负荷运转，社会问题主要是生活贫困、住房短缺、城市危房、棚户区现象严重等。

（4）可持续发展与城市规划方面，涉及内城更新、新城镇、市区规划、特色景观与传统文化的保护。书中不介绍具体的规划原则、方法等专业性较强的知识，仅让学生知道有这么一回事。如在"市区规划"一节，仅让学生根据自己的想法对城镇的一部分地区尝试规划一下。工业革命使英国成为19世纪世界上最强大的国家之一。目前，英国仅有25%的工人从事制造业或第二产业。20世纪下半叶，许多对遗产感兴趣的群体和当地官员开始致力于保护英国的工业遗产。

（5）城市化方面，涉及城乡形成与发展，另外，在"发展中世界的城市发展"一节中提到城市化。

3. 英国高中地理课程中城市地理知识的选取

综合以上对两本教材的分析，可以得出英国高中地理课程中选取的城市地理知识有：①城市内部空间结构方面，涉及城市地域结构模型、城市功能分区、城市土地利用、城市社会空间结构、乡村形态；②城市化方面，涉及城乡形成与发展、发达国家与发展中国家城市化进程的比较，发展中国家城市化所产生的问题；③中心地理论及其运用，涉及聚落等级、聚落区位的选择、城镇功能、城镇影响范围；④城市问题方面，涉及发达国家的城市问题、发展中国家的城市问题；⑤可持续发展与城市规划方面，涉及城市规划中的公众参与、内城更新、新城镇、市区规划、特色景观与传统文化（工业遗产）的保护。

4.4.5　日本高中城市地理知识选取的分析

日本对中学地理教育一直比较重视。高中分理科和社会科，社会科中的选修课有地理A和地理B。高中社会科和理科的地理选修课实际上是限定性选择必修课程。

这里对教材《地理B》[50]进行分析。本书分为三大篇：第一篇"现代世界的特色"；第二篇"现代世界的地域"；第三篇"现代世界的诸课题"。其中在第一篇的第 3 章"都市、村落，生活文化"以及第三篇的第 6 章"居住、都市问题"中讲到城市地理方面的内容。

涉及的城市地理知识有：①城市空间结构方面，涉及城市地域结构模型、城市社会结构、乡村形态。在讲述大都市圈的构造时，提到 3 种典型的城市地域结构模型。在讲述纽约都市的二重构造时，介绍了都市中两种不同类型的社会区——绅士化与贫民窟。乡村形态叙述简略，仅提到什么是集村、散村、列村、块村等。②城市化方面，涉及城乡形成与发展、城市化进展的地域差异。在城市的形成发展中，重点讲述了大都市圈的形成与成长。都市圈是指在日常生活中通过都市机能和都市有着密切关系的范围。在大都市的都市圈，随着都市化的进展，日常生活和生产活动渐渐一体化。当中心都市很大的时候，我们把包括它周围地区的都市圈的范围称作大都市圈（metropolitan area）。由于大都市圈中的中心都市的服务业发达和人们为了追求更高收入、更多文化活动及信息的机会而向此集中。在交通特别是汽车交通发达的发达国家的大都市，住宅区向郊外扩大的郊区化在进行，购物中心、工厂等设施也随此向郊区发展。都市化进展的地域差异主要介绍发展中国家或地区之间存在的差异，叙述很简略。③中心地理论及其应用方面，涉及城市等级、城市系统、城乡功能。都市系统重点讲述了世界规模的都市系统，它是以世界城市（如纽约、东京、伦敦等）为顶点而形成的。城市功能方面，重点介绍了城市的中枢管理功能，这是因为随着经济的国际化、信息社会的形成，国际机构和国际性大企业的中枢管理部门、国际金融市场等集中的特定的都市发展显著，这些都市通过发达的通信信息网络与世界各地发生联系，甚至具有在某方面领导世界的功能。④城市问题方面，涉及大都市圈的衰退、都市的居住问题、都市问题的地域差异。⑤可持续发展与城市规划方面，涉及建设宜人的居住环境。在都市问题变得越来越严重时，人们开始追求居住环境的舒适感。各地进行着寻求舒适的生活环境的试验，比如对市中心的更新改造，开始关注节约资源、循环利用等生活方式的改变，保护自然环境和历史环境，建设与自然和谐共生的生态城市，等等。⑥城市（乡）景观方面，涉及由于各地的自然条件及文化的不同，而形成了各具特色的居所。

日本高中地理课程中城市地理知识的选取比较注重社会的新发展，时代感强。如选取了都市的中枢管理功能、大都市圈、世界都市系统、都市的居住问题等知识。

4.4.6　新加坡高中城市地理知识选取的分析

新加坡的中学实行三轨制：特别班（special course）、快班（express）、普通（normal）班。中学 4～5 年，课程安排和教学内容依据考试大纲而定，3 年级开设选修课。这里以教材《中学地理 3·快班》[51] 和《中学地理 4·快班》[52] 为分析研究的对象。

选取的城市地理知识有：①城市内部空间结构方面，涉及聚落形态、城市功能区、城市地域结构模型。在城市结构模型中，分析了东南亚城市的结构，提出东南亚城市的结构模型。②中心地理论及其运用方面，涉及聚落区位的选择、聚落等级、中心地理论、位序——规模法则、首位城市、聚落的分类。中心地理论是关于城市等级与分布的理论。位序——规模法则与首位城市理论是关于城市规模分布的理论。这 3 个理论在教材中以小字的形式编排。聚落的分类标准可以是规模、功能、发展历史、形态等。③城市化方面，涉及聚落的发展、马来西亚半岛上的城市化、发达国家与发展中国家城市化的差异。课文详细介绍了马来西亚半岛上聚落的发展与新加坡的发展变化。马来西亚半岛上城市化的快速推进开始于 1950 年，随着大量人口涌入市中心，产生了诸如失业、住房短缺、棚户区、交通拥挤以及环境污染之类的社会问题。④城市问题方面，涉及发达国家的城市问题与发展中国家的城市问题及其二者的比较。发达国家的城市问题有内城衰退、郊区蔓延等，发展中国家的城市问题有失业和不充分就业、住房、交通、水电等服务性行业问题。

4.4.7　印度高中城市地理知识选取的分析

这里以《地理学的原理：第二部分》（*Principles of Geography: Part* Ⅱ）[53] 为分析对象。

全书分为 14 章，在第十四章"聚落"中讲述了城市聚落和乡村聚落。涉及的城市地理知识有：①城市内部空间结构方面，涉及城镇的形态、城镇的结构、乡村聚落的形态。②中心地理论及其应用方面，涉及城乡联系、城镇的功能和分类、乡村聚落的功能。乡村聚落的形成是由生产方式决定的。乡村中主要的职业是农业。一般来说，乡村都具有与农业相联系的服务和设施。一些大型的乡村具有一些小型商店，销售一些用货币或谷物进行交换的商品。随着农业的机械化，许多乡村都发展了维修农业机械与工具的专门技术。

4.4.8 高中城市地理知识选取的比较

从以上分析可以看出，城市内部空间结构、中心地理论及其运用、城市问题、城乡规划与可持续发展、城市化 5 个主题是多数国家和地区高中地理课程中选取的城市地理知识，如表 4-13 所示。

一些国家和地区高中地理课程中城市地理主题选取的统计　表 4-13

主题	国家（或地区）							
	中国			美国	英国	日本	新加坡	印度	总计
	大陆	香港	台湾						
城市内部空间结构	√	√		√	√	√	√	√	7
城市化	√	√		√	√	√	√		6
城市问题	√	√	√	√	√	√	√		7
中心地理论及其运用	√	√	√	√	√	√	√	√	8
城乡规划与可持续发展	√	√	√	√	√	√			6
城市景观	√				√	√			3

在主题"城市内部空间结构"方面，在所分析的教材中，除了我国大陆台湾省之外，都对其进行了较详细的讲述，尤其是美国、英国和新加坡，都用大量篇幅、分专章对城市内部空间结构进行了讲述，我国大陆也对其给予了较多的重视。然而，在该主题内部还是存在知识点选取上的差异，见表 4-14。

一些国家和地区高中地理课程中有关"城市内部空间结构"
主题的知识点选取的统计　　　　　　　　　　表 4-14

知识点	国家（或地区）								
	中国			美国	英国	日本	新加坡	印度	总计
	大陆	香港	台湾						
城市土地利用或功能分区	√	√		√	√	√	√	√	7
城市地域结构模型	√	√		√	√	√	√	√	7
城市社会空间结构				√	√	√			3
城市或乡村空间形态	√	√		√	√	√	√	√	7

　　城市土地利用是城市功能分区的基础，而城市各种功能区的有机组合就构成了城市内部的空间结构，因此在讲述城市内部结构时，一般都会涉及该城市的土地利用或功能分区。城市地域结构模型是美国一些学者根据美国城市的发展概括、总结、归纳、提炼而成，是城市地理学的重要理论，形象地揭示了城市内部空间地域扩展的一些规律及其形成原因。城市社会空间结构在英国高中地理课程中受到较多重视。我国内地、我国香港对城市形态讲述的较详细，印度、新加坡同样较为详细；英国、日本仅在讲述乡村聚落的内容时，简单提到了乡村聚落因位置选取的不同而形成不同的形状。共同点是都对城市土地利用或功能分区以及城市结构模型给予重视。不同点是，美国、英国及日本经济发达国家讲述了城市社会空间结构，尤其是英国对其进行了详细讲述，而发展中国家较详细讲述了城市或乡村形态。

　　在"城市化"主题方面，我国台湾和印度都没有涉及，其他地区选择的知识点如表 4-15 所示。我国内地、我国香港，以及日本、英国、美国、新加坡的课程都对城市或乡村的形成与发展进行了详细讲述，尤其是新加坡，讲述了马来西亚半岛上聚落的发展、吉隆坡的发展以及新加坡自身的发展。我国的课程详细讲述了中外城市的形成与发展。我国内地、英国、日本、新加坡的课题都对城市化进程进行了国际比较；我国内地和新加坡的课程详细讲述了发达国家与发展中国家城市化进程的比较；英国、日本的课程对城市化进程的国际比较讲述的都很简略，并且日本讲述的是发展中国家之间城市化进程的比较。在城市化产生的问题方面，我国内地、英国、日本、新加坡的课程讲述的都较详细，但英国、日本、新加坡的课程讲述的是发展中国家的城市化问题。此外，我国香港、新加坡的课程还分析了城市化的原因。通过比较，我国内地和新加坡的课程对该主题讲述的较详细，其所选知识之多和讲述的详细程度都是其他国家和地区所不能比的。而美国、英国、日本高中地理课程中的城市化方面的知识已不占重要地位，且所讲内容主要是发展中国家的城市化。

一些国家和地区高中地理课程中有关"城市化"主题的知识点
选取的统计　　　　　　　　　　　表 4-15

知识点	国家（或地区）								
	中国			美国	英国	日本	新加坡	印度	总计
	大陆	香港	台湾						
城市或乡村的形成与发展	√	√		√	√	√	√		6
发达国家与发展中国家城市化进程的比较	√				√	√	√		4
城市化所产生的问题	√			√	√	√	√		5
城市化的原因		√		√			√		3

城市问题方面，中国、美国、英国、日本、新加坡都对其进行了讲述。英国、日本、新加坡都详细讲述了发达国家和发展中国家的城市问题，尤其是日本和英国都以某两个典型的城市为案例，并用了较大的篇幅对其加以叙述。我国台湾省以及日本、英国还专门讲述了城市的居住或生活问题。我国香港、英国、日本、新加坡的高中地理课程中还都涉及内城衰落问题。可以看出，城市问题是多个国家和地区高中地理课程中的重要内容之一。

中心地理论及其运用方面，一些国家和地区所选取的知识如表 4-16 所示。从表中可以看出，在所分析的 8 个国家和地区中都涉及城市功能方面的知识。其次是各有 5 个国家和地区选取了城镇等级或规模与城镇体系。我国内地、美国、英国、日本、新加坡都对城镇等级进行了讲述。我国内地、美国、英国、新加坡侧重讲述不同等级（或规模）的城镇提供的服务功能是有差异的，日本侧重讲述不同等级的城镇通过政治或经济等机能相互关联形成城镇系统。城镇体系在我国大陆、我国台湾，以及日本进行较详细地讲述，日本更侧重讲述世界规模的城市系统，新加坡对其点到为止，英国和我国香港高中教材中没有选取城镇体系的内容。城市区位的选择是美国、英国和新加坡高中地理教材中重要的知识点。我国大陆、我国台湾，以及新加坡都对中心地理论进行了讲述。日本、新加坡和印度还涉及了城市或乡村的分类。总体上来说，新加坡在该主题方面着墨较多，涉及聚落区位的选择、聚落等级、中心地理论、城市规模分布理论（位序—规模法则、首位城市）、聚落的分类、聚落的功能、城镇体系等知识。

一些国家和地区高中地理课程中有关"中心地理论及其运用"

主题的知识点选取统计   表 4-16

内容	国家（或地区）								
	中国			美国	英国	日本	新加坡	印度	总计
	大陆	香港	台湾						
城镇功能	√	√	√	√	√	√	√	√	8
城镇区位的选择	√			√	√		√		4
城镇等级（或规模）	√		√	√	√		√		5
城镇影响范围	√			√	√				3
城镇体系	√		√	√		√	√		5
中心地理论	√		√	√			√		4
城市（乡）分类						√	√	√	3
城乡关系		√						√	2
位序—规模法则							√		1
首位城市							√		1

在城乡规划与可持续发展方面，我国对其进行了详细讲述，尤其是我国内地和我国香港。例如，我国香港教材中详细讲述了可持续发展的概念、香港城市规划的策略、政府采取的措施、可持续城市的特征以及把香港变成可持续城市的方法等内容。英国在城市规划中提到了公众参与，虽说教材中没有提出如何规划的具体操作方法，但在其他一些内容中却含有如何布置某种事物的方法与原则。例如，在"城市聚落模式"单元内容中，讲授了一些事物在城市中的分布模式，如在讲述"快餐：区位"一节内容中，首先介绍了快餐店在城市中

的分布具有什么特点，然后让学生根据快餐店的区位特点，为某饭店择位，这实际上就是城乡规划中项目选址方面的内容。英国教材很重视对学生进行方法与技能的训练，侧重培养学生对城市规划的参与性。日本提到了建设宜人的居住环境，比如对市中心的再建设、节约资源、循环利用等，倡导建设生态城市的理念，注重给学生灌输可持续发展的意识。美国也一直比较重视城市规划在缓解城市问题中的作用，倡导建设宜居的城市。我国内地、我国香港，以及英国都讲述了城市特色景观与传统文化的保护方面的内容。通过分析可知，我国对城市规划的原则与方法进行了专门讲述，专业性较强。

城乡景观方面，对其进行讲述的国家和地区较少。我国大陆对该主题进行了详细的讲述，涉及城市景观、乡村景观、地域文化对城市的影响。日本介绍了特殊环境中具有典型特色的民居，英国讲述了对特色景观的保护。

总体来说，在所分析的一些国家和地区的高中地理课程中选取的城市地理知识各有侧重，美国侧重中心地理论及其应用与城市内部空间结构的讲述；英国侧重对城市内部空间结构的讲述；日本侧重对都市系统与大都市圈以及都市问题的讲述；新加坡侧重对城市发展、中心地理论及其运用、城市结构的讲述。此外，我国台湾省侧重讲述具有应用性质的城市地理知识；我国香港侧重讲述城市的可持续发展；印度侧重聚落形态与结构的讲述；我国内地地区侧重对城市化、城市内部空间结构及具有应用性质的城市地理知识（或城乡规划与可持续发展）的讲述。这些国家和不同地区之间的相同点是都比较注重选取中心地理论及其运用、城市内部空间结构、城市问题三大主题的知识点，而对城市或乡村景观的介绍不太重视。最明显的差异是，发达国家和地区注重讲述内城问题与内城更新、城市社会问题、城市社会空间结构方面的知识，而对城市化、城镇体系方面的知识不太重视；发展中国家和地区注重讲述城市或乡村的空间形态、城市化、城镇体系方面的知识。

4.4.9　高中城市地理知识选取差异的原因分析

从总体上说，制约课程内容选择的直接依据是课程目标。具体地说，制约课程内容选择的因素主要包括社会因素、学生因素和学科因素。在课程设计的理论上，人们确认了对学生的研究、对社会的研究和对学科的研究，作为课程选择的基本依据。

社会发展对学生素质发展的一般要求，是课程内容选择的客观依据。学校教育在课程设置以及课程内容的选择上，需要注重社会取向，根据社会发展的需要，选择适应社会发展需要的课程内容。受教育者身心发展的水平制约着课程内容的广度和深度。超越学生身心发展现有水平的课程内容，会对学生造成过重的智力负担。课程内容的选择要符合受教育者身心发展的基本规律，为不同年龄阶段的学生设计不同的课程内容，并注重课程内容的相对稳定性。再者，课程内容的选择必须满足受教育者身心发展的需要，促进受教育者个性的自由发展。课程内容的基本要素是知识。因而，课程内容的选择必须考虑人类科学文化知识和技术本身的特点及其发展趋势。知识是制约课程内容选择的基本因素[54]。

1. 社会发展方面

英国学者斯宾塞认为，教育的功能就是使学生为完美生活做好准备，在制定一个课程之前，必须首先确定学生最需要知道些什么。美国学者博比特明确指出，课程应该对当代社会的需要做出反应。社会学对学校课程的影响与启示表现在：①学校课程与社会经济有着千丝万缕的关系，社会政治、经济制度制约着课程的设置以及课程编制过程。②学校课程总是离不开社会文化的。纯粹客观的、价值中立的知识是不存在的。③关于学校课程的思想，总是与一定的社会背景联系在一起的。④社会结构、社会互动与课程标准、课程内容之间存在着一定的关系。社会改造课程理论认为应该围绕当代重大社会问题来组织课程，帮助学生在社会方面得到发展，即学会如何参与制定社会规划并把它们付诸社会行动。

这里主要讨论城市的发展情况。城市发展水平一般与城市人口占总人口的百分比和城市人口与农村人口的比值成正比，比值愈高则高，反之则低。

英国是世界上城市化开始最早的国家，到1850年，英国城市人口已超过了总人口的50%。从1960年代起就进入了城市化的后期阶段（20世纪70年代，美国地理学家诺瑟姆发现，各国城市化发展过程所经历的轨迹大致都可以概括成一条被拉平的"S"型曲线，他将城市化发展分为初期缓慢发展阶段、中期快速阶段和后期饱和阶段[55]），城市化速度减缓。20 世纪 90 年代初，英国的城市人口已达 90%。美国在 1950—1960 年处于城市化快速发展时期，到 1960 年代末已有 70% 以上的人口居住在城市。日本在 1960—1970 年代处于城市化的中期阶段，城市化进程十分迅速，到 1980 年代进入城市化的后期阶段。新加坡是一个繁荣的国家，更是适宜人居的、东西方文化交汇的花园式滨海城市，城市化水平几乎达到 100%，有"城市国家（city-state）"之称。据世界银行在《1988 年世界发展报告》中所述，城市化水平达 100% 的唯一国家是新加坡[56]。我国香港由于用地狭小、人口、技术和资本高度集聚，促使城市空间向三维空间（地面、地下与空中）扩展，高层建筑集中，城区中枢功能突出，商务与贸易繁华，交通便捷，车水马龙，四方辐射，形成了世界著名的港口与国际大都市[57]。我国台湾省城市发展迅速，自 20 世纪 60 年代推行工业化以后，城市化加速进行，至 80 年代中期已达到相当高的发展水平，城市人口占总人口的比重接近 80%（1985 年达 78.3%）[58]。由以上分析可知，英国、美国、日本、新加坡，以及我国香港、我国台湾城市化水平均比较高，处于城市化的后期阶段。

印度和中国同属于世界上发展中大国，近代史上两者都曾遭受到外国列强的侵略，国家独立的时间相差无几（印度 1947 年独立），城市化总体水平同世界发达国家的差距还很大。在 20 世纪 80 年代以前，印度的城市化水平走在中国的前面。进入 20 世纪 80 年代后期，中国的城市化水平开始超过印度。到 1990 年，中国的城市化水平达到了 26.4%，印度为 25.7%。到 2001 年，印度的城市化水平接近 30%，而中国已达到 36%（2007 年我国人口城市化水平已经上升到 43.9%）[59]。到 2018 年底，我国城市化水平达 59.85%，而印度仅为 32%。根据诺瑟姆的城市化 S 形曲线，印度和中国目前正处于城市化快速推进的中期阶段。

城市化进入后期阶段后，在城市化的模式上，也由传统的人口向城市中心迁移的集中型城市化，转向人口向外扩散的郊区化和逆城市化，再到人口重新流向中心城市的再城市化。而在这种人口集中与分散的双向运动过程中，城市地域不断向四周扩张，导致了大都市区和大都市带的形成。下面以英国为例，分析处于城市化后期阶段的城市发展的特点。

英国从 1950 年代进入郊区化的高峰期。郊区化（suburbanization）是指城市中心区人口和产业向郊区迁移的一种离心分散化过程。郊区化的实质是城市"辐射力"超过了"向心力"，推动城市人口和职能由市区向郊区扩散、转移。1970 年代以后，英国一些大城市人口迁移又出现了新的动向，不仅中心区人口继续外迁，郊区人口也进一步迁向离城市更远的小城镇和农村，导致整个城市人口出现负增长，国外学者将这一过程称为逆城市化（counter-urbanization）。逆城市化是城市化过程中的一个阶段，它导致了城市发展在区域上的再分配，但并不意味着国家城市化水平的降低，相反，它还推动了城市化和城市生活方式在更广泛的地域范围内传播。由于郊区化和逆城市化的发展，使得英国大城市中心区日益衰落，出现商业萎缩、失业严重、贫困加剧、犯罪率升高、市中心空洞化等一系列社会经济问题，对整个城市发展产生了极为不利的影响，引起了政府的高度关注。为了振兴城市中心区，从 1970 年代末开始，英国就采取了一系列的政策和措施，积极调整产业结构，发展高科技产业和第三产业，在 CBD 周围适当增加一些高质量住宅，以吸引人口回城居住和工作，使城市人口重新出现增长，称之为再城市化（reurbanization）。在英国，复兴大城市中心区始终是政府关注的一件大事。在政府的扶持下，大城市经济重现活力，中心区恢复昔日的繁荣。英国大伦敦的人口在连续 30 多年下降后，也于 1985 年重新恢复增长，出现再城市化现象。

大都市区（metropolitan area）是一个大的城市人口核心以及与其有着密切社会经济联系的、具有一体化倾向的邻接社区的组合，是城市化发展到较高阶段的产物。随着大都市区的不断扩展，在一些城镇密集地区，城市与城市之间的农田分界带日渐模糊，城市地域首尾衔接，连成一片，绵延达数百公里，从而形成了世界上最壮观的一种城市化现象——大都市带（megalopolis）[60]。

英国是世界上城市化水平最高的国家之一，也是最发达的国家之一。大部分发达国家的城市化道路是在 20 世纪上半叶完成的。1950 年，发达国家城市化水平就达到了 52.5%，已经初步进入了城市社会；到 1975 年，城市化水平已接近 70%，进入了自我完善的城市化阶段。二战后，发达国家的城市化的主要内容是城市产业结构升级、城市功能完备与城市环境优化等，城市化质量普遍得以提高。到了 20 世纪末，虽然发达国家城市的社会经济技术都迅猛发展，城市化水平的提高速度已经趋缓。发达国家的城市化开始进入质量提高阶段[61]。

对英国城市发展过程的探讨，可以让我们了解处于城市化后期阶段的国家和地区在城市发展过程中出现的一些现象。虽然各个国家和地区的城市发展不可能严格按照英国城市发展的轨迹进行，但在城市发展到一定阶段后，都或多或少地会表现出英国城市发展的一些影子。而且，新加坡和我国的香港在城市发展和布局上，曾受到英国很大的影响。

印度、中国等发展中国家的工业化和城市化大都起步于第二次世界大战后，城市化进程在总体上要落后于发达国家约 75 年。到 20 世纪末，发展中国家的城市化水平大多在 20%～50% 之间，总体水平也仅为 45%，仍处在量的扩张阶段。目前，发展中国家正在加速进行城市化，人口向城市集聚的现象明显。随着人口和产业向城市集中，市区出现了劳动力过剩、交通拥挤、住房紧张、环境恶化等问题。汽车普及后，许多居民和企业开始迁往郊区，出现了城市郊区化现象。周一星认为郊区化在中国是大城市发展不可避免的一个阶段，中国城市正处在人口和工业郊区化的初期，只是疏散了收入相对较低的人群和那些不适合在市中心发展的工业企业，离商业和办公室的离心扩散还比较远[62]。

全球化、信息化、生态化和知识经济的发展促使城市体系、城市功能、城市空间和城市社会出现新的变化。处于世界顶尖地位的跨国公司作为国际分工的中心行动者，构成了一个涉及生产、贸易、金融、公共服务等的统一世界性网络，并包含在全球复杂的城市等级系统之中。按照城市所连接的经济区域的大小，对世界城市进行了划分，在世界城市等级体系中，处于等级体系的顶端、起着全球金融连接作用的只有伦敦、纽约、东京三个城市。由起核心作用的一个特大城市或几个大城市，再加上周边受到中心城市强烈辐射、有着紧密联系地区组成的城市群的发展近年来尤为引人注目，它们在本国人口和经济总量中均占有很大的比重，充分发挥出龙头、枢纽和增长极的巨大作用，在世界区域经济圈中也起到举足轻重的作用[5]。

另外，20世纪90年代以来，可持续发展成为国际社会经济发展的价值导向，并体现在世界城市化过程中。以人类与自然协调为宗旨的城市园林化体现了可持续发展、生态建设与环境保护的多重要求，使城市成为社会—经济—自然复合生态系统。城市发展呈现出生态化和园林化的趋势。

从以上分析可知，美国、英国、日本，以及我国香港城市化的高峰已经过去，我国内地正处于城市化加速发展时期，所以我国内地高中重视选取城市化方面的知识，而美国、英国、日本，以及我国香港对其讲述的很简略，且英国、日本都是以发展中国家或经济转轨国家的城市化为讲述对象。城市化的快速推进，一方面导致原有城市规模的扩大，另一方面促使城市数目增多。为了实现城镇社会、经济及环境的可持续发展，需要对城镇进行合理规划；为了促进一定区域内不同等级城镇的合理布局和协调发展，需要城乡统筹协调发展，建立合理的城镇体系。我国内地高中重视讲述城乡规划和城镇体系方面的知识，体现了社会发展的需求。处于城市化后期阶段的国家和地区，大都经历过郊区化和逆城市化阶段，所以高中地理课程选取了内城区衰落和内城更新方面的知识。可持续发展已成为国际社会的共识，所以各国或各地区的城市发展都在倡导可持续发展观。大都市圈或大都市带是发达国家社会经济高度发展的产物，日本东京拥有较强的中枢管理功能，并有东京大都市圈之称号，这可能是日本高中地理课程选取城市中枢管理功能、世界规模的城市系统、大都市圈的成长等方面知识的原因之一。可以看出，高中地理课程中城市地理知识的选取是与本国或本地区社会发展的现状或趋势相匹配的。

值得指出的是，随着我国城市发展由"外延式"向"内涵式"转变、城市规划由"增量规划"向"存量规划"的转型，以及城乡一体化和新型城镇化战略的实施，我国城乡发展日益注重城乡环境、景观及地域文化的保护与传承，坚持城乡可持续发展的理念，注重生态宜居城乡建设，因此，我国高中地理课程注重选取了地域文化与城乡特色景观保护方面的内容。

2. 学科发展方面

课程内容指各门课程中特定的事实、观点、原理和问题，以及处理它们的方式。学科结构课程理论主张以学科结构作为课程设计的基础（学科结构是深入探究和构建各门学科所必须的法则）。美国学者布鲁纳认为，传授学科结构有 4 点好处：①有助于解释许多特殊现象，使学科更容易理解；②有助于更好地记忆知识；③有助于促进知识技能的迁移，达到举一反三、触类旁通的目的；④有助于缩小高级知识与初级知识之间的差距。学生所学的原理越基本，对后继知识的适用性便越宽广。

（1）西方城市地理学研究概况

主流城市地理学仍由关于西方资本主义社会的理论与实证研究占主导[63]。有学者[4,5]通过研究认为，城市内部空间结构、城市社会问题以及新领域与新方法的研究是目前西方国家城市地理研究的最主要领域。其中，城市内部空间结构、城市社会问题是 20 世纪 80 年代以来西方城市地理一直研究的热点，新领域新方法的研究在 20 世纪 90 年代以来上升很快，成为城市地理研究的三大热点之一。而城市化、城市职能的研究已经不是重点了。西方对城市物质空间演化、空间重构、土地利用与管理和城市形态的研究大都从社会、文化和政治经济层面进行分析，新领域研究的成果有很大一部分是关于西方社会出现的新现象和新问题。于是，有学者[5]认为社会文化领域的研究成为西方城市地理研究的重要发展方向，城市地理已经从对经济的关注扩大到对社会文化的理解。城市地理研究有向社会理论转型的倾向。

近年来，西方城市地理学的研究状况可以从以下几个方面进行具体分析：

1）城市内部空间结构的研究内涵增加。西方传统的城市地理学在研究城市内部空间结构的着重点是城市形态和城市土地利用或称功能分区等物质空间，现代城市地理学还研究城市内部市场空间、社会空间和感应空间等。20 世纪 80 年代以来，更多的学者从社会、经济层面着手研究城市物质空间演化、空间重构、土地利用与管理、城市形态和理论研究等问题。西方城市社会空间结构研究领域集中于 3 个主题：不平等、社会经济重构引发的城市社会空间重构、社会组织与个人行为。具体内容涉及住房问题，如住房与阶层、住房与家庭、住房政策、住房产权、住房消费行为及迁居等；特殊群体问题，如老人、儿童、妇女等；邻里和社区问题，如居住隔离、绅士化、空间极化、内城问题、城市更新等；公共服务设施问题，如公共空间、社会福利、教育等；城市政治经济问题，如社会冲突与社会运动、城市政策与利益冲突、城市管理、城市政体等；此外还有贫困及犯罪问题等。

2）城镇体系、城市化和城市职能的研究兴趣下降，城市产业的研究领域在拓展。城镇体系、城市化、城市职能是城市地理学的传统课题，在20世纪70年代已经达到了高潮。80年代以来，这些研究开始衰落。在城镇体系研究方面，只对个别国家的城镇体系进行实证研究。在城市化研究方面，由于发达国家的城市化高潮已经过去，因此城市化研究的重点主要是发展中国家和经济转轨国家。在城市职能研究方面，其职能分类方法所使用的自变量比过去更多，类别更广泛。另外，城市职能分类逐渐变为衡量城市生活质量，即分析城市作为居住地的吸引力，并以此为城市排序。城市产业研究方面，80年代以来，西方对城市经济和产业发展的研究领域不断拓展，研究重点发生了显著的变化。主要运用新制度经济学的理论来解释城市经济组织的发展和经济组织的解体，研究后福特时代产业重构构成以及在此过程中大都市区的弹性生产方式；分析不同类型的非正式经济活动与它们在城市空间分布的关系；生产性服务业在城市和区域发展中的经济地位、区位模式；都市区产业重构中的生产方式的变化、知识的作用、高新技术产业空间集聚等。

3）围绕信息化和全球化拓展城市地理研究的新领域与新方法。20世纪80年代以来，国外城市地理学界对信息化等新领域开展了很多研究，主要涉及与信息化密切相关的赛柏地理学、信息技术应用、网络城市研究、城市建模研究、高新技术区发展；与经济全球化相关的经济全球化、世界城市、全球城市劳动地域分工与生产性服务业研究；与城市管理相关的管治、公众参与、增长管理研究以及与人居环境相关的居住生态化研究等。在城市交通研究方面，特别关注信息化条件下土地利用与交通建模和交通可达性分析，成为城市地理学在交通研究领域中具有较好发展潜力的研究领域 [4]。

主流城市地理学关注的主要研究领域如下：全球化、世界城市与金融中心；城市区域与城市网络；城市体制、创业型城市与城市管治；尺度研究；社会不平等、孤立与包容、居住空间分隔；城市中的文化与种族问题 [63]。

通过分析《美国国家地理学家联合会会刊》中刊载的论文发现，自1951

年开始，"自然和社会"领域的研究比重遥遥领先，其次是"人口、地方（微观、中观尺度：城市、乡村的区位、空间、住宅、环境、社会形态、城市化问题等）、区域（宏观：空间、土地利用、区划等）"方面的研究（该方面研究在 20 世纪 50 年代开始有较大的增长，由于二战期间地理学所作的贡献，这一时期强调"区域地理"的发展和地方知识的重要性。从此可推测出该时期美国对城市地理教学重视的原因）。此后美国地理学对于地方和区域的研究基本居于第二位，仅次于"自然与社会"领域。美国地理研究的专业方向主要侧重于经济、自然、地方、区域、社会、文化、人口及环境，说明美国地理对与人类生存、生活相关的方向特别关注。其人文地理学研究居于绝对主导地位。目前城市地理仍是美国地理学中的重要分支[64]。经济、自然、地方、区域等方向的研究一直占据重要比例[47]。

近十年来国际城市地理研究领域可聚类为六大主题：①城市空间治理研究，包括城市空间组织变化（绅士化等。绅士化是发达国家城市随着发展而普遍出现的空间和社会结构变化现象，可以被纳入"城市化"的大命题中）、城市管理政策、城市更新、城市流动性等。以英国为代表，欧洲研究较多。②健康城市研究，包括城市蓝绿空间对健康的影响，医疗设施空间分布、公共卫生情况，以及流行病、艾滋病、癌症、肥胖等，该方面美国研究较多。③具体人群行为特征研究，主要按性别、年龄、种族、时间等方式划分，以及家庭、社区等单位。其中关于性别的研究最多，青年是所有年龄中最受关注的群体。④城市经济增长与城市网络构建，作为全球经济增速放缓背景下的新增长引擎，中国成为此方面研究的重要基地。⑤环境问题和农村地区研究，包括气候变化、生物多样性等，强调可持续性、公平性导向，非洲以及农业地带是此类研究的重点。⑥社会公平性，主要研究种族和贫富阶层两方面不平等，以及由此带来的居住隔离、种族隔离、社会阶层固化、邻里、择校等问题。可以发现，国际城市地理研究对人的关注度在逐渐提高，研究重点从物质空间向人文社会空间转变，关注影响城市生活、发展和政策的政治、社会、文化和经济过程[64]。

（2）我国城市地理学发展概况

我国城市地理学研究与发展在借鉴拓展国外经典城市地理理论的同时，与国家城镇化、工业化等战略以及地方需求紧密结合。许学强、周素红[4]对20世纪80年代以来我国城市地理学的发展进行了回顾，在研究领域方面，城市内部空间结构、城市化以及城镇体系与城市带一直是研究的重点；20世纪80年代前半期，注重研究城市地理在城市规划中的应用；20世纪80年代后半期，城镇体系的研究受到重视；到20世纪90年代，研究更为多元化，不仅新理论、新领域、新方法日益增多，而且在传统的题目中也包含了新的内涵。随着信息技术的发展，经济全球化、全球城市、全球城市体系、数字城市等问题受到普遍关注，有的学者对生态城市、城市的可持续发展也做了大量的工作。

城市内部空间结构一直是研究热点，但内涵在拓展、方法在提升。其中，实体空间结构研究仍然是主体。实体空间包括城市地域结构及演化、城市土地利用与评价、城市边缘区以及市场空间/商业空间等。城市社会空间结构的研究成为近年来城市地理学研究热点之一，并逐步与城市社会问题的地理研究互相融合。20世纪80年代中后期到90年代初，我国的城市地理学家在引进西方理论和方法的基础上，开始研究社会空间和居住空间、城市感应空间、城市意向、迁居、城市环境质量地域分异和流动人口对城市的影响等。其成果大都属于国外研究方法在中国的运用及解析。90年代中期以来，除前一阶段的研究领域外，新增了社会极化、社区、犯罪和社会公平等，开始关注新涌现出的城市富裕阶层和贫困阶层、大城市居住空间的分异、特殊聚居区的问题等，这些研究的理论性和实践价值增强，但研究成果相对较少。

区域城镇体系依然受到关注，近年对城市群、都市连绵区的研究迅速开展。我国城镇体系研究从20世纪80年代以来逐步得到重视。80年代主要研究城镇体系的等级规模结构、职能结构、空间结构和发展趋势等；90年代以来，除对城市带和城市群、都市区与都市连绵区以及区域城市发展进行研究外，还涉及城镇体系理论框架的构建、城市经济区的划分、中心城市及不同层次城镇体系的特征与发展研究、经济全球化下的城市体系研究的新技术方法的应用等。

城市化是城市地理研究中争论最多的一个主题。20世纪80年代，学者们对城市发展方针进行过激烈的争论，但大都限于城市规模方面。经济改革使城市化的动力由一元走向多元，并呈现出鲜明的地域特色。在这样的背景下，中国原有的以规模控制为基础的城市发展方针已经对城市发展形成障碍。进入90 年代，学者们对中国自下而上的城市化的发展机制及其制度潜力，以及外资影响下的城镇化、区域制度环境与城镇化进行了更进一步的研究。乡村城市化继续成为城市化研究的一个热点，研究内容也较广泛。90 年代，随着我国城市郊区化的出现，研究者对我国大城市郊区化的表现形式进行了案例剖析，对郊区化机制进行了探讨，比较中西方郊区化的不同及其蕴含的政策含义。此外，还对务工人员潮和大中城市的流动人口进行了研究。

城市地理新领域与新方法的研究日益受到重视。新的研究领域主要涉及城市信息化，城市生态环境与可持续发展，经济全球化、国际化和城市现代化，管治、体制与政策研究，城市犯罪地理研究，以及现代服务地理研究等领域。其中经济全球化、国际化和城市现代化是热点，城市管制、体制与政策研究和服务地理研究也具有较强的发展潜力。新的研究方法主要涉及城市分形、GIS/RS 等空间信息技术的应用、因子生态分析和城市建模等，特别是信息技术应用的研究已经从理论走向实践，为城市数字化建设、城市信息化管理和城市传统研究课题提供了有效的研究手段。但是，总体上，新领域和新方法的研究还比较零散，缺乏一定的系统性，特别是理论方面的研究比较薄弱，大多数停留在国外的介绍层面上，研究广度不断拓宽了，而研究的深度却明显不足，有待进一步努力。

其他城市地理研究随着城市的发展而增加新的内涵，增强了应用性。城市职能是城市地理研究的一个传统课题。城市职能分类方法向多变量分析和统计分析结合的方法演变，所使用的资料更加完善和科学，加强了对结果的分析和应用的探索。但城市职能研究并不多，而更多关注的是城市经济结构、城市现代化工业和第三产业，为编制城市规划、确定城市定位提供依据。20 世纪 90年代以来，我国城市地理工作者针对城市化和城市发展的新问题，以及城市规划的深层次矛盾，对规划理论和方法进行了更深入和针对性更强的探讨，并参与了城市规划的热点问题如公众参与、公共政策、管治、社区发展等问题的讨论。进入 20 世纪 90 年代，特别是 90 年代后期，随着城市的发展，交通问题成为很多城市发展的制约因素之一，受到广泛重视。城市地理学界与其他相关领域的专家一同为交通问题出谋划策。从理论、模型和实证等角度研究城市交通系统与土地利用关系。此外，许多学者对单个城市的发展进行了研究。从历史地理的角度研究城市的形成和发展，历史文化名城的演变与特色；研究城市发展条件、地域空间结构的演变过程与发展趋势、发展方向；以及研究港口城市、经济特区、口岸等特殊职能城市发展等。

国内城市地理研究以城市地域为主体，近年来也开始关注城乡关系及乡村地域发展。对于城市来说，研究主题较为多样，包括以城市群 / 都市圈为代表的区域格局研究，以空间结构为代表的城市经济、社会及活动空间变化研究，以智慧城市为代表的智能技术对城市发展和治理的作用等方面。对于乡村来说，近年来城乡关系进入一个新阶段，新型城镇化战略的提出，促使不少城市地理学者开始关注城乡统筹、城乡融合、进城务工人员市民化等。党的十九大之后，乡村振兴成为学界研究新热点，地理学者从新型城镇化、城乡关系视角对乡村振兴也进行了大量探索。2019 年开始的国家空间规划体系改革，也促使学者们将研究重点从城乡规划拓展到了国土空间规划。总体来看，城市群、智慧城市、城镇化 / 城市化、空间结构 / 空间格局一直是近十年间国内城市地理研究的重点。新发展理念带来了城市地理学者对生态文明建设、耦合协调、绿色发展等新概念的关注。新型城镇化、乡村振兴、智慧城市等战略的推进，促使城市地理研究焦点从城市空间、城市区域转向了城乡协同的角度，关注智能技术、城市居民与空间变化，城市治理日益重要。这也充分说明了国内城市地理研究与国家战略需求的同步。

近十年来，国际城市地理研究偏重于空间、政策、治理方面，我国城市地理研究则重点聚焦城市群、智慧城市、城镇化 / 城市化、空间结构 / 空间格局等内容，并关注新发展理念下的生态文明建设、区域协调、城乡协同、绿色发展，以及智能技术、城市居民与空间变化。未来中国城市地理需进一步聚焦城镇化与城乡融合、城市群与区域发展、城市空间与发展转型、时空间行为与智慧城市、国土空间与城乡规划等内容 [64]。

中国和西方发达国家所处的发展阶段不同，我国在城镇化快速发展过程中，更加关注城镇化、城市体系、城市发展、空间规划等研究与实践应用，尤其是重视城镇物质空间和形态的探索。而西方发达国家的城镇化过程已基本完成，更加强调城市功能和内涵的提升，注重空间政策、治理、城市社会空间变化（绅士化、社区等）、人的社会行为（健康、迁移、种族、性别等）等方面研究，强调体现人文关怀。

中西方城市地理学研究进展的共同点是对城市内部空间结构研究有着同样的浓厚兴趣，新领域、新方法的研究同样受到重视。不同点是，我国城市化过程正处于加速时期，受关注的程度越来越高，而西方发达国家城市化的高潮已过，研究的兴趣已开始淡薄。仍需加强和发展的领域有社会阶层分化下的社会空间分异和极化、住房、社区、各种公共资源分配、社会公平、政府行为、特殊人群研究等[4]。

从以上对中西方城市地理研究概况的分析可知，在所分析的一些国家和地区高中地理课程中选取的城市地理知识，都在一定程度上体现了当时本国或本地区城市聚落发展的实际以及城市地理学科发展的特点。例如，所分析的国家和地区大都重视讲述城市内部的空间结构；我国内地的课程重视讲述城市化和城镇体系，我国香港的课程重视讲述城市的可持续发展。英国的课程重视讲述城市社会空间结构与城市社会问题，日本的课程重视讲述的世界都市与居住生态化等。

3. 学生发展方面

学生中心课程理论主张以学生的兴趣和爱好、动机和需要、能力和态度等为基础来编制课程。人本主义心理学家关注学生学习的起因，即学生学习的情感、信念和意图等，认为如果课程内容对学生没有什么个人意义的话，学习就不大可能发生。所以怎样呈现课程内容并不重要，重要的是要引导学生从课程中获取个人自由发展的经验。因而，学生的自我实现是课程法定的核心。课程内容必须与学生所关心的事情联系起来，并允许学生探索自己所想的、所关心的事情。

普通高中教育是基础教育的有机构成，是连接基础教育和高等教育的重要环节，是为每位学生的终身发展奠定基础的教育。高中毕业生应该牢固地掌握用于理解和应用基于事实的知识和概念，必须在工作、管理自己的生活和为社会做出贡献时使用更高阶的思维技能（引自 2018 美国教育发展评估）。高中课程内容应"既进一步提升所有学生的共同基础，同时更为每一位学生的发展奠定不同基础"。我国本次课程改革提出了高中课程设置要遵循时代性、基础性、选择性的原则[65]。时代性原则意味着高中课程内容应体现时代精神，与社会进步、科技发展、文化发展有机结合起来。课程内容应呼应时代的发展，向时代开放，与时俱进。基础性原则意味着高中课程内容应致力于为每一个高中生的终身学习、毕生发展奠定知识、能力和态度的基础，要选择那些超越不同历史时期而具有恒久价值的相对稳定的知识，以及超越不同地域、民族与文化的共同知识。选择性原则意味着高中课程内容应关注学生的经验，尽可能为学生提供丰富多样的选择机会，以满足不同学生的发展需要，适应社会对多样化人才的需求。为此，本次课程改革在保证每个学生达到共同基础的前提下，各学科分类别、分层次设计了多样的、可供选择的课程内容，以满足学生对课程的不同需求。

高中地理是一门基础学科。全面推进素质教育，要求高中地理课程从学生的全面发展和终身学习出发，体现现代教育理念、反映地理科学发展和适应社会生产生活的需要。引导学生关注全球问题以及我国改革开放和现代化建设中的重大地理问题，弘扬科学精神和人文精神，培养创新意识和实践能力，增强社会责任感，强化人口、资源、环境、社会相互协调的可持续发展观念，这是时代赋予高中地理教育的使命[66]。我国高中地理课程改革的基本理念指出，既要培养现代公民必备的地理素养，又要满足学生不同的地理学习需要。前面分析的一些国家和地区的高中地理课程中选取的具有基础性、时代性、选择性的城市地理知识，如具有基础性的城市地域结构模式、中心地理论及其运用、城市化等知识，具有时代性的世界规模的都市系统、人居环境的生态化、城市的可持续发展等知识。具有选择性的有我国大陆选修模块"城乡规划"、我国台湾省选修教材《高中地理（4）》，都体现了学生发展的需要。

4.4.10　小结

以上对一些国家和地区高中地理课程中的城市地理知识进行了分析、比较，并从社会发展、学科发展及学生发展 3 个方面，分析了这些国家和地区高中地理课程中城市地理知识选取存在差异的原因。

从对这些国家和地区高中地理课程中城市地理知识的分析、比较可以得出，城市内部空间结构、中心地理论及其运用、城市问题、可持续发展与城市规划、城市化 5 个主题是多数国家和地区高中地理课程中选取的城市地理知识。在城市内部空间结构主题方面，城市土地利用或功能分区、城市地域结构模式、城市或乡村空间形态是多数国家和地区高中地理课程中选取的知识点。在城市化主题方面，城市或乡村的形成与发展、发达国家与发展中国家城市化进程的比较、城市化所产生的问题是选取较多的知识点。在城市问题主题方面，发达国家和地区讲述了内城衰落问题，如英国、日本、新加坡。在"中心地理论及其运用"主题方面，城镇功能、城镇等级（或规模）、城镇体系是选取较多的知识点，其次是城镇区位的选择、中心地理论、城市（或乡村）的分类。在城乡规划与可持续发展主题方面，我国对城市规划的原则与方法进行了专门讲述，我国内地、我国香港，以及英国还讲述了城市特色景观与传统文化保护方面的内容。在"城乡景观"主题方面，对其进行讲述的国家和地区较少，我国内地对该主题进行了详细的讲述，详细分析了地域文化对城乡景观的影响。

通过对这些国家和地区高中地理课程中城市地理知识选取存在差异的原因进行分析，可得出，不同国家或地区高中城市地理知识的选取都在一定程度上体现了本国或本地区当时社会发展需要（尤其是城乡发展实际情况）和城市地理学科发展特点，考虑到了那个时代的高中生应具备的城市地理素养和后续发展的需要。社会经济（或城市）发展的不同是导致差异产生的根本原因。这是因为学科发展反映了社会发展的特点及需要，对学生的培养要求也要体现出社会发展的需求。

4.5 公众"城乡规划知识"需求的调查[67]

4.5.1 调查问卷编制

本研究主要运用问卷调查法，所采用的问卷为自编问卷。问卷的设计主要分 3 个阶段进行：①分析"城乡规划"模块的"内容标准（2003 年版课标）"和人教版《城乡规划》教材，梳理、提炼、概括出主要知识点，拟定问题，制定出初步的调查问卷；②按性别、年龄、家庭住址及文化程度等方面的不同，多次分类走访社会公众，了解他们比较关心的城乡规划问题，修改完善问卷；③对问卷进行试测、再修改，确定最终问卷。问卷内容主要包括两个部分：第一部分为被调查者的基本信息，主要从性别、文化程度、家庭住址和年龄 4 个方面对被调查者进行区分；第二部分为调查问题，主要涵盖城市发展中的环境保护、历史文化遗产保护、新老城区协调发展、工业、农业、商业、科教文卫及基本服务设施选址、购房、城市合理容量以及公众参与城乡规划意愿等调查主题，包括 13 个选择题和 1 个开放性问答题。

4.5.2 调查样本情况

本研究以立意取样的方式，主要在河南省部分市、县，如郑州市、开封市、新乡市、信阳市、许昌市、漯河市、长垣县、尉氏县，进行了大范围调查，共发放问卷 580 份，回收 580 份，回收率 100%，有效问卷 576 份，有效率 99.31%。被调查者基本信息如表 4-17 所示。从总体上看，该调查范围具有一定的代表性，基本上可以反映不同类别人群的城乡规划知识需求情况。

被调查者基本信息统计　　　　　　　　　　　　　表 4-17

基本信息	性别		文化程度				家庭住址				年龄			
	男	女	初中以下	高中	大专	本科及以上	城市	县城	乡镇	乡村	18～30 岁	31～40 岁	41～50 岁	51 岁以上
人数（人）	287	289	95	90	137	254	159	117	109	191	337	106	82	51
比例	49.8%	50.2%	16.5%	15.6%	23.8%	44.1%	27.6%	20.3%	18.9%	33.2%	58.5%	18.4%	14.2%	8.9%

4.5.3　调查结果与分析

1. 大部分被调查者对城乡规划知识有一定的需求

在 13 个选择题中，A、B、C 选项分别表示了被调查者对城乡规划知识需求的"较高程度""一般程度"和"较低程度"。从统计结果来看，选择 A、B、C 选项的被调查者占调查总人数的百分比分别为 42%、45.7%、12.3%，其中，前二者所占比例之和高达 87.7%。可以看出，大部分的被调查者还是想了解城乡规划知识的，且其中有将近一半的被调查者对城乡规划知识的需求程度较高。公众对城乡规划知识需求程度由高到低依次为：居住区的选址与布局、工业区的选址与布局、科教文卫及休闲设施建设选址、居民参与城乡规划意愿、城市环境问题及保护、交通基础设施建设选址、新老城区与城乡协调发展、商业建设选址、公众参与城乡规划渠道、城市文物古迹保护、农业用地布局、城市人口容量与城市规模。可以看出公众对城市内部土地利用模式比较关注。

2. 被调查者对与自身利益密切相关的城乡规划知识的需求程度较高

由图 4-1 可知，被调查公众除了对"11. 多大的城市人口数量和城市规模才最有利于我们所在城市未来的发展？"和"10. 为保证我们的农业生产，应该如何安排农业用地？"两个问题的知识需求程度较低外，对其他城乡规划知识的需求程度均较高。尤其是第 4 题"我们购买房子时应该考虑哪些因素？"和第 5 题"从哪些方面来评估我们所拥有的房产的价值？"的 A 选项的选择人数最多，分别占样本总量的 67.2% 和 59.4%。可以看出，公众对与自身利益密切相关的城乡规划知识需求较大。

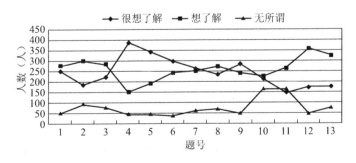

图 4-1　被调查者对城乡规划知识的需求情况

（1）对基础设施和公共服务设施规划建设方面的知识有着相对较高的需求

城乡中的基础设施和公共服务设施的建设与居民的日常生活息息相关，在很大程度上影响着居民生活质量。如一些交通紧张的城市区域的居民，他们很渴望通过交通基础设施的建设和改善来方便自身日常生活中的出行。教育和医疗直接关系到公众自身的未来发展和健康问题，因此也是居民比较关心的话题，对该方面知识的需求较高。此外，随着生活水平的提高，人们对精神生活的追求日益高涨，对公园、广场、体育馆等具有休闲、娱乐、体育锻炼功能的场所的需求也日益增多，因此居民对这方面知识的需求程度也较高。该问卷中，有关城市基础设施和公共服务设施建设方面的知识主要分布在第7、8、9题的交通基础设施和商业金融、科教文卫及社会福利等方面的公共服务设施的建设选址问题。据统计，分别有高达89.8%、88.2%和92%的被调查者想了解该方面的知识，如表4-18所示。

公众对基础设施和公共服务设施规划建设方面的知识的需求情况　表4-18

题目	选项	所占比例（%）
7.交通基础设施建设选址	A.很想了解	45.7
	B.想了解	44.1
	C.无所谓	10.2
8.商业建设选址	A.很想了解	40.5
	B.想了解	47.7
	C.无所谓	11.8
9.科教文卫及休闲设施建设选址	A.很想了解	49.5
	B.想了解	42.5
	C.无所谓	8

（2）对有关环境保护的知识有着相对较高的需求

环境质量的优劣对公众的生活和身体健康都有很大的影响，因此居民对该方面知识的需求程度相对较高。在该调查问卷中，有关环境保护的问题主要有"1.城乡发展中的环境问题及其保护"和"6.工业区的选址和布局"。由统计得知，分别有高达 91.3% 和 93.9% 的公众"很想了解"或"想了解"该方面的知识。

3. 被调查者参与城乡规划的意愿较高

在关于"12. 居民是否有意愿参与所在区域的城乡规划"的调查中，选择"很想参与"（29.5%）和"想参与"（62.8%）的居民所占的比例之和高达92.3%。在"13. 是否想了解应该向哪些部门反映和城乡规划有关的问题和建议"的调查中，有高达 87% 的居民"很想了解"（30.2%）或"想了解"（56.8%）该方面的信息。通过进一步的调查发现，一小部分居民不愿意参与城乡规划的主要原因是：第一，缺少城乡规划的相关知识；第二，参与城乡规划的意识淡薄，没有树立参与规划的主人翁意识；第三，政府给予居民参与城乡规划的机会和居民反映有关城乡规划建议的渠道均较少；第四，没有太多的时间和精力参与到城乡规划当中。

4. 对有关城市发展政策及发展中文物古迹的保护等方面知识的需求程度相对较低

问卷中关于城市发展及其发展中的问题的设计主要有"2. 城市发展中的文物古迹的保护""3. 新老城区和城乡之间的协调发展"及"11. 城市的合理人口容量和城市规模"。通过调查发现，分别有 84.4%、87.3% 和 71.5% 的居民"很想了解"或"想了解"该方面的知识，可以看出居民对该方面的知识是有着较高的需求的。但持"无所谓"的人数分别占样本总量的 15.6%、12.7%、28.5%，均高于 C 选项的平均百分比 12.3%，即相较于对其他方面知识的需求程度来说，居民对这些方面知识的需求程度相对较低。通过进一步调查发现，多数居民认为，关于城市发展政策方面的问题与自身的利益无直接关系，且自身也没有能力去影响和解决相关的问题，并认为这些问题是政府和专家应该去解决的事情，因此居民对该方面知识的需求程度相对较低。

5. 性别对公众城乡规划知识需求程度的影响

本问卷共计调查男性 287 人、女性 289 人，不同性别公众对城乡规划知识的需求情况如图 4-2 所示。

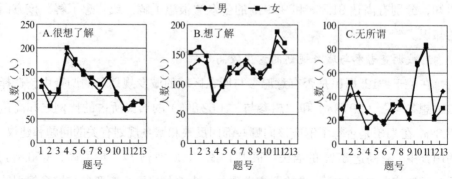

图 4-2　不同性别公众对城乡规划知识的需求情况比较

从图 4-2 中可以看出，男女公众对城乡规划知识的需求基本上一致，说明性别对公众城乡规划知识需求的影响不明显。如购房、房产的估值、工厂的区位选择、参与城乡规划的意愿及向有关部门反映城乡规划的相关问题等知识，男女公众的需求程度都很高。差别仅存在于对某些知识的需求程度有所不同而已。如女性对城乡环境保护、新老城区及城乡协调发展、购房应考虑的因素等知识的需求程度稍高于男性，而男性对城市历史文化遗产保护、工厂与交通基础设施及公共服务设施建设选址等知识的需求程度稍高于女性。

6. 文化程度对公众城乡规划知识需求程度的影响

本问卷共计调查初中及以下学历 95 人，高中学历 90 人，大专学历 137 人，本科学历 254 人。

不同文化程度的公众对城乡规划知识的需求情况如图 4-3 所示。

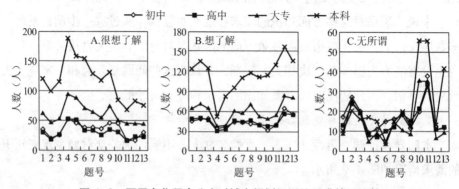

图 4-3　不同文化程度公众对城乡规划知识的需求情况比较

从图 4-3 中可以看出，不同文化程度的被调查者对城乡规划知识的需求程度总体上与其学历呈正相关。相对于其他学历而言，初中及以下学历的人群对城乡规划知识的需求程度偏低，其参与城乡规划意识也比较薄弱。但由于其生活区域和环境的限制，他们对与自身生活相关的城乡规划知识关注度较高，尤其是在农业用地安排方面。而对与其日常生活关系不大的知识，如购房、评估房产价值及工业区的布局问题方面，需求程度明显偏低。在公众参与城乡规划意愿方面，我们也可以看出公众的参与意识与其学历呈现出明显的正相关。

7. 家庭住址对公众城乡规划知识需求程度的影响

本问卷共计调查城市地区 159 人，县城 117 人，乡镇 109 人，乡村 191 人。不同家庭区位公众对城乡规划知识的需求情况如图 4-4 所示。

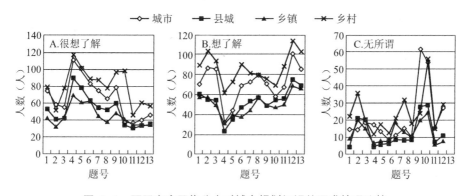

图 4-4　不同家庭区位公众对城乡规划知识的需求情况比较

从图 4-4 中可以看出，不同家庭区位公众对城乡规划知识的需求程度总体上具有一致性。但进一步分析发现，在购房、房产估值及环境保护等方面，县城地区居民的需求程度高于其他地区居民的。近年来，由于乡村人口向城镇流动幅度较大，导致城镇中住房紧张，进而促使房地产开发力度加大，所以城镇地区的居民对购房及房产投资的关注度较高。此外，由于用地规模的急剧扩张和人口的无序集聚，加上规划的不合理及人口素质较低等原因，导致城镇环境质量较差，改善城镇的生存环境也是当地居民共同希望解决的问题。因此，城镇居民对环境保护方面的需求也较高。从图 4-4 中我们还可以发现，城市地区的居民对农业用地安排与城市发展规模知识的需求程度明显偏低，而乡镇和乡村地区的居民对交通基础设施与商业点建设选址的关注度较低。这些调查研究结果都与居民不同的生活环境有很大的关系。

8. 年龄对公众城乡规划知识需求程度的影响

本问卷共计调查18～30岁年龄段居民337人，31～40岁年龄段31人，41～50岁41人，50岁以上50人。不同年龄段公众对城乡规划知识的需求情况如图4-5所示。

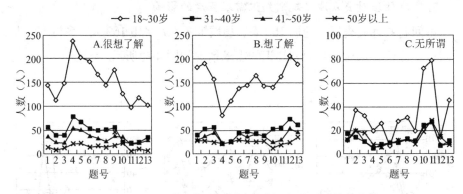

图4-5 不同年龄段公众对城乡规划知识的需求情况比较

图4-5中可以看出，不同年龄阶段居民对城乡规划知识的需求大体上具有一致性，但对某些知识的需求程度存在较大的差别。在公众最为关心的住房问题上，31～40岁年龄段公众对该知识的需求程度居于首位，其次是18～30岁年龄段和41～50岁年龄段，50岁以上年龄段位居最后。这种情况的出现与31～40岁年龄段的公众大多正处于组建家庭或创业阶段有很大的关系。50岁以上年龄段的公众一般处于生活的稳定期，相对于其他年龄阶段的公众来说，对生活环境的要求较低，所以他们对城乡规划知识的需求程度普遍偏低。18～30岁年龄段公众对环境保护、工厂布局、科教文卫等公共服务设施的选址及参与城乡规划意愿等方面知识的需求程度都较高，这一方面体现了他们关注未来社会的发展与建设，另一方面也暗示了未来教育中加强公众城乡规划素养的重要性。

4.5.4　结论与建议

1. 研究结论

通过对上述调查结果的具体分析，主要概括出以下研究结论：

（1）公众参与城乡规划的意愿较高，但需完善公众参与城乡规划的渠道

城乡规划是一项全局性、综合性、战略性很强的工作。若规划者对所在区域公众的实际生活不太了解，所作的相关规划可能会影响到居民的实际生活，或者所作的规划并不符合当地的实际情况，而公众参与城乡规划就可以弥补这一点的不足。公众参与城乡规划为利害关系人表达利益要求提供了平台，为保护个人和组织的合法权益创造了条件，进而提升了规划决策的科学性和利民性。公众参与城乡规划的论证、咨询和决策已经越来越普遍和深入。在本次调查样本中，有高达92.3%的公众愿意参与所在地区的城乡规划，可以看出多数公众已经具有了参与城乡规划的主人翁意识。

但通过调查也发现，居民参与城乡规划的机会和居民反映有关城乡规划建议的渠道均较少。在本次调查中，有87%的公众想了解应该向哪些部门反映与城乡规划有关的问题和建议。因此，政府相关部门有必要建立多层次、多渠道的信息交流平台，确保规划信息的公开透明，使公众能够了解相关规划信息，并进一步参与到规划当中。此外，公众参与城乡规划还需要从法律上加以保证。从法律制度上保障公众的知情权、监督权、质询权、参与权、决定权的行使，保证公众的合法地位，使公众能够在参与城乡规划的过程中，提出自己的意见和建议，监督相关部门的行为，维护自身的合法权益。

（2）公众比较关注与自身利益密切相关的城乡规划问题，关注程度的高低受个人基本情况的影响

在对公众的走访中发现，他们很愿意表达与自己的日常生活关系密切的城乡规划问题。由问卷调查的统计数据也得知，公众对与自身利益密切相关的城乡规划知识需求较大。如公众普遍对购房、房产估值、环境保护及社会公共服务设施的建设布局关注度较高；而对距离自己日常生活较远的问题关注度较低，如城市的发展规模与合理人口容量问题。

公众对城乡规划知识的需求程度还或多或少受到自身基本情况的影响。性别对公众城乡规划知识需求程度的影响不明显，男女两性对城乡规划知识的需求基本上一致。在文化程度方面，不同文化程度的被调查者对城乡规划知识的需求程度总体上与其学历呈正相关，初中及以下学历的人群对城乡规划知识的需求程度偏低，其参与城乡规划意识也比较薄弱，而本科以上学历的居民对城乡规划知识的需求程度较高。在家庭住址方面，不同家庭住址公众对城乡规划知识的需求总体上具有一致性，但由于其生活环境的影响，乡村和乡镇对农业用地安排方面的问题关注度较高。在年龄方面，不同年龄阶段公众对城乡规划知识的需求大体上具有一致性，但由于各个年龄段公众关注问题的不同，导致对某些知识的需求程度存在较大的差别。如，31～40岁年龄段公众对住房问题的关注度最高；50岁以上年龄段公众对该问题的关注度最低；18～30岁年龄段公众，作为未来社会建设的主力军，他们对环境保护、工厂布局、科教文卫等公共服务设施的选址及参与城乡规划意愿等方面都表现出较高的关注度。

（3）普及城乡规划知识势在必行

由调查可知，公众参与城乡规划的意愿较高，但公众缺乏城乡规划知识的现象却很普遍。因此，若要提高公众参与城乡规划的效果，向公众普及基本的城乡规划知识势在必行。

2.《城乡规划》课程完善建议

在我国新一轮基础教育课程改革中，改革的目标是希望把长期影响我国中小学的"应试教育"引向"素质教育"，也就是说，中小学的教育不仅仅是为升入高一级学校的考试做好准备，更重要的是要为我国现代化社会的发展，培养具有科学与人文素养、具有社会公德与责任感、具有创造精神与实践能力、具有国际视野和民族意识的公民。而且在高中地理课程改革中，强调把"培养现代公民必备的地理素养"作为基本理念之一，设置了3个必修模块和7个选修模块。由于高中处于从基础教育向高等教育的过渡阶段，高中毕业后，可能一部分人进入大学继续深造，一部分人步入社会参加工作，因此，在基础教育阶段对学生进行城乡规划知识教育，加强他们的城乡规划能力的培养，对于提高整个社会公众参与城乡规划的有效性至关重要。由调查也发现，18～30岁年龄段居民参与城乡规划的意愿最高，这说明随着社会的发展和时代的进步，公众逐渐认识到参与城乡规划的价值与重要性。那么，高中生应该了解哪些城乡规划知识呢？根据本次调查研究结果，对高中城乡规划课程提出以下完善建议：

（1）强化与日常生活联系密切的内容

从调查中可以明显看出，公众最想了解与自己日常生活联系最为密切的城乡规划知识。以人教版《城乡规划》教材为例，公众需求程度较高的知识主要集中在第四章"城乡建设与人居环境"和第三章第三节"城乡规划中的主要产业布局"；其次是第一章第一节"城市化与城市环境问题"和第二章第二节"城镇布局与协调发展"、第三节"城乡特色景观与传统文化的保护"。这些知识都与公众的日常生活息息相关，是实用性较强的城乡规划知识。建议适当增加这些内容的篇幅，在相关理论学习的基础上，以案例为载体，详细阐述城乡规划知识的具体运用。

（2）增强课程内容的时代性与本土性

随着社会的发展，某些城乡规划知识的内涵会得到丰富或更新。如城市环境问题除了常见的各种环境污染问题外，近两年的雾霾问题也有"独占鳌头"之势；随着人们对精神生活追求的日益高涨，对居住小区的环境评价及基础设施建设方面的知识也将得到丰富。课程在加强基础性知识讲授的同时，也应与时俱进，紧贴社会发展的实际和人民大众的生活需求。针对目前人们认为高中城乡规划模块专业性较强、教学难以驾驭的状况，建议教材中增加我国各地有代表性的、具有典型特征的教学案例，加大以案例为载体的学习方式，强化城乡规划知识与日常生活的联系，以利于学生理解和接受。考虑到课程难以兼顾全国各地区的实际情况以及具有一定的滞后性，建议教师在教学过程中，适当地开发乡土地理教学案例，多采取活动教学的方式，加强与学生日常生活的联系。

（3）增强与必修课程"地理2"中内容的衔接

城乡规划课程中有关城市化与城市环境问题、城市土地利用与功能分区、城市空间形态及城镇合理布局与协调发展等内容，与必修课程"地理2"中有关城市地理的内容有较大的重复或联系，建议缩减相关内容所占比例或把相关的内容融合到必修课程中进行讲授。如，城市土地利用与功能分区及城市空间形态与必修"地理2"中的城市内部空间结构方面的内容有较大的重复与联系，建议这部分内容放到必修课程中进行讲授，以增强学生学习知识的系统性；城镇合理布局与协调发展和必修"地理2"中城市的不同等级及其所具有的服务功能有很强的联系，正是由于不同等级的城市的服务类型和服务范围的不同，导致了不同等级的城市在空间地域上的组合不同，建议增强必修课程中该部分知识教学的整体性和系统性，适当缩减选修课程中的相关内容。

4.6 高中城市地理知识的选择

施良方在其《课程理论—课程的基础、原理与问题》一书中指出，在选择课程内容时要注意以下几项基本准则：①注意课程内容的基础性；②应贴近社会生活；③要与学生和学校教育的特点相适应。课程内容选择要能注意到学生的兴趣、需要和能力，要为学生将来的发展打下良好的基础。王民教授在其《地理课程论》[68]中也提出了地理课程内容选择的类似的准则。地理课程内容的选择首先要具有基础性，即应充分考虑知识和技能在学科领域中的重要性。地理学科的基础知识要反映特定时期的地理课程目标的要求，有利于地理技能和能力的培养。除此之外，还可以从以下三个方面来判断：①反映地理学科基本结构的知识；②在较长时期被人们采用的地理知识；③世界各国地理课程中采用率高的知识。首先需要注意的是，重基础并非重传统。学生总是生活于特定时代，课程内容总是隶属于特定时代并体现特定时代精神。因此课程内容的选择应顺应时代的发展，向时代开放，与时俱进。其次，地理课程内容应贴近社会生活。地理课程内容要满足社会需要，就要考虑到不同国家的国情是不同的。这包括两个方面：①地理国情（国情——国家那些能够影响乃至决定未来发展进程的政治、社会、自然、经济等方面相对稳定的、总体性的客观情况和特点[69]）；②发展阶段（如我国目前正处于城镇化快速发展阶段）。最后，地理课程内容要与学生和学校教育的特点相适应。被选择出来的地理知识最终是为学生用的，因此必须与他们的年龄特征、心理特点相适应，要考虑学生的兴趣、爱好。

以上 3 个准则分别是从地理学科、社会需要、学生发展 3 个方面对地理课程内容的选择提出的要求。城市地理学作为地理学中人文地理学的一个重要分支，其课程内容的选择也应该遵循这 3 个方面的准则。

通过前面对高中地理课程中城市地理知识的选取进行历史回顾和国际比较，可以总结出我国高中地理课程在较长时期采用的城市地理知识和国际高中地理课程中采用率高的城市地理知识。通过对我国城市地理学研究状况的分析，可以了解我国城市地理学的发展现状及其发展趋势。通过第 3 章的现状调查，了解了高中教师和学生对城市地理知识的需求。高中教育的特点也在前面进行了分析，即普通高中教育是基础教育的有机构成，是连接基础教育和高等教育的重要环节，是为每位学生的终身发展奠定基础的教育。高中课程内容的选择应"既进一步提升所有学生的共同基础，同时更为每一位学生的发展奠定不同基础"。

在地理课程内容选择的第二个准则"贴近社会生活"方面，这里仅对我国社会发展的阶段进行分析，主要是分析城市发展的状况。因为一个国家处于不同的发展阶段，联系现实和贴近社会生活的方面会有所不同。我国目前正处于城镇化快速发展时期，大规模的城乡规划与建设正在进行，这与处于城市化后期（城市化速度趋缓甚至停滞）的发达国家相比，在选择联系现实和贴近社会生活的高中城市地理知识时，就会有所不同。我国高中重视讲述城市化知识，而西方发达国家的城市化高峰已过，城市化在高中已不是重要的内容。随着城市化的不断推进和城市数量的增多，城市的合理布局与协调发展也将成为城市发展的重要议题。另一方面，贴近社会必须考虑目前与未来的关系。课程知识的选择不仅要关注现在，也要注意目前与未来的关联。因为现在的学生以后都要步入社会，而社会是在发展变化的，因此课程知识的选择要具有前瞻性，要为学生适应未来社会奠定基础。例如，随着我国城市化的快速推进，越来越多的人生活在城市里，了解城市中产业布局的一些知识，可以为他们以后在城市中生活提供帮助。

任何一门课程都不可能把该学科的理论、方法、事实全部传授给学生，选择能够反映该学科基本结构的知识是首要考虑的（如选择城市地理学的一些基本原理：城市为什么形成、位于哪里、如何发展、内部怎么排列的，等等）。城市地理学科的基本结构可以从研究城市的角度去考虑，即从区域和城市两种地域系统中考察城市的空间组织——区域的城市空间组织和城市内部的空间组织。前者把城市作为区域中的一个"点"，研究城市总体的发展过程和特征，研究城市与城市之间的关系等，即城市化和城镇体系的研究内容；后者把城市作为一个"面"，研究城市内部的空间构成及其关系，也就是城市地域形态和地域结构的研究内容。

综合以上对高中地理课程中城市地理知识选择准则的分析，结合前面对高中城市地理知识选取的历史回顾和国际比较、文献查阅与实证调查（表4-19至表4-22），认为我国高中地理课程中应该选择的城市地理知识如4-23所示。

高中师生对城市地理知识需求的调查分析 表 4-19

希望指数	学生希望选取的城市地理知识	教师希望选取的城市地理知识
高 ↓ 低	城市特色景观与传统文化的保护 **城市的功能** **城乡规划与可持续发展** 地域文化对城市的影响 **城市化** **城市土地利用与空间结构** 城市的形成与发展 城市区位的选择 城镇合理布局与协调发展 城乡差别与联系 城市形态	城市区位的选择 **城市化** **城市的功能** **城市土地利用与空间结构** **城乡规划与可持续发展** 城镇合理布局与协调发展 城市的形成与发展 城市特色景观与传统文化的保护 地域文化对城市的影响 城乡差别与联系 城市形态

注：黑体代表师生选择相同部分。

我国历史上高中地理课程中出现次数较多的城市地理知识 表 4-20

主题	城市地理知识点
城市化	城市的形成与发展、城市化的进程、城市化过程中的问题
可持续发展与城市规划	城市合理规划
中心地理论及其运用	城市的区位因素、中心地理论的基本内容
城市内部空间结构	城市功能分区、城市地域结构模式

一些国家和地区高中地理课程中选取较多的城市地理知识　表 4-21

主题	城市地理知识点
城市内部空间结构	城市土地利用或功能分区、城市地域结构模式、城市或乡村空间形态
城市化	城市或乡村的形成与发展、发达国家与发展中国家城市化进程的比较、城市化所产生的问题
城市问题	内城衰落
中心地理论及其运用	城镇功能、城镇等级（或规模）、城镇体系、城镇区位的选择、中心地理论、城市（或乡村）的分类
城乡规划与可持续发展	城市规划的原则与方法、城市特色景观与传统文化的保护

公众对城乡规划知识需求的调查分析　表 4-22

需求程度	城乡规划知识
高 ↓ 低	**居住区的选址和布局** **工业区的选址和布局** **科教文卫及休闲设施建设选址** 城市环境问题与保护 新老城区及城乡协调发展 **交通基础设施建设选址** **商业设施建设选址** 城市文物古迹保护 农业用地布局 城市合理人口容量与城市规模

注：黑体代表师生选择相同部分。

我国高中地理课程中应该选取的城市地理知识　表 4-23

主题	城市地理知识点
城市内部空间结构	城市土地利用或功能分区、城市地域结构模式、城市或乡村空间形态（仅作了解）
城市化	城市的形成与发展、城市化所产生的问题、世界城市化进程
中心地理论及其运用	城市的功能、城市区位的选择、城镇等级（或规模）、城镇合理布局与协调发展、中心地理论（仅作了解）
城市问题	城市环境问题、交通问题、居住问题
城乡规划与可持续发展	城乡规划的原则与方法、城市特色景观与传统文化的保护
城市景观	地域文化对城市的影响

通过分析表 4-24 中城市地理"内容要求"，发现我国新版课标在保留有城市内部空间结构、城镇体系、城镇化等基础或优势知识的基础上，加强了乡村地理、地域文化与城乡景观、城市经济发展、新型城镇化等内容的设置，符合我国国情与城乡发展实际以及经济快速发展的事实，体现了社会的新发展；弱化了城乡规划基本理论的学习，更注重了规划知识在实践中的应用。总体上符合上述综合分析得出的城市地理知识选择的预期。此外，建议必修课程中的"城市地理"部分设置城市地理学的基本理论——城市地域结构模式与中心地理论等，要求学生了解其产生背景与形成过程，以激发科学探究的好奇心与实事求是的科学态度。

《普通高中地理课程标准（2017 年版 2020 年修订）》

中城市地理"内容要求"　　　　　　　　　　表 4-24

高中地理必修"地理 2"中的城市地理"内容要求"
2.2 结合实例，解释城镇和乡村内部的空间结构，说明合理利用城乡空间的意义。
2.3 结合实例，说明地域文化在城乡景观上的体现。
2.4 运用资料，说明不同地区城镇化的过程和特点，以及城镇化的利弊
高中地理"选择性必修 2"中的城市地理"内容要求"
2.3 以某大都市为例，从区域空间组织的视角出发，说明大都市辐射功能。
2.4 以某地区为例，分析地区产业结构变化过程及原因。
2.5 以某资源枯竭型城市为例，分析该类城市发展的方向
高中地理选修 6 中的"城乡规划"方面"内容要求"
6.1 举例说明城市的形成和发展，归纳城市在不同阶段的基本特征。
6.2 举例说明不同地理环境中乡村聚落的特点，并分析其成因。
6.3 结合实例，分析城镇与乡村的空间形态和景观特色。
6.4 运用资料，阐述新型城镇化的内涵和意义。
6.5 举例说明促进城镇合理布局和协调发展的途径。
6.6 举例说明交通运输对城市分布和空间形态的影响。
6.7 运用资料说明城乡规划的主要作用和重要意义，了解城乡总体规划的基本方法。
6.8 结合实例，说明城乡规划中工业、农业、交通运输业、商业的布局原理。
6.9 结合实例，评价居住小区的区位与环境特点。
6.10 运用资料，说明保护传统文化和特色景观应采取的对策

参考文献

[1] 裴家常 . 城市地理学 [M]. 成都：成都地图出版社，1992.

[2] 宁越敏 . 西方国家的城市地理学 [J]. 城市问题，1985（2）：29-34.

[3] 樊杰 . 中国人文地理学 70 年创新发展与学术特色 [J]. 中国科学：地球科学，2019，49（11）：1697-1692.

[4] 许学强，周素红 . 20 世纪 80 年代以来我国城市地理学研究的回顾与展望 [J]. 经济地理，2003（4）：433-438.

[5] 阎小培，林彰平 . 近期西方城市地理研究动向分析 [J]. 地理学报，2004（59）：80-82.

[6] 周春山 . 城市空间结构与形态 [M]. 北京：科学出版社，2007.

[7] 许学强，周一星，宁越敏 . 城市地理学 [M]. 北京：高等教育出版社，1999.

[8] 宋金平 . 聚落地理专题 [M]. 北京：北京师范大学出版社，2001.

[9] 课程教材研究所 . 高中地理选修 4《城乡规划》教师教学用书 [M]. 北京：人民教育出版社，2005.

[10] 王郁 . 日本城市规划中的公众参与 [J]. 人文地理，2006（4）：35-37.

[11] Yuen C W, Cho W C, Pun K S. Issues in Geography 5[M]. 香港：文达出版(香港)有限公司，2004.

[12] 任致远 . 城市问题的辩证思考 [J]. 城市发展研究，2004，11（5）：33-34.

[13] 朱竑，郭建国 . 城市规划中文化因素刍议 [J]. 热带地理，1998，18（4）：311.

[14] 张钦楠 . 阅读城市 [M]. 北京：三联书店，2004.

[15] 陈尔寿 . 地理教育与地理国情 [M]. 北京：人民教育出版社，1998.

[16] 李廷翰 .（中华）中学地理教科书 [M]. 中华书局印行，1918.

[17] 严重敏 . 城市与区域研究（严重敏论文选集）[M]. 上海：华东师范大学出版社，1999.

[18] 张其昀 . 人生地理教科书 [M]. 北京：商务印书馆，1925.

[19] 王均衡 . 初中本国地理教科书（上卷）[M]. 北平：北平立达书局，1933.

[20] 王均衡 . 初中本国地理教科书 [M]. 北平：北方学社，1936.

[21] 中国经济地理（下册）[M]. 北京：人民教育出版社，1953.

[22] 中国地理（下册）（第二版）[M]. 北京：人民教育出版社，1964.

[23] 世界地理（下册）（第三版）[M]. 北京：人民教育出版社，1980.

[24] 王恩涌，赵荣，张小林，等 . 人文地理学 [M]. 北京：高等教育出版社，2000.

[25] 高中《地理（下册）》（第三版）[M]. 北京：人民教育出版社，1984.

[26] 顾朝林 . 经济全球化与中国城市发展——跨世纪中国城市发展战略研究 [M]. 北京：商务印书馆，1999.

[27] 袁书琪 . 普通高中课程标准实验教科书　地理·必修 2[M]. 北京：人民教育出版社，2004.

[28] 王民 . 普通高中课程标准实验教科书　地理·必修 2[M]. 北京：中国地图出版社，2007.

[29] 朱翔，陈民众 . 普通高中课程标准实验教科书　地理·必修 2[M]. 长沙：湖南教育出版社，2004.

[30] 王建，邹健 . 普通高中课程标准实验教科书　地理·必修 2[M]. 济南：山东教育出版社，2004.

[31] 李小建 . 普通高中课程标准实验教科书　地理·选修 4[M]. 北京：人民教育出版社，2005.

[32] 王民 . 普通高中课程标准实验教科书　地理·选修 4[M]. 北京：中国地图出版社，2007.

[33] 朱翔，陈民众 . 普通高中课程标准实验教科书　地理·选修 4[M]. 长沙：湖南教育出版社，2004.

[34] 王建，邹健 . 普通高中课程标准实验教科书　地理·选修 4[M]. 济南：山东教育出版社，2006.

[35] 中华人民共和国教育部 . 普通高中地理课程标准（2017 年版 2020 年修订）[S]. 北京：人民教育出版社，2020.

[36] 袁书琪，刘健.普通高中教科书　地理必修第二册 [M].北京：人民教育出版社，2019.

[37] 王建，仇奔波.普通高中教科书 地理必修第二册 [M].济南：山东教育出版社，2019.

[38] 王民.普通高中教科书　地理必修第二册 [M].北京：中国地图出版社，2019.

[39] 朱翔，刘新民.普通高中教科书　地理必修第二册 [M].长沙：湖南教育出版社，2019.

[40] Yuen C W, Cho W C, Pun K S. Issues in Geography 5[M]. 香港：文达出版（香港）有限公司，2004.

[41] 刘鸿喜.高中地理教科书（4）[M].台中：正中书局，2001.

[42] Urban Geography: Topics in Geography, Number 1 [J]. National Council for Geographic Education, 1966, 5.

[43] Inside the City. Evaluation Report from a Limited School Trial of a Teaching Unit of the High School, 1966.12.

[44] Kurfman, Dana. High School Geography Project: Geography of Cities. Abbreviated Evaluation Report [R]. High School Geography Project, Boulder, Colo. National Science Foundation，Washington, D.C.1968.

[45] Petersen. Discovering Geography: Teacher Created Activities for High School and Middle School (Guides - Classroom Use Guides (For Teachers)) [M]. National Geographic Society, Washington, DC.1988.

[46] National Assessment Governing Board. Geography Framework for the 2018 National Assessment of Educational Progress [M]. Washington, DC, 2018.

[47] 吴巧新，吴殿廷，刘睿文，等.美国地理学百年发展脉络分析——基于《Annals of the Association of American Geographers》学术论文的统计分析 [J].地球科学进展，2007.

[48] David W. Key Geography for GCSE Book1[M]. Stanley Thrones, 1994.

[49] Peter W. Settlement and Population [M]. Oxford: Oxford University Press, 1993.

[50] 矢田俊文.地理 B[M].东京：东京书籍版，2003.

[51] Tan K S, Tan T S, Chia C W. Secondary School Geography 3 (express course) [M]. Singapore: Pan Pacific Book Distributors (S) Pte Ltd, 1988.

[52] Hashim A, Tan K S, Tan T S. Secondary School Geography 4 (express course) [M]. Singapore: Pan Pacific Book Distributors (S)Pte Ltd, 1987.

[53] Principles of Geography: Part II [M]. 1997.

[54] 钟启泉.课程论 [M].北京：教育科学出版社，2007.

[55] 周一星.城市地理学 [M].北京：商务印书馆，1995.

[56] 世界城市化的时空分布特点（摘自《中国城市导报》）[J].人口学刊，1990，45.

[57] 姚士谋，朱振国，陈爽，等.香港城市空间扩展的新模式 [J].现代城市研究，2002，（2）：61.

[58] 李非.论台湾城市化的形成与发展 [J].台湾研究集刊，1987，（4）：48.

[59] 曹骥赟.印度城市化进程对中国城市化的启示——兼比较两国城市化进程 [J].延边大学学报（社会科学版），2006，（2）：63.

[60] 谢守红.当代西方国家城市化的特点与趋势 [J].山西师范大学学报（自然科学版），2003，（4）：75-79.

[61] 宫玉波.世界城市化发展特点之浅析 [J].现代商业，2007，16（108）：168.

[62] 杨永春.近二十年来中国城市地理学研究进展 [J].兰州大学学报（社会科学版），2001，29（5）：88.

[63] 沈建法.海外中国城市地理研究进展 [J].世界地理研究，2007，16（4）：28-29.

[64] 甄峰，徐京天，席广亮.近十年来国内外城市地理研究进展与展望 [J].经济地理，2021，41（10）：87-94.

[65] 钟启泉.普通高中新课程方案导读 [M].上海：华东师范大学出版社，2003.

[66] 中华人民共和国教育部.普通高中地理课程标准（实验）[M].北京：人民教育出版社，2003.

[67] 张广花，王晓俊，邹宁.公众参与视阈下高中地理《城乡规划》课程内

容优化探讨——以河南省为例 [J]. 天津师范大学学报（基础教育版），
2017，18（4）：60-63.

[68] 王民 . 地理课程论 [M]. 南宁：广西教育出版社，2001.

[69] 朱鹤健 . 地理学思维与实践 [M]. 北京：科学出版社，2018.

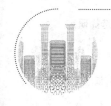

第5章 高中城市地理知识组织研究

前一章探讨了高中地理课程中应该选择哪些城市地理知识，本章我们将探讨这些城市地理知识在教材中是按照哪些顺序进行组织的，主要从纵向与横向的视角分析我国历史上和当代国内外高中地理课程中城市地理知识的组织特点，以期把握高中城市地理知识的组织结构与逻辑，为目前与未来教材的编写提供参考。

5.1 课程组织的基本理论

为了使学生的各种学习有效地联系在一起，还需要对选择出来的课程内容进行有效地组织。这里所讲的课程组织，是指教育机构在形成课程理念、确定课程目标、选择课程内容后，有目的、有计划地将课程内容转化为学生的学习经验，并将学习经验序列化、整合化、连续化的过程[1]。关于课程内容组织的问题，历来有不同的观点。有些人把注意力放在学科结构上，认为学科体系比学生自己的经验要重要得多；有些人认为学生是起点、是中心，学生的成长和发展便是理想之所在。前者主张课程组织的逻辑顺序，后者主张课程组织的心理顺序。

德国学者赫尔巴特（J.E.Herbart）是教育史上最早真正试图把教育学建立在心理学基础上的人。其提出的"观念联合说"（association of ideas）尤其注重教材内容的排列和教学的步骤。认为重要的不是个别知识，而是知识的整体；旧的观念一经组织成为心灵的一部分，便会对新观念的接受产生制约作用，新观念只有与旧观念相联合，才能使新旧观念相类比。奥苏伯尔也有类似的认识，他认为影响学习的最重要的因素是学生已知的内容，在设计课程时要据此进行相应的教学安排。只有当学生把课程内容与他们自己的认知结构联系起来时，才会发生有意义的学习，即"同化"是有意义学习产生的心理机制。课程设计的一个重要的任务便是对每一门学科的各种概念加以鉴别，按照其包摄性、概括性程度，组织成有层次的、相互关联的系统：先呈现最一般的、包摄性最广的概念，然后逐渐呈现越来越具体的概念。目的是使前面学到的知识成为后面学习知识的固定点，以便产生新旧知识的同化，即"逐渐分化"（progressive differentiation）原则。但是有时学科内容与学生已有的知识相矛盾，难以被同化；或有时课程内容无法按纵向的形式进行组织，便需要采用"整合协调"（integrative reconciliation）原则。以上二者较强调学生已有的观念与认知对未来学习的影响，注重课程组织的心理顺序与演绎法。

而布鲁纳认为，思维方式是各门学科所使用的方法的基础。"对一门学科来说，没有什么比它如何思考问题的方法更为重要的事情。"，他认为"任何学科的基本原理都可以用某种形式教给任何年龄的任何人"，促使人们去思考最佳的学科结构问题。他注重课程组织的逻辑顺序和归纳法。这些都对我们当前的教材组织与教学设计具有很大的影响和启发。《高中地理课程标准（实验稿）》指出"为了实现教科书的多样化，使教科书成为教师创造性教学和学生主动学习的重要资源，依据同一课程标准编写的教科书可以有不同的结构。结构是否合理，可以从是否具有内在的逻辑关系、是否便于学生学习等方面考虑"[2]。可见课程组织需要同时考虑学科的逻辑顺序和学生的心理与认知水平，二者缺一不可。

泰勒在分析了逻辑顺序与心理顺序的关系之后，从课程对学生心理所产生的意义的角度提出了课程组织的 3 个原则：①连续性，即直线式地陈述课程内容；②顺序性，强调后继的内容要以前面内容为基础，同时不断增加广度和深度；③整合性，即要注意各门课程的横向关系，使学生获得一种统一的观点，并把自己的行为与所学内容统一起来。逻辑实证主义者提出，课程安排要遵循由简至繁、从直观到抽象的逻辑顺序。除了要决定学科的先后顺序，即除先教简单的学科后教复杂的学科之外，还要注意每门学科内容由简至繁的排列。

施良方在其《课程理论—课程的基础、原理与问题》中指出，下面几对关系是我们在组织课程内容时经常会碰到的，即课程组织的原则：①纵向组织与横向组织。纵向组织，或称序列组织，就是按照某些准则以先后顺序排列课程内容。一般来说，按照从已知到未知、从具体到抽象的顺序来排列。横向组织即要求打破学科的界限和传统的知识体系，主张用一些所谓的"大观念""广义概念""探究方法"作为课程内容组织的要素。②逻辑顺序与心理顺序。前者指根据学科本身的系统和内在的联系来组织课程内容；后者指按照学生心理发展的特点来组织课程内容。目前越来越多的人倾向于追求学科的逻辑顺序与学生的心理顺序的统一。③直线式与螺旋式。前者就是把一门课程的内容组织成一条在逻辑上前后联系的直线，前后内容基本上不重复；后者又称圆周式，指在不同阶段上使课程内容重复出现，但逐渐扩大范围和加深程度。美国学者布鲁纳则明确主张采用螺旋式课程。他认为课程内容的核心是学科的基本结构，学生应该从小就开始学习各门学科最基本的原理，以后随着学年的递升而螺旋式的反复，逐渐提高。他的思想对美国中小学的课程组织产生了很大的影响。

5.2 我国高中城市地理知识组织的历史回顾

20世纪80年代以前，我国高中地理课程中的城市知识主要是对单个城市进行介绍，编排方式简单。本节仅对80年代以来的高中城市地理知识的组织进行分析。

5.2.1 1981—1996年高中城市地理知识组织结构的分析

这一阶段的高中地理教材是在1982年版本的基础上不断修改完善的。高中城市地理知识的选择和组织基本上没有发生变化，仅个别内容的表述发生一点改变。这里以1982年和1995年的教材版本为例，分析该时期高中地理教材中城市地理知识的组织结构。这两本教材中有关城市地理内容的章、节、目如表5-1所示。

1981—1996 年高中地理教材中城市地理部分的章、节、目列举　表 5-1

1982 年（第一版）	1995 年（第四版）
第十章 人口与城市 第三节　城市的发展和城市化问题 ◆　城市的形成和发展 ◆　城市化及其进程 ◆　城市化过程中产生的问题 ◆　制定城市规划，保护和改善城市环境 第四节　我国城市的发展 ◆　建国以来城市发展的特点 ◆　我国城市建设的前景	第十章 人口与城市 第三节　城市的发展和城市化问题 ◆　城市的形成和发展 ◆　城市化及其进程 ◆　城市化过程中产生的问题 ◆　制定城市规划，保护和改善城市环境 第四节　我国城市的发展 ◆　新中国城市发展的特点 ◆　我国城市建设的前景

　　教材分两节讲述城市地理内容。在"第三节　城市的发展和城市化问题"中，教材按照城市形成发展、城市化、城市化产生的问题、解决问题的顺序进行编排的。在"第四节　我国城市的发展"中，分两个时间段进行分析。各部分内容之间的关系如图 5-1 所示。可以看出，教材组织总体上是按照城市发展的时间顺序进行安排的，一方面符合事物发展的逻辑，另一方面也符合学生的认知规律，体现了学科逻辑与心理顺序的统一。

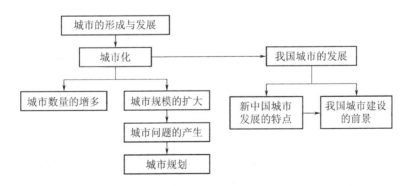

图 5-1　地理教材中城市地理知识的逻辑结构

　　城市是聚落的高级形式，是社会进步的标志，是人类文明的结晶。它不仅是工业生产的集中地，也是巨大的消费中心。大城市还往往是行政中心和文化中心。城市的物质条件与生活方式对农村人口产生了强大的吸引力。在人们的精神世界中，城市被罩上了绚丽的光环。于是，大批的人口涌向城市，开始了城市化进程。城市化促使城市数目增多,城市的人口和用地规模扩大。随着城市化进程的加快,城市人口迅速增长,城市规模急速扩大,造成了一系列诸如就业、住房、交通、环境等城市问题的产生。这样不但对经济发展不利,反而会成为社会经济向前发展的障碍。为了保护和改善城市环境,对城市进行合理规划成为政府管理部门的必然选择。"第四节 我国城市的发展"一方面对新中国成立以来城市发展的特点与经验进行总结,另一方面结合我国城市发展的实际,提出我国未来城市发展的基本方针。总体上来说,这一阶段高中地理教材中的城市地理内容是按照事物发生发展的顺序进行编排的。

5.2.2 1996—2003 年高中城市地理知识组织结构的分析

该阶段高中地理必修和选修教材中各有一章城市地理内容。必修教材中城市地理内容的章、节、目如表 5-2 所示。从表中可看出,试验修订本删去了试验本中的一些内容(删去了乡村聚落类型、城市的分布及城乡关系),并对部分内容进行了修改(把"城市环境质量下降"修改为"城市化过程中产生的问题",更为科学合理,因为城市化过程中产生的不仅仅是环境问题)。这一阶段高中地理教材中的城市地理内容大体上也是按照事物发生发展的顺序进行编排的,尤其在修订版本中表现得更明显。随着原始畜牧业和原始农业的出现,人们定居下来的可能性和必要性愈来愈明显,逐渐地,许多萌芽状态的村落发展成为定型的乡村。农业生产技术的创新,使农业生产有了一定的剩余产品,这是城市起源的物质基础。随着社会的第二次大分工——手工业与农业的分离,出现了直接以交换为目的的商品生产,由刚开始的集市逐渐演变为城市。城市的出现就必定占据一定的场所,城市如何选择所处的位置,主要受自然地理因素和社会经济因素的影响。城市化的出现促使城市数量增多、城市规模扩大。随着城市规模的扩大,产生了一系列的城市问题,于是,寻求问题的解决途径就成为必然。该阶段高中城市地理知识的逻辑结构如图 5-2 所示。

1996—2003 年高中地理必修教材中城市地理部分的章、节、目列举　表 5-2

1997 年（试验本）	2000 年（试验修订本）
第六单元　人类的居住地——聚落	第六单元　人类的居住地与地理环境
6.1　乡村聚落 　　乡村的形成 　　乡村聚落类型	6.1　聚落的形成 　　乡村的形成 　　城市的起源
6.2　城市的起源与分布 　　城市的起源 　　城市的分布	6.2　城市的区位因素（一） 　　地形与城市区位 　　气候与城市区位 　　河流与城市区位
6.3　城市的区位因素（一） 　　地形与城市区位 　　气候与城市区位 　　河流与城市区位	6.3　城市的区位因素（二） 　　自然资源与城市区位 　　交通与城市区位 　　政治、军事、宗教与城市区位 　　城市区位因素的发展变化
6.4　城市的区位因素（二） 　　自然资源与城市区位 　　交通与城市区位 　　政治、军事、宗教与城市区位 　　城市区位因素的发展变化	6.4　城市化 　　城市化的含义 　　世界城市化的进程 　　发达国家的城市化 　　发展中国家的城市化
6.5　城市化 　　城市化的含义 　　世界城市化的进程 　　发达国家的城市化 　　发展中国家的城市化	6.5　城市化过程中的问题及其解决途径 　　城市化过程中产生的问题 　　保护和改善城市环境
6.6　城市化过程中的问题及其解决途径 　　城市环境质量下降 　　保护和改善城市环境	
6.7　城乡关系 　　城市和乡村的差别 　　城市与乡村的联系 　　乡村城镇化道路	

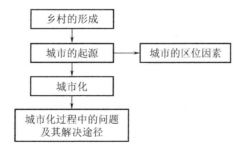

图 5-2　修订本（2000 年）教材中城市地理知识的逻辑结构

2003年版本高中地理选修教材中城市地理内容的章、节、目如表5-3所示。

2003年版本高中地理选修教材中城市地理内容的章、节、目列举　表5-3

第二单元　城市的地域结构	
2.1　城市的作用与形态 　　城市在区域中的作用 　　城市的服务范围 　　城市的地域形态 2.2　城市地域功能分区 　　住宅区 　　商业区 　　工业区	2.3　城市功能分区的结构和成因 　　城市功能分区的结构 　　城市功能分区的成因 2.4　城市的合理规划 　　城市的布局形式 　　功能区的合理布置 　　城市总体布局方案的比较

2000年《全日制普通高级中学地理教学大纲（试验修订版）》在选修课的第一部分规定的城市地理知识有中心地理论的基本内容、城市地域结构、城市规划。中心地理论是把城市作为区域中的"点"，探讨一定区域范围内城镇等级、规模、数量、职能间的关系及其空间结构的规律性，是从宏观上、较大尺度上对城市进行的研究；城市地域结构是把城市看作占据着一定土地面积的"面"，主要探讨的内容是在城市内部分化为商业、工业、仓储、交通、住宅等功能区域和城乡边缘区域的情况下，研究这些区域的特点，它们的兴衰更新，以及它们之间的相互关系，是从微观上、较小尺度上对城市进行的研究；城市规划是具有应用性质的城市地理知识，突出强调城市地理知识的应用功能及城市规划在城市发展建设中的重要作用。分析教材中城市地理内容的组织顺序，可以看出是按照从宏观到微观、先理论后应用的顺序进行编排的，在各节内部也存在知识之间的内在联系。例如，在"2.4　城市的合理规划"一节中，城市的布局形式是城市总体布局时首先要考虑的重大问题，城市用地是集中布置还是分散布置，以及组合的形式和规模，都将直接关系到城市内各功能区的用地状况。各功能区布置的合理与否，在很大程度上将决定一个城市能否最有效地进行生产和生活活动。城市总体布局反映了各项用地之间的内在联系，关系到城市各组成部分之间的合理组织。总之，城市的布局形式、功能区的合理组织、城市总体布局方案的比较都是力求使城市的各项建设得到合理的规划，以

达到既合理利用城市土地，又保护城市环境的目的。

5.2.3　小结

分析我国 20 世纪 80 年代初至新课程改革期间的高中城市地理知识的组织结构可得出，这一阶段我国高中必修地理课程中的城市地理知识大体是按照事物发生发展的顺序进行编排的，即按照从乡村的形成到城市的起源和发展，到城市化的出现和城市化过程中产生的问题，再到城市规划的顺序，更多体现的是学科逻辑顺序。选修课程中的城市地理知识是按照从宏观到微观、先理论后应用的顺序进行组织的，注重体现课程组织的心理顺序。综合以上必修和选修课程中的知识组织，可以看出必修课程中的内容较基础、具体，选修课程中的内容较抽象、概括，考虑到了学生的认知规律。

5.3　一些国家和地区高中城市地理知识组织结构的分析

本部分主要对高中地理教材中具有典型组织结构特征的城市地理内容进行分析，以期了解高中城市地理知识的组织结构有哪些类型，以及高中城市地理知识在组织时应遵循哪些原则。

5.3.1　中国高中城市地理知识组织结构的分析

1. 我国大陆高中城市地理知识组织结构的分析

前面已经提到，依据高中地理课程标准（2003 年版和 2017 年版）编写出版并投入使用的地理教材有 4 套，分别是"人教版""中图版""湘教版"以及"鲁教版"。下面分别对高中地理必修 2 与选修模块《城乡规划》教材中城市地理知识的组织结构进行分析。

（1）高中地理必修 2 教材中城市地理知识组织结构的分析

表 5-4 列出了依据 2003 年版课标编写出版的 4 个版本教材中城市地理内容的章、节、目名称。从表中可以看出，人教版、中图版、湘教版教材中城市

地理知识的编排顺序和鲁教版的恰好相反，前三者是按照城市内部空间结构、不同规模城市的服务功能（中心地理论的运用）、城市化的顺序进行编排的，而鲁教版是按照城市化、城市的服务功能、城市空间结构的顺序进行编排的。但两种编排顺序各有自己的组织逻辑：第一种编排是先"面"后"点"、先格局后过程；第二种是先"点"后"面"、先过程后格局。格局中蕴含着过程，过程又会产生新的格局。

对城市空间结构的看法，存在许多不同的见解。国外流行的观点认为，城市空间结构是城市功能区的地理位置及其分布特征的组合关系，它是城市功能组织在空间地域上的投影[3]。南开大学经济研究所的学者认为，城市空间结构可以界定为城市内部空间结构和城市外部空间结构两部分[4]。北京大学柴彦威认为，城市空间结构专指城市内部空间结构，是城市地域内各种空间的组合状态[5]。本书所指的城市空间结构，指城市内部的空间结构，是人类的各种社会经济活动和功能组织在城市地域上的空间投影。

不同规模城市的服务功能的差异是中心地理论思想的运用。中心地理论的核心思想之一：中心地的等级越高，其所提供的商品和服务的种类就越齐全，而低等级中心地仅限于供应居民日常生活所需的少数商品和服务[6]。中心地理论是研究城市空间组织和布局时，探索城市数目、阶层、规模以及分布的一种城市区位理论。它是把城市作为一个"点"，对区域范围内城市的空间组织进行研究。城市内部空间结构是把城市作为一个"面"，对城市内部的土地利用或功能分区进行研究，研究的是城市内部的空间组织。二者研究城市的角度不同，前者是对城市的宏观研究，后者是对城市的微观研究。

城市空间结构研究的目的是促进城市土地的合理利用，使各功能区协调发展，这样，城市会以一种可持续的方式发展，城市会给人提供一种适宜的居住环境。不同等级的城市提供的服务功能不同，低等级的城市仅具有为日常生活提供便利的功能，高等级的城市除具有低等级城市提供的功能外，还具有很多专业化的功能。城市空间结构的优化与城市服务功能的完善都会引起人们向城市的迁移，从而推动城市化进程。

178

4 个版本教材中城市地理内容的章、节、目列举　　　表 5-4

版本	人教版	中图版
章节目名称	**第二章　城市与城市化** **城市内部空间结构** 城市形态 城市土地利用和功能分区 城市内部空间结构的形成和变化 **不同等级城市的服务功能** 城市的不同等级 德国南部城市等级体系的启示 **城市化** 什么是城市化 世界城市化的进程 城市化对地理环境的影响	**第二章　城市的空间结构与城市化** **城市的空间结构** 城市的空间结构 不同规模城市服务功能的差异 **城市化** 城市化的概念 城市化的进程和特点 城市化对地理环境的影响 **地域文化与城市发展** 对地域文化含义的认识 地域文化对城市的影响

版本	湘教版	鲁教版
章节目名称	**第二章　城市与环境** **城市空间结构** 城市区位分析 城市土地利用 城市功能分区和空间结构 中心地理论 **城市化过程与特点** 城市化 城市化动力机制 **第三节　城市化过程对地理环境的影响** 城市化与我们的生活 城市环境问题 我国城市发展趋势	**第二单元　城市与地理环境** **第一节　城市发展与城市化** 城市的起源与发展 城市化及其特点 城市化对地理环境的影响 **城市区位与城市体系** 城市的区位选择 城市体系 长江三角洲地区城市功能案例分析 **城市空间结构** 城市功能区 城市功能分区的成因 地域文化对城市的影响

反过来，城市化与城市空间结构、不同等级城市的服务功能也具有内在的联系。城市化的结果是某一国家或地区中生活在城市中的人口的比例的上升。城市地理学把城市化看作是一种空间地域过程类型，它在空间上的表现是现有城市规模的扩大和城市数量的增多。随着城市规模的扩大，城市的功能逐渐增多，土地利用日趋复杂，形成复杂的城市空间结构。随着城市数量的增多，就形成了具有不同规模、不同等级的城市，而不同等级的城市提供的服务功能不同。

地域文化对城市的影响很广泛，包括城市建筑、交通工具、道路、饮食、服饰、居民心理、习俗等方面，但最能体现地域文化特征的还是城市中的建筑。

城市建筑景观和格局等往往反映出地域文化对城市的影响。城市地理研究最关注地域文化对城市内部空间结构的影响。西方对城市物质空间演化、空间重构、土地利用与管理和城市形态的研究大都从社会、文化和政治经济层面进行分析，我国城市地理研究也开始注重对社会文化的分析。

城市化是一种空间地域过程，城市空间结构是从微观的角度对城市内部结构进行的研究，不同规模城市的服务功能的差异是从宏观的、区域的角度对城市规模、城市功能以及二者之间的关系进行的研究，地域文化对城市的影响是从社会文化的角度对城市内部结构进行的分析，从总体上看，课文是按照专题或主题的方式进行编排的。如果从知识内在联系的角度进行分析，城市化与城市空间结构、不同规模城市的服务功能之间，城市空间结构（城市空间结构的形成受到历史因素的影响）与地域文化对城市的影响（地域文化是城市发展的历史积累，也影响着城市的空间结构及景观特征）之间都存在知识之间的内在联系。如果从研究城市的角度进行分析，城市空间结构与不同规模城市的服务功能之间存在并列关系。这 4 方面内容之间的关系如图 5-3 所示。

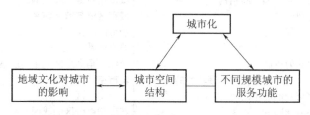

图 5-3　四方面内容之间的逻辑关系

依据 2017 年版高中地理课程标准编写出版的以上 4 个版本必修 2 教材中城市地理知识的组织如第四章中表 21 所示：人教版按照"城乡内部空间结构、城市化、地域文化对城乡景观的影响"的顺序进行编排；中图版、湘教版及鲁教版则按照"城乡内部空间结构、地域文化对城乡景观的影响、城市化"的顺序进行编排。前者一定程度上体现了先格局后过程的编排特点，后者充分体现了从格局到过程的组织特点。

（2）高中地理选修模块《城乡规划》教材内容组织结构的分析

高中地理教材是依据高中地理课程标准编写的。分析 4 个版本的《城乡规划》教材，各版本教材在呈现方式、栏目设计、语言表述等方面都存在一些差异，但不同版本教材中章、节内容的编排顺序基本一致，大体上都是按照课程标准中"内容标准"的顺序进行组织的。在此，以湘教版《城乡规划》教材为分析对象，以期把握高中《城乡规划》教材内容的组织特点。

湘教版《城乡规划》教材内容目录　　　　　表 5-5

第一章　城乡发展与城市化　　　　　　● 城乡规划中的功能分区

第一章　城乡发展与城市化
　第一节　城市的形成与发展
　第二节　城市化
　第三节　城市环境问题
第二章　城乡分布
　第一节　乡村聚落与集市的分布特征
　第二节　城市的空间形态与分布特征
　第三节　区域城镇体系
第三章　城乡规划
　第一节　城乡规划概述
　　● 城乡规划的概念与类型
　　● 城乡规划与可持续发展
　第二节　城乡规划的主要原则与基本方法
　　● 城乡规划中的土地利用

　　● 城乡规划中的功能分区
　　● 城乡规划中的项目选址
　第三节　城镇总体布局
　　● 工业布局
　　● 农业布局
　　● 城市对外交通运输布局
　　● 城市道路网布局
　　● 商业区布局
　　● 文化设施布局
第四章　城乡建设与生活环境
　第一节　人居环境
　第二节　商业布局与居民生活
　第三节　城市交通与居民生活
　第四节　城市文化设施布局与居民生活

分析表 5-5，从章标题上可以看出，各章之间是按照专题（或主题）的方式进行编排的。但如果仔细观察，它们之间也存在一定的联系。例如，第三章"城乡规划"与第四章"城乡建设与生活环境"就具有内在联系：一般是先进行规划，后进行建设，这样才能使建设有章可依，才能使建设得以合理的、有步骤的进行。体现了课程内容的纵向组织、逻辑顺序与心理顺序原则。

在章内的每节之间，也存在知识之间的内在联系。在第一章"城乡发展与城市化"中，城市的形成是对城市开展进一步研究的前提，城市化一般是指工业革命以来的城市发展，在工业革命之前已存在漫长的城市发展过程。城市化加速了人们向城市的集中，造成了一系列的城市环境问题。由分析可得出，第一章的三节内容之间存在知识之间的内在联系与发生发展的顺序性。

第二章的第一、二节，讲述了乡村、城市的空间形态与分布特征，二者是并列关系。第三节"区域城镇体系"讲述的是使一个国家或地区内，不同等级、不同职能而又联系密切的城镇实现合理布局与协调发展的一种途径。在城镇体系中，城镇规模有大有小，一般而言，规模较大、级别较高的城镇所起的作用也较大。在职能方面，每个城镇根据自身的条件和优势，发挥自己的主要功能，不同城镇在职能上各有侧重，互相补充。这样可以使每个城镇都具有明确合理的任务，使城镇向各具特色、密切协作的方向发展，优势得到最大的发挥，从而得到最佳的整体效益。在空间布局方面，城镇与城镇之间、城镇与交通网之间、城镇与区域之间有机结合，形成城镇体系网络，使城市的中心作用得以发挥，并促进城乡经济的结合，带动区域社会经济的全面发展。由此可得出，区域城镇体系有利于城乡的合理布局和协调发展，与第一、二节具有内在联系。而乡村与城市的分布特征又影响着一个区域内城镇体系的形成。聚落的分布位置往往决定聚落的空间形态类型。平原地区的聚落常常形成集中团块形的空间形态，沿河流或交通干线延伸的聚落常形成带状或线形的空间形态，地形复杂的山地丘陵地区的聚落常形成分散型的空间形态。

第三章"城乡规划"采取先概括后具体的组织方式。首先介绍城乡规划的主要内容及城乡规划对于城乡可持续发展的意义。接着从土地利用、功能分区、项目选址 3 个方面探讨城乡规划中利用土地的主要原则与基本方法。最后分别从工业、农业、交通、商业、文化方面探讨城乡规划中主要产业布局的一般原则。归根结底，就是要在规划中使城乡土地得到合理利用，促进城乡的可持续发展。

在第四章"城乡建设与生活环境"中，第一节"人居环境"与第二、三、四节之间具有内在的联系。人居环境是人类聚居生活的地表空间及与人类生活活动密切相关的环境因素的总和。包括自然系统、人类系统、社会系统、居住系统和支撑系统五大系统。其中自然系统和人类系统是基本系统，其余 3 个系统则是人工创造和建设的结果。居住系统主要指住宅、相关建筑及社区设施等，其中社区设施涉及文化设施与商业设施。支撑系统主要包括给水排水、能源供应等公共服务设施，铁路、公路、航空等交通设施，邮政、电信、网络等通信设施，涉及交通设施。第二、三、四节讲述的内容是从如何方便城乡居民的生活入手，来布置安排商业、交通及文化设施。从表面上看，这 3 节内容之间是一种并列关系，但如果从商业、文化设施的区位因素分析，就可以发现它们的布置与交通设施的布局有着密切的关系。例如，中心商务区（CBD）是城市中最容易到达的地方，商业带或商业街大多位于市中心区的交通干道上；学校主要入口尽量避免面向公路，大型体育场馆的布局要考虑是否具有方便的交通条件。换句话说，商业与文化设施的布局都要考虑其周围的交通条件。从大的方面来说，这 4 节内容之间是按照先总述、后分述的关系进行编排的，内容之间具有联系。该教材内容之间的关系可以用图 5-4 来表示。

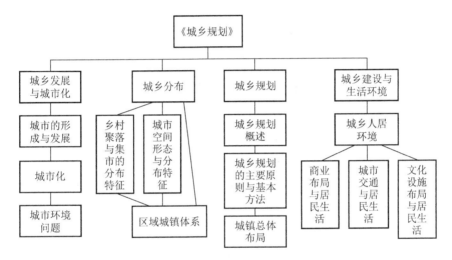

图 5-4　《城乡规划》教材内容的逻辑结构（以湘教版为例）

在这里主要对课标中该模块设置的主题进行分析。本模块主要包括 3 方面内容：城镇和乡村、城镇化、城乡布局和规划。结合该部分的"内容要求"，可看出大致按照城乡形成与发展、城镇化、城镇合理布局及城乡建设与规划的顺序进行设置的。城乡聚落在特定的地理环境中形成，通过城镇化的地理过程，城镇数量不断增多，规模不断扩大，进而需要通过规划手段达到城镇合理的布局与发展，体现出事物发生发展的逻辑组织特点，也体现出从事物分布格局到过程再到格局的组织结构。

2. 我国香港高中地理教材《地理学中的问题 5》中城市地理知识组织结构的分析

该本教材中城市地理内容的章、节、目标题如下：

第七部分　城市与可持续发展

25.　香港的城市化

　　25.1　城市化

　　25.2　过去几十年中城市形态的变化

26.　市区更新

　　26.1　香港内城区的主要问题

　　26.2　城市更新目标

　　26.3　城市更新的过程和特征

　　26.4　城市更新过程中的问题

　　26.5　城市更新问题的解决方法

27.　城市蚕食

　　27.1　香港城市蚕食的过程与特征

　　27.2　城市蚕食的问题

　　27.3　城市蚕食问题的解决方法——更好的城市规划与发展策略

28.　可持续发展与城市规划

　　28.1　可持续发展的概念

　　28.2　香港的城市规划策略

　　28.3　香港 SAR 政府采取的措施

29.　香港能发展成为一个可持续的城市吗?

　　29.1　可持续的城市的特征

　　29.2　把香港变成可持续的城市的方法

　　29.3　把香港发展成为可持续的城市的代价

　　29.4　我们如何选择?

　　在过去几十年（尤其是 1970 年以来），香港经历了快速的城市化，城市人口迅猛增加，香港从一个乡村（19 世纪中叶以前）变成了一个大都市。由于增加的人口主要集中在市区，造成那里的居住环境非常拥挤，环境污染也很严重。而郊区与内城区相比，土地价格较便宜，交通堵塞不那么严重，而且环境比较清洁，于是一部分人，尤其是社会中的中上阶层开始迁往郊区居住，随后一些工业与商业也迁往郊区。由于过去缺乏城市规划与建筑质量控制，这在内城区产生了诸如土地利用冲突、建筑破损、基本设施缺乏、环境恶劣以及社会经济条件很差等问题。这些问题的存在，导致了内城区的衰落。为了解决内城区的问题，改善内城区居民的生活条件，就必须对内城区进行更新。而由于城市人口与经济的快速发展导致的人口与经济活动向郊区的溢出，造成了市区不断地向外扩展，形成城市蔓延（或称蚕食）现象。城市规划与发展策略被认为是使城市迈向可持续未来的一个重要手段。内城区衰落与城市蔓延（蚕食）可以看作是人口、工业、商业等陆续迁往郊区的结果，二者是同一问题的两个方面，而城市化是这一问题产生的原因。图 5-5 表示了该教材中城市地理知识的逻辑结构。此外，香港教材编写注重在每节内部形成有一定深度的逻辑关系，如在"内城更新"一节中，阐述了内城区的主要问题（为什么更新）、内城更新的目标、更新的过程与特征、存在的问题及如何解决等具有逻辑关系的知识点，易引发学生的深度思考和形成完整的、系统化的知识结构。其他部分，如"城市蚕食""香港能发展成为一个可持续的城市吗？"也都具有类似的特征。

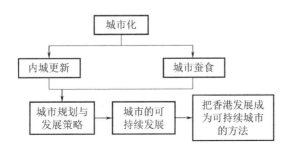

图 5-5 该教材中城市地理知识的逻辑结构

3. 我国台湾省教材"高中地理（4）"中城市地理知识组织结构的分析
该书中城市地理内容的章、节、目列举如下：
第 3 章 聚落体系
 第一节 中地理论
  一、两个主要概念
  二、中地体系

克里斯塔勒把城镇看作零售中心和服务中心来探讨它们在职能、规模和分布上的规律性，提出了著名的中心地理论。中心地（central place）是指向居住在它周围地域（尤指农村地域）的居民提供各种货物和服务的地方，一般是指城市、城镇。城市与乡村的功能是互补的，两者相辅相成，共荣共存。城市在经济、学术文化、医疗卫生等方面对乡村产生影响，而乡村是城市粮食、工业原料、劳工的供应地。二者之间通过贸易、社会、通勤以及农业等方面产生联系。中心地体系呈现为等级排列，它们的规模、功能、位置和数目之间的关系是：①中心地越大，其中心功能越具多样性；②中心地越大，与它同等的中心地的距离就越大，等级高的中心地的间距大，等级低的中心地靠得近；③同一等级的中心地提供同样级别的各类商品和服务，并具有较它们低等级中心地的职能；④等级越高的中心地数目越少，等级越低的中心地数目越多[7]。城市相互间的间距大小，需根据城市等级不同进行合理规划，并尽量避免城市分布过度集中。

地方生活圈是依据居民生活周期为基准进行划设的，其主旨是促进人口产业的合理分布，缩小区域间生活品质差距。地方生活圈的规划是以克氏的中心地理论为基础，是一种中心地与腹地连结的地理区。为使地方生活圈发挥作用，需强化中心地功能，发展当地最适宜的产业，建立便捷的交通网络，使居民在日常生活各方面可就近从中心地获得满足。我国台湾省共划分 20 个地方生活圈，分 3 个等级，分别为：高层城市、中层城市、低层城市，以求达到均衡区域发展、缩短区域差距的目的。从以上分析可以看出，本章详细讲述了中心地理论及其应用方面的内容，在中心地理论的指引下，分析了城乡关系、都市间距与都市计划以及地方生活圈的配置等内容，4 节内容之间具有内在联系，如图 5-6 所示。

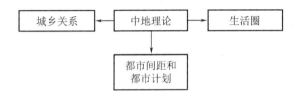

图 5-6　本章各节内容之间的逻辑关系

5.3.2　美国高中城市地理知识组织结构的分析

美国历史上比较注重课程的开发与试验。这里主要分析 20 世纪 50 至 60 年代美国城市化快速发展时期开发的课程项目中有关"聚落主题"的内容。由国家科学基金支持的高中地理项目是为十年级学生准备的。各个教学单位，都以"聚落主题"为中心，由不同大学的专家进行开发。通过分析相关资料，部分州开发的聚落地理内容编排有如下方式：

1. 高中地理项目——聚落地理的内容组织分析（一）[8]

城市地理第一单元以 4 个学科主题概念为中心：①确定聚落（settlements）的有利位置特征是可能的（聚落位置）；②城市通过生产商品和服务并将这些商品和服务卖给其他地区的人们而得以存在和发展（城市发展）；③可达性概念用于解释城市土地利用模式的重要方面（城市地域结构）；④为了在城市地

区创造和维持理想的生活条件，地方土地使用规划是必要的（城市规划）。

城市地理的第二单元是关于城际分析的，以下列主题为中心：①一个聚落发挥的功能和它的规模有关（聚落功能与规模）；②城市之间的相互作用是通过它们之间的商品、人口、思想及服务的流动实现的（城市关联）；③城市和贸易区是相互依存的；一个城市的大小和重要性在一定程度上取决于它的贸易区的面积、人口密度和财富（城市服务范围）；④城市化以一种革命性的方式改变了美国的聚落体系（城市化、城市体系）。

可以看出以上编排方式大致体现了从单个城市到多个城市、从城市内部到城际之间、由"面"到"点"的逻辑组织结构，也体现了从学生身边到距离较远的编排顺序，具有逻辑顺序与心理顺序的组织特点。

2. 高中地理项目——聚落地理的内容组织分析（二）[9]

有的教学单位以聚落主题开发的高中地理项目包括 5 个单元，分别为入门单元、城市内部单元、城市网络单元、制造业单元和政治过程单元。城市内部单元包括 4 个部分：①聚落的位置（The Location of Settlements）；②可达性与土地利用模式（Accessibility and Land Use Patterns）；③城市发展（Growth of the Cities）；④发展规划（Planning for Growth）。可以看出以上单元内容的组织总体上也是按照先把城市作为一个"面"（即区域）、再把城市作为一个"点"（即区域中的一个点）的逻辑顺序进行的，体现了由"面"到"点"、由单个城市到多个城市的编排逻辑。此外，城市化快速发展时期的美国，经济也获得了高速发展，所以项目中也设置有制造业单元以及围绕城市管理活动的政治过程单元。

3. 高中地理项目——聚落地理的内容组织分析（三）[10]

在 1968—1969 年试验的"城市地理学"单元包括 8 项综合活动和 6 项可选活动：①城市区位与发展；②新奥尔良；③城市形态模式；④波茨维尔市（主要涉及城市土地利用模式）；⑤购物之旅和贸易区（主要涉及贸易区大小和形状的影响因素）；⑥聚落系统模型（主要关于不同大小聚落的位置与间距）；⑦时间、地点及模型；⑧特殊功能城市。以上内容总体上也体现了由"面"到"点"、由单个城市到多个城市的组织逻辑。主要涉及城市地域结构、中心地理论及其应用（城市区位与发展、城市规模、城市功能、聚落系统）两大主题。关于课程内容以活动的形式进行组织有优点也有不足。其形成的背景是，20 世纪后，一些课程工作者看到了科学技术进步对社会发展的影响，并试图做出相应的反应。如美国学者博比特明确指出，课程应该对当代社会的需要做出反应，把课程目标转化成学生的学习活动，形成了课程内容即学习活动的取向。活动取向的课程把重点放在了学生做些什么上，而不是放在教材体现的学科体系上；特别注意课程与社会生活的联系，强调学生在学习中的主动性。但这种取向的课程往往注重学生外显的活动，无法看到学生是如何同化课程内容的，没有关注深层次的学习结构，从而偏离学习的本质。

4. 德克萨斯州开发的地理项目中城市地理内容的组织 [11]

在"城市发展与社区规划"主题活动中，涉及城市地理内容的有活动 6、活动 7 及活动 8，每个活动内容如下：活动 6：城市发展的 3 种模式，或"德克萨斯州圣安东尼奥市的发展存在一个模式吗？"活动 7：社区规划：要求学生在他们学校的空白图上，按照他们认为它应该的样子，安排学校的布局。活动 8：了解城市的功能：一次城市地理实地考察。学习成果要求学生掌握：①分析聚落模式、城市区位、结构及功能；②描述城市的功能；③分析城市环境中人员、商品及服务的流动；④分析城市地区的环境问题；⑤识别并应用术语"位置（site）"和"区位（situation）"。以上主要涉及对单个城市的学习，体现了学习学生身边地理的教学理念，关注了学生生活中的主要地理知识，课程组织具有心理顺序的特点。

5. GEOGRAPHY 与 GEOGRAPHY THE HUMAN AND PHISICAL WORLD 中城市地理内容的组织

GEOGRAPHY 第 1 单元"地理学基础"的第 4 章人文地理学"人与地方"的第 4 节"城市地理学"中按照城市区域发展【城市区域（郊区、大都市区）、城市化】、城市位置、城市土地利用模式及城市功能的顺序组织课程内容。GEOGRAPHY THE HUMAN AND PHISICAL WORLD 第 1 单元"世界"的第 4 章"人类世界"中的第 5 课"城市地理学"中按照城市的性质【城市的功能、城市的结构（同心圆、扇形、多核心模式）】、城市化的模式（中心地理论、世界城市等）、城市发展面临的挑战的顺序组织课程内容的。前者一定程度上体现了从过程到格局，后者体现了从格局到过程，但二者都关注了城市地理学的基本理论——城市地域结构模式、城市区位选择、城市化、城市功能等，且学习内容注意到了学生的生活需要及未来发展的基础，体现了学科的逻辑顺序与学生学习的心理顺序的统一。

从以上对美国历史上和当前高中地理项目或课程中城市地理内容组织的分析，可以看出多数都是按照城市的区位——城市地域结构——城市体系（或中心地理论及其应用）的顺序进行组织的，大致体现了由"面"到"点"、由单个城市到多个城市的编排逻辑，即先着重讲述单个城市的内部空间结构，再详细分析多个城市的功能、规模、服务范围、相互关联等，体现了学科逻辑与学生心理顺序的课程组织特点。

5.3.3　英国高中城市地理知识组织结构的分析

1.《关键地理学1》中城市地理知识组织结构的分析

该书中城市地理部分的章、节标题如下：

7. 聚落——类型、位置与城市发展

◆你还记得地图技能吗？

◆早期聚落的位置是如何选择的？

◆英国城市发展的影响是什么？

◆什么是聚落等级？

◆城市发展的好处和问题各是什么？

◆城市化的问题是什么？

8. 城市模式与变化

◆有典型的土地利用模式吗？

◆一个城市中为什么存在不同的土地利用区？

◆为什么城市中的土地利用会发生变化？

◆伦敦港区的土地利用是如何变化的？

◆城市规划中谁是决策者？

从以上列举可以看出，本书分两部分讲述城市地理内容。"聚落——类型、位置与城市发展"部分主要是围绕城市的发展进行展开的，讲述了由城市发展而产生的一些影响，例如，英国城市的发展对附近农业的土地利用与乡村社区产生的影响，城市发展使城市有了等级差别，城市的发展使城市产生了一些问题；"城市模式与变化"部分主要讲述城市内部的土地利用及其发展变化。因此，二者可以被看作是围绕不同的主题进行编排的，具有专题结构的特征。前者主要是把城市作为一个"点"进行讲述的，后者是把城市作为一个"面"进行分析的。此外，值得关注的是，两大部分内部的标题均以具体问题的形式进行呈现，利于学生在问题驱动下，通过探究思考来达成学习目标。

在各专题内部，存在知识之间的内在的逻辑联系。"聚落——类型、位置与城市发展"部分：聚落是人们居住的地方，不论它是像一个孤立的农场或村子那么小，还是像一个城市或大都市那么大，聚落都是一种区域现象。它在地球表面上占据着一部分土地，虽然面积不大，但它所在位置的好坏，决定了它以后的发展状况。因此，早期人们在为聚落选址时，考虑的因素很多。由于不同聚落所处位置的优劣不同，位于优越位置的聚落发展速度较快，处于劣势位置的聚落发展较慢，于是就形成了不同等级的聚落。大城市由于具有优越的条件，如有较多的就业机会、较高的薪水、较好的交通设施、较多的社会与文化设施等，吸引了大量人口聚集。然而，随着城市人口的过度增加，造成了一系列的社会与环境问题。

"城市模式与变化"部分：城镇的发展都有一定的模式，也就是说城镇的发展不是随意的、杂乱的，而往往发展成可以识别的形状或模式。一些学者对某些典型城市的形状或模式加以概括归纳，提出了城市土地利用模型（如同心圆、扇形模型），并分析了这些模型是如何形成与发展的。模型是对现实世界中复杂的情形的简化，以使它们更易于解释和理解。课文首先介绍了同心圆和扇形两种城市土地利用模型，接下来分析了城市中不同区域存在不同类型的土地利用和功能区的原因，与交通可达性、土地价格以及城市发展的序列 3 个因素有关。然而，聚落是在不断地发展变化着。随着城市的发展或衰落，城市中不同地区的土地利用或功能区类型有可能会发生变化。作为人类行为与决策的结果，这些变化对生活在城市中的不同人群有不同的影响。课文接着以伦敦港区土地利用的变化为例加以分析说明。因此，在对城市进行规划时，应关注不同群体的观点，倡导公众参与城市规划。这部分内容主要是围绕城市的土地利用进行展开的。

2.《聚落和人口》教材中城市地理知识组织结构的分析

本教材各单元之间是按照专题或主题的形式进行编排的。在各专题或主题内部，各知识点之间存在这样或那样的逻辑关系。教材中有关城市地理内容的章节以及对它的组织逻辑的分析如下：

第一单元　人们住在哪里？

1.1　需求

1.2　乡村及其位置

1.3　实地调查方法

1.4　乡村的变化

1.5　格拉斯米尔（Grasmere）——村庄的变化：实地调查

1.6　城镇及其功能

1.7　城市和大都市

1.8　影响范围：实地调查

本单元内容大致是按照聚落发展的顺序，即从乡村到城镇、城市、大都市的发展顺序进行编排的，符合学生的认识规律。首先在"1.1 需求"中讲述了乡村与城市的起源，接着讲述了乡村位置的选择及乡村的发展变化，然后讲述了城镇的功能及城市、大都市。其中在"1.2 乡村及其位置"中，讲述了乡村的形状，这是按照知识之间的内在联系进行编排的。因为乡村的形状主要是由它所在的位置决定的。平原或盆地上的大多数乡村中的建筑物，往往集中布置，形成集聚形状；而沿河流或公路建设的乡村，一般会形成线形形状。而且，从该部分内容中可以看出，英国城市地理教学注重学生的实地调查（或实践参与）和地理学方法的培养。

第二单元　城市聚落模式

2.1　聚落模式：等级

　　2.2　市区中的模式：分布

　　2.3　购物

　　2.4　快餐：位置

　　2.5　城区外购物

　　2.6　城市剖面

　　2.7　住房类型：地图

　　2.8　住房质量：实地调查

　　2.9　学校模式的变化

　　模式，英文为 model，或 mode、pattern，指的是"事物的标准形式或标准样式"（古今汉语词典），也被称为"某种事物的标准形式或使人可以照着做的标准样式"（现代汉语词典）。这里的模式有事物存在的形式或特点之类的意思。本单元旨在讲述区域中的城市和城市中的事物分布存在的一般规律性。首先，城市作为区域中的"点"，它们的规模大小不等，可以排列成一个类似于金字塔的等级结构，不同等级的城市的服务功能不同，最高等级的城市具有最专业化的活动。其次，把城市作为一个"面"，它内部各种事物的分布均有自己的特点，即各种事物都有自己的区位模式，例如，车库的位置一般都靠近公路，邮局一般布置在主干道附近，快餐店一般位于有大量人流的城镇中心。但是，有些事物的区位模式也会发生变化，例如，购物中心一般位于市中心或街道两侧，但近年来，也有把大型超级市场或高级百货商店建在远离市中心的郊外。从研究的角度分析，"2.1 聚落模式：等级"与"2.2 市区中的模式：分布"属于并列关系；而"2.2 市区中的模式：分布"与其以下的七部分内容则属于整体与部分的从属关系。

　　第三单元　交通与工业

　　3.1　城镇的交通

　　3.2　建造旁路

　　3.3　沿途旅行

　　3.4　城市间的旅行：从伦敦到贝尔法斯特

　　3.5　城镇的工业：保护

3.6 工业区

交通给城市带来活力，为居民出行提供便捷，促进城市土地开发和增值，带来很大的经济效益。道路交通系统是城市基础设施的重要组成部分，也是城市结构的主要部分，它的合理性直接关系到城市的健康发展。因此，交通是城市的主要功能之一。城市的特征是第二、第三产业的聚集，这种聚集由于合理的结构而产生巨大效益。从世界范围看，工业对于城市发展的主导地位依然存在，工业化仍然是城市化的基本动力。加上英国是工业革命的发源地，工业在英国城市发展中具有举足轻重的地位。所以把交通与工业单列一单元进行讲述。交通方面，主要讲述了城市内和城市间的交通，城市内部交通的规划与布置要考虑不同人群的意见，以尽量满足不同人群的要求。工业方面，讲述了工业遗产的保护与工业区的建设情况。由分析可以看出，二者是并列关系。

第四单元 城市组织

4.1 城市内部地区：土地利用

4.2 城市内部地区：种族歧视和蓄意破坏行为

4.3 城镇中的社会区：1

4.4 城镇中的社会区：2

4.5 城市发展：模型

4.6 内城问题

4.7 内城更新

4.8 新城镇

4.9 市区规划

本单元"城市组织"有城市结构的意思，着重对城市内部结构进行分析。4.1讲述的是城市内部地区的土地利用类型及某部分地区各种土地利用类型所占的比例，属于城市内部实体空间结构方面的内容。4.2的内容属于城市社会问题的地理研究，从空间的角度对城市社会问题的地区分布进行讲述。4.3、4.4分别从年龄结构、拥有小汽车的家庭、房间密度、职业类型与社会阶层4个方面讲述城市社会空间结构。可以认为4.2、4.3、4.4讲述的都是城市社会空间结构方面的内容。城市物质空间结构与城市社会空间结构都属于城市内部空间结构（或城市空间结构）研究的内容。通过对城市实体空间与社会空间的研究，得出城市地域结构模型，即 "4.5 城市发展：模型（同心圆和扇形模型）"。它是对现实城市的简化，但却包含了现实城市发展的主要特征。同心圆和扇形的城市结构是城市集中发展的结构模型。随着城市规模的扩大、城市人口的增多，在城市的内城区，产生了诸如交通拥挤、环境污染、居住空间狭窄、地价高等城市问题。生活环境的恶化使一部分高收入社会阶层迁往郊区，加上随后发生的工业、商业以及其他服务设施的外迁，一方面使内城区逐渐衰落，另一方面导致了城市蔓延。为了复兴内城区和控制城市蔓延，需要进行内城更新和建设新城镇（大多数新城镇是为来自大城市和大都市的人提供住房而建的过剩人口城镇，它们有助于抑制城市蔓延）。而建设新城镇和进行城市更新都需要进行城市规划。随着城市边缘的新城镇的建立，城市就有可能发展成多核心的城市结构模型。从以上分析可看出，本专题各部分内容之间存在着并列和内在联系两种逻辑关系。

第五单元　发展中国家

5.1　发展中世界的城市发展

5.2　中国香港：应对发展

5.3　自助城市中的生活

5.4　贫困陷阱中的生活

5.5　巴西的城市发展

5.6 坦桑尼亚（Tanzania）的乡村：乌贾马（ujamaa）

本单元主要讲述了发展中世界的城市发展所带来的问题和人们为应对困难所采取的措施。首先概括介绍了发展中世界的城市发展的总体特征及其带来的好处与问题。20 世纪下半叶以来，发展中世界的城市发展很迅速，到 2000 年，世界上最大的 10 个城市，大多分布在发展中世界。而且，发展中世界的城市还将继续扩展。发展中世界的城市发展给人们带来了很多就业机会，生活在城市里的人们可以享受到较好的服务。问题是城市人口的快速增加，导致了基础设施如道路、水电等短缺以及无家可归者和棚户区的出现。接下来具体介绍了 "香港应对城市发展的措施" "一对新来城市的年轻乡村夫妇如何在城市中生活下去""巴西城市发展的好处和问题"。最后介绍了坦桑尼亚的乌贾马乡村采取的发展措施及其发展所带来的好处和存在的问题。

从以上分析可以看出,《聚落和人口》教材整体上是按照专题的方式进行组织的。具体来说,围绕聚落及人们生活生产活动进行展开的,既涉及作为一个"点"的聚落的发展,更重要的是涉及作为一个"面"的城市内部空间结构的分析;重点讲述了发达国家聚落(尤其是城市)的发展状况,也简单涉及了发展中世界城市发展的问题与对策。

5.3.4　日本高中城市地理知识组织结构的分析

教材《地理B》中的城市地理内容列举如下:

第3章　都市、村落,生活文化

1.　世界的都市与村落

　　1.1　都市的发展与机能

　　　　世界的都市,各种各样的机能

　　　　都市的成立与发展

　　　　工业都市与卫星都市

　　　　都市的中枢管理机能

　　　　大企业、政府机关的组织、分布与都市

　　1.2　都市的规模与阶层

　　　　大都市、小都市

　　　　都市的阶层性

　　　　世界上的各种都市系统

　　　　世界规模的都市系统

　　　　大都市圈的形成

　　　　大都市圈的构造

　　　　大都市圈的成长与衰退

　　1.3　村落的机能及其发展变化

　　　　村落的机能

村落的成立

生业的变化与村落

日本村落的变化

世界的村落及其变化

从以上列举可以看出，本书在介绍城市与乡村的形成之前，都先介绍了它们的功能。一方面，这是因为一个聚落的形成，首先肯定存在一个人们为什么建造它的特殊原因，这个原因被称为功能，即它肯定有一个特殊的用途。例如，市场城镇是大多数人口都是农民时所需要的，它们是农民购买作物种子、农具与动物和销售他们种植的农作物与驯养的动物的地方。另一方面，首先讲述城市或乡村的功能，符合学生的认知特点。高中学生一般都对城市和乡村所具有的服务功能有所了解，首先安排城市和乡村的功能，与学生生活联系密切。随着聚落的发展，聚落的功能会发生一些变化，有些聚落可能仍然具有它们最初的功能，但有些聚落可能发生了彻底的改变。

"1.2　都市的规模与等级"部分：都市的规模有大有小，所以就形成了都市的等级性。不同大小的都市通过政治或经济等机能，从高层至低层等级性地相互关联，结成各种关系，称为都市系统。由于各个国家或同一国家的都市之间存在功能及规模等方面的差异，所以形成了不同类型的都市系统。随着经济的国际化、信息社会的形成，国际机构和国际性大企业的中枢管理部门、国际金融市场等集中的都市发展迅速，如纽约、伦敦、东京等。这样都市的都市圈人口达到 1000 万人左右。以这样的世界都市为顶点，世界规模的都市系统正在形成。都市圈是指在日常生活中通过都市机能和都市有着密切关系的范围，也称为势力圈、影响圈。在大都市圈内部，都市机能多根据地区不同而不同，但也具有一定的规律性。例如，大都市圈的中心集中了交通、机关、通信信息网络，成为都市圈的中枢部分。由于市中心高度集中了政府部门、大企业的总公司、分公司，被称为中央商务区（CBD）。在大都市的边缘，形成了住宅区和工业区。在市中心和外缘的新住宅区、工业区之间的地区，大都没有进行都市机能的地域分化，混杂着住宅区、商店和工厂，成为过渡地带。通过对大都市圈内部的土地利用与功能分区进行简化，提取城市发展的主要特征，就形成了城市构造模型。最著名的城市构造模型有同心圆、扇形、多核心模型。在交通发达特别是汽车交通发达的发达国家的大都市，住宅区向郊外扩展的郊区化正在进行，购物中心、工厂等设施也随后向郊区发展。随着这样的郊区化的进行，农业用地和森林等绿地被蚕食，出现城市无计划蔓延现象。由于高收入者移居郊区的情况比较多，内城区的零售等经济活动比较低落。由上述分析可得出，该部分内容是按照知识之间的内在联系进行编排的。

整体上看，本节城市地理内容体现了专题式的组织结构，分别围绕都市的发展与机能、都市的规模与阶层、村落的机能及其发展变化3个专题展开。具体的逻辑结构如图5-7所示。

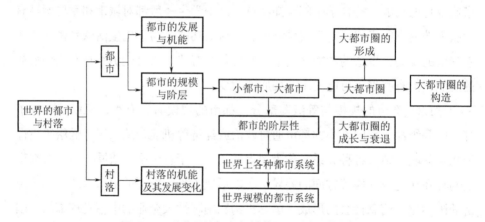

图5-7 "世界的都市与村落"一节的逻辑结构

第6章 居住·都市问题

1. 世界的居住问题

    人类生活与居住环境

    都市的居住问题

    宜人的居住环境

2. 世界的都市问题

    都市化进展的地域差

    都市化与都市问题

都市问题的地域差

- 发展中国家的都市问题
- 发达国家的都市问题

雅加达的都市问题

- 东南亚都市的大发展
- 古城与新城

纽约的都市问题

- 世界都市的二重构造
- 信息化的进展与都市生活的改观

　　本章从全球的视角对世界的居住与都市问题两个专题进行讲述。在"世界的居住问题"专题中，首先介绍了人类生活与居住环境的密切关系。由于目前世界上越来越多的人居住在城市里，而且城市的居住环境恶化严重，所以课文中主要讲述城市的居住问题。随着可持续发展成为时代的最强音和"安全、富裕、健康、平等"成为人类住区建设的共同目标，建设与自然和谐共生的生态城市就成为必然。

　　城市问题与城市化有着紧密的联系。城市化往往导致城市问题的产生。城市化是社会生产力发展到一定阶段的产物。城市化的历史进程与社会生产力的发展阶段紧密联系。由于各国社会生产力的发展水平不同，主要是发达国家与发展中国家经济发展水平的不同，所以就导致了城市化的地域差异。发达国家的城市化水平都达到 70% 以上，进入城市化后期阶段。发展中国家的城市化水平较低，处于城市化的初期（＜30%）和中期（＜70%）阶段。由于发达国家与发展中国家的城市化进程不同，所以它给城市带来的问题也存在地域上的差异。发展中国家由于大量农村人口流入城市，一方面造成城市环境污染、交通拥挤、住房短缺、卫生条件差等问题；另一方面，由于流入城市的农村人口以青年为主，造成了农村的衰落。发达国家的城市问题不仅有住宅不足、交通堵塞、大气污染、垃圾增加等居住环境的恶化问题，还有内城衰退、郊区蔓延等问题。最后以发展中国家的城市雅加达和发达国家的城市纽约为案例进行分析。由分析可得出，这些知识之间具有内在联系。

5.3.5 新加坡高中城市地理知识组织结构的分析

1.《中学地理3（快班）》教材中的城市地理知识组织结构

教材中的城市地理内容列举如下：

14单元 聚落系统2

乡村与城市聚落

- 什么是聚落？
- 乡村与城市聚落
- 影响马来西亚半岛上聚落位置与形态的因素
- 马来西亚半岛上聚落的发展
- 吉隆坡的发展
- 巴生谷
- 新加坡的发展
- 城市化及其问题
- 总结

本部分内容主要是围绕聚落的发展进行编排的。聚落在发展过程中，处于优越位置的聚落获得较快的发展，形成城镇或城市。城市优越的生活条件吸引周围的人们迁入，产生城市化。在这里，主要分析一下聚落位置与聚落形态的逻辑关系。聚落的位置，是指一个聚落所处的场所及它与附近其他聚落和周围广大区域内多种地理实体的空间关系。位置的选择对聚落的形成与发展至关重要。占有良好或优越的位置，简单的村落可以发展成为集镇或城市。而自然、经济和社会文化种种因素对聚落的影响，也常是通过聚落位置的选择反映出来[12]。聚落的位置、形态及发展受到社会、经济、政治与自然因素的影响，因此，在不同的位置发现相似形态的聚落，或在同一地区发现不同形态的聚落是不足为奇的。从这里可看出，聚落所在的位置并不是影响聚落形态的唯一的、决定性的因素，而是以上多种因素综合作用的结果。

2.《中学地理4（快班）》教材中的城市地理知识组织结构

本教材中的城市地理内容列举如下：

第 7 单元　聚落系统 3

聚落发展与等级

- 聚落分类
- 聚落的发展
- 聚落等级
- 中心地理论
- 位序—规模法则
- 首位城市

　　本单元内容主要是围绕聚落的等级进行编排的。聚落可以根据它们的规模、功能、发展历史以及形态进行分类。聚落随着时间的推移常常会发生一些变化。一些聚落的规模发展壮大，并变得比较重要，而另一些可能会衰落。聚落的发展与重要性主要取决于它的位置，处于优越位置的聚落优先得到发展。聚落根据它们所在的位置与它们所发挥的功能以不同的方式发展，这往往导致聚落发展成不同的规模，形成了聚落的等级性。

　　为周围地区提供商品与服务的聚落称为中心地。每个中心地都有一个服务范围，这个服务范围取决于商品与服务的门槛人口与最大销售距离。低等级的聚落有较小的影响范围、较少的商品种类。高等级的聚落提供高等级的商品与服务，有较大的影响范围以及较多的商品种类。最高等级的聚落是聚落等级中规模最大的，将提供非常专业化的商品与服务，而这些商品中的大多数在低等级聚落中是不可以获得的。

　　聚落规模与间距中存在的规律性促使德国地理学家克里斯塔勒于 1933 年提出了中心地理论（the Central Place Theory），用以解释聚落的功能、影响与分布。根据他的理论，任何聚落——无论是乡村、小城镇还是大城市，都为生活在周围地区的人们提供必需的服务，也对该地区施加一定的影响。这个影响与该聚落的规模与功能是成比例的。由分析可得出，"聚落的等级"中所讲的内容正是中心地理论的核心内容。中心地理论试图解释聚落的中心功能与规模之间、聚落的数量与间距之间的关系。任何城镇或城市的规模取决于它的人口。中心地理论解释了较大中心地比较小中心地提供较高等级的服务。

位序—规模法则和首位城市都是关于城市规模分布的理论。位序—规模法则试图阐述一个国家城镇的人口规模与它的位序（重要性）之间的关系。该理论认为："如果一个地区的所有城市聚落按照人口的下降顺序进行排序，那么第 n 位城镇的人口将是最大城镇人口的 $1/n$"。然而，如果一个城市的人口与比它低一位的城市的人口相比，增长的迅速得多，以致使该城市的人口数倍于第二位最大城市的人口，那么这个城市就称为首位城市（The Primate City）。

由以上分析可知，聚落的发展、聚落等级、中心地理论、位序—规模法则、首位城市之间存在知识上的内在联系。

第 8 单元　聚落系统 4

城市结构

● 城市功能区

雅加达的功能区

东京的功能区

加尔各答的功能区

● 城市模型

同心圆模型

扇形模型

多核心模型

东南亚城市模型

● 新加坡的城市结构

本部分是围绕"城市结构"这个主题进行讲述的。城市的功能指在城市中居住或工作的人们的日常活动，如经济、社会以及政治活动。城市功能区指一个城市中反映人们的各种活动的区域。在大多数城市中，都存在一些功能区，每个功能区以具有一个主导功能为特征。在每个城市中，我们能够通过某些区的主导功能识别出一些功能区，如中心区或中心商务区、住宅区、工业区、商业区、娱乐区。有时可能也会发现两个或更多的功能区发生了重叠。例如，商店和住房可能在同一个功能区中找到，住宅与娱乐区也可能产生混合。一个城市的城市结构指该城市中功能区的布置（或排列）方式，雅加达、东京、加尔各答的城市结构具有一些共同的特征。通过对一些典型城市的城市结构的共同特征进行归纳提炼，就可以建立城市结构模型。同心圆、扇形及多核心的城市结构模型，是对美国的城市进行研究得出的，这些模型的某些方面适用于亚洲城市。城市地理学家 T·G·McGee 通过对东南亚城市的研究，提出了东南亚的城市结构模型。城市功能区与城市结构具有本质上的联系。

通过对新加坡高中城市地理知识组织的分析可以发现，《中学地理 3（快班）》教材中"聚落系统 2"主要讲述了有关聚落的基本知识，包括什么是聚落、聚落的位置与形态、聚落的发展与城市化等，属于较初级的聚落地理知识；《中学地理 4（快班）》教材中"聚落系统 3"与"聚落系统 4"分别把聚落作为"点"和"面"，讲述了聚落地理的基本原理与理论，属于相对抽象的理论知识。以上安排也符合学生的认知逻辑。新加坡的教材组织也体现了专题式的结构特征。

5.3.6　印度高中城市地理知识组织结构的分析

这里以高中地理教材《地理学原理：第二部分》为分析对象。该教材在第14 章"聚落"中讲述了城市聚落与乡村聚落。在城市聚落中，首先介绍了城市与乡村聚落的不同，接着介绍了城镇的形态与城镇的结构，最后介绍了城镇的功能分类。在乡村聚落中，首先介绍了乡村聚落的两种类型——紧凑型聚落与分散型聚落，然后讲述了乡村聚落的形态与功能，最后分析了城乡之间的联系。这里主要分析城镇形态与城镇结构之间的逻辑关系。教材中这样叙述："每个城市中心都有它自己的形态，具有它自己的个性与特征。它的独特性与唯一性是由它所在的位置决定的。城镇形态取决于以下几个事实：城镇的形状，如圆形、方形或长形；由重要建筑物和其他重要的特征确定的城镇的轮廓（或天际线）；城镇的结构即它的内部结构与土地利用。"可以看出，这里的城镇形态指广义上的城镇形态，包含城镇的结构。

5.3.7　高中城市地理知识组织结构的调查分析

在第 3 章的现状调查中，对高中地理必修 2 教材中城市地理部分的知识点

"城市化""城市内部空间结构""不同规模城市的服务功能"三者的组织顺序进行了学生问卷和教师访谈。调查结果表明，教师和学生都优先考虑按照城市化、城市内部空间结构、不同规模城市的服务功能的顺序进行编排。然而，通过对国际高中地理教材中城市地理知识的组织结构的分析可发现：英国和日本的教材对这三者的编排顺序都是先讲述了城市的服务功能，其次，英国讲述了城市化和城市内部空间结构或城市内部空间结构和城市化，日本讲述了城市内部空间结构和城市化；新加坡是按照城市化、城市的服务功能、城市内部空间结构的顺序进行编排的。以上国家大致按从"点"到"面"、从过程到格局或从格局到过程。美国是按照城市内部空间结构、城市服务功能、城市化的顺序编排的。我国4个版本中，人教版、中图版、湘教版是按照城市内部空间结构、不同规模城市的服务功能、城市化的顺序进行组织的，鲁教版是按照城市化、不同规模城市的服务功能、城市内部空间结构的顺序进行组织的，大致按照从"面"到"点"，从格局到过程。如表5-6所示。

部分国家教材中城市化、城市内部空间结构、城市的服务功能

三者的编排顺序 表5-6

国别 / 版本 / 书名		编排顺序
英国	Key Geography for GCSE	城市的服务功能、城市化、城市内部空间结构
	Settlement and Population	城市的服务功能、城市内部空间结构、城市化
日本		城市的服务功能、城市内部空间结构、城市化
中国	人教版	城市内部空间结构、城市的服务功能、城市化
	中图版	城市内部空间结构、城市的服务功能、城市化
	湘教版	城市内部空间结构、城市的服务功能、城市化
	鲁教版	城市化、城市的服务功能、城市内部空间结构
新加坡		城市化、城市的服务功能、城市内部空间结构
美国		城市内部空间结构、城市服务功能、城市化

分析5个国家的10本教材可以看出，城市的服务功能排在第一位的有3本，为英国和日本的教材；排在第二位的有6本，是中国、新加坡和美国的教材。城市内部空间结构排在第一位的有4本，是中国和美国的教材；排在第二位的

有 2 本，是英国和日本的教材；排在第三位的有 3 本，是英国、中国和新加坡的教材。城市化排在第一位有 2 本，是中国和新加坡的教材；排在第二位的有 1 本，是英国的教材；排在第三位的有 6 本，是英国、日本、美国和中国的教材。

从图 5-8 中可以看出，城市化排在第三位的比例最高，城市的服务功能排在第二位的比例最高，城市内部空间结构排在第一位的比例最高。这样，综合以上教材中三者的编排顺序，按照城市内部空间结构、城市的服务功能、城市化的顺序进行组织是多数教材的编排顺序。经调查分析，该种编排顺序是学生第二考虑的组织顺序。这说明人教版、中图版、湘教版对三者的编排顺序是比较符合学生意愿的。总之，不管采取何种组织形式，三者之间总是具有知识上的逻辑联系，是由"点"到"面"，还是从格局到过程，都是一种组织逻辑。反之亦然。由于不存在严格上的理论推演，所以对于高中阶段的学生来说，接受起来都较容易。

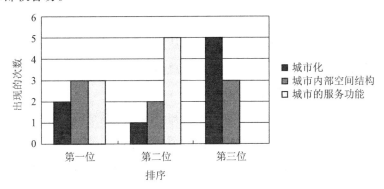

图 5-8　各国教材中城市化、城市内部空间结构、城市的服务功能三者编排顺序统计

其实，以上教材中对三者顺序的安排均有其自身的思考逻辑。例如，城市化已不是英国和日本高中地理课程中的重要内容，仅在讲述发展中国家时简略地提到；再者，英国教材 Settlement and Population 和日本的教材是按照专题的方式进行组织的，有关发展中国家的内容被安排在后面，这也是最后讲述城市化的原因。英国和日本都把城市的服务功能安排在前面，可能认为城市的服务功能和学生生活联系最密切，是学生较熟悉的内容。而问卷调查中学生优先考虑的编排顺序：城市化、城市内部空间结构、城市的服务功能，在以上分析的

10 本教材中是没有体现的。实际上，在对教师的访谈中了解到，教师在安排教学顺序时，最主要的目的是交给学生一个具有内在逻辑联系的知识结构。教材的组织逻辑体现了编者的思考，关键是教师在教学实践中要厘清所教内容的逻辑关系，有时甚至可以打乱教材的编排顺序。

依据 2017 年版高中地理课标编写的中图版、鲁教版和湘教版必修地理 2 中的城市地理知识按照城乡内部空间结构、地域文化与城乡景观、城镇化的逻辑进行组织的，体现了从格局到过程的编排特点。

5.4 高中城市地理知识的组织结构类型和组织原则

从上述对一些教材中具有典型逻辑结构特征的城市地理内容的分析可以得出，高中城市地理知识的编排总体上遵循由"点"（城市作为区域中的"点"）到"面"（城市作为占据一定空间的"面"）或由"面"到"点"，从格局到过程或从过程到格局的学科逻辑，并注重从简单到复杂、从学生身边到距离较远及由易到难的心理逻辑。课程内容组织总体上体现逻辑顺序与心理顺序相结合的特点，也体现纵向组织的原则。

城市地理知识组织结构有 3 种类型：知识内在联系结构、并列结构以及专题或主题结构。知识内在联系结构是指两个或两个以上的知识点之间具有内在的逻辑联系，如聚落位置与聚落形态、城市形态与城市结构、城市化与城市问题、城市发展与城市化，等等。知识内在联系结构有两种类型：一是按事物发生发展顺序进行组织而形成的结构，即按时间顺序；二是按知识之间的本质联系而形成的结构，如城市土地利用、功能分区与城市空间结构之间。并列结构指两个或多个知识点在教材中的位置进行互调而对教材结构不会产生很大的影响，如乡村与城市、发达国家的城市化与发展中国家的城市化、工业布局与农业布局，等等。专题结构指教材内容以一个个专题的形式进行组织而形成的结构，如日本教材中的世界的居住问题、世界的都市问题，英国教材中的城市聚落模式、城市组织（或结构）、发展中的世界，我国内地教材中的城乡分布、城乡规划，等等。专题结构多用于节与节、章与章之间，知识内在联系结构多用于各节内部的知识点之间，即节内的目之间。下面主要对高中地理教材中城市地理知识组织的顺序性和联系性原则做系统分析。

1. 顺序性原则

这里的顺序性包括学生的认知顺序和知识之间的逻辑顺序。学生的认知顺序即学生的认知规律，如从已知到未知、从生动的直观到抽象的思维、由易到难、由近及远等。知识之间的顺序性是指"把每一后继经验建立在前面经验的基础之上，同时又对有关内容做更深入、广泛的探讨"[13]，即将选出的城市地理知识按照城市地理学科的逻辑顺序和学生的认知规律，由浅入深、由简至繁地组织起来。顺序性组织原则，也称纵向组织或序列组织原则，就是按照某些准则以先后顺序排列课程内容。

城市地理学是研究不同地理环境下城市形成发展、组合分布和空间结构变化规律的科学。从城市地理学的定义可以看出，城市地理学的研究内容具有时间性和空间性的特征。城市的时间向量是城市地理学研究的一个重要方面[14]。有方向有刻度的时间序列，称为时间向量。因为城市本身就是时间的产物，数千年的历史长河赋予了城市今天的面貌。今后城市仍然要接受时代的雕塑，不断地发展变化下去。沿着时间向量提取城市现象的各种表现，属于纵向比较分析。如果在城市的三维空间中加上时间向量，城市则被置于一个超立体的四维空间中。这时，城市发展过程中的许多动态特性便可明显地显示出来。例如，城市化现象如果离开时间向量，就将无从下手研究，因为城市化是一种过程，每个阶段的表现都对应于一定的时间刻度。单独提出其中的一个阶段，只是城市化过程中的一个静态横断面，根本无法表达城市化的特性。如果这些阶段性表现，按照时间向量排列起来，城市化的动态属性便能十分清晰地显现出来。从以上教材的分析中可得出，在高中城市地理知识的组织结构中，最明显的逻辑顺序之一大体是按照时间序列对课程内容进行的组织。如我国历史上的从乡村的形成到城市的起源和发展，到城市化的出现和城市化过程中产生的问题，再到城市规划；英国教材中的从乡村的形成、乡村的变化到城镇、城市和大都市；日本教材中的从大都市圈的形成到大都市圈的构造，再到大都市圈的成长与衰落；等，这些总体上是按照事物发生发展的先后顺序进行排列的。

在城市地理研究内容的空间性特征方面，一是把城市看作区域中的一个"点"，研究城市与城市之间的关系，即城市体系的研究内容；另一个是把城市看作一个"面"，研究城市内部各组成部分及其相互之间的关系，即城市形态和空间结构研究的内容。前者是从宏观角度对一定区域内的城市进行的研究，后者是从微观角度对城市内部区域进行的研究。以上分析的高中地理教材中的城市地理知识组织的顺序性还体现在按空间准则进行的组织上，如我国人教版、中图版、湘教版高中地理教材中从"城市内部空间结构"到"不同规模城市的服务功能"的编排顺序，鲁教版教材中从"城市的服务功能"到"城市内部空间结构"的编排；新加坡教材中从"聚落发展与等级"到"城市结构"；英国教材中从"聚落模式：等级"到"市区中的模式：分布"；美国教材中从"城市内部空间结构"到"城市功能"；等等，这些内容从空间的角度着眼，均按照由点到面或由面到点、从宏观到微观或从微观到宏观的顺序进行组织的。

以上按时间和空间准则对高中地理教材中城市地理知识的组织也在一定程度上体现了学生的认知规律。

2. 联系性原则

这里的联系性指两个或多个知识之间的内在联系，即强调用整体的观点、联系的观点把教材中的城市地理知识组成一个联系紧密、结构清晰的知识网络。这也可以说是运用系统论思想组织教材内容的一种体现。以上教材中按联系性原则组织的内容有：我国内地高中地理教材中的城市化与城市内部空间结构、不同规模城市的服务功能之间；我国香港教材中的城市化与内城更新、城市蚕食之间；我国台湾教材中的中地理论与城乡关系、都市间距与都市计划、生活圈之间。此外，日本教材中的都市的阶层性与都市系统之间；新加坡教材中的聚落等级与中心地理论、位序—规模法则、首位城市之间；印度教材中的城镇形态与城镇结构之间；等。根据城市地理研究内容的时间性和空间性特征，分析这些具有内在联系的内容可以发现，以上这些教材中城市地理知识之间的联系性可以分为两类：一是城市地理研究内容的时间性与空间性之间的联系，也可称为从过程（城市化）到格局（空间排列与组合），以上举例中的前2个就属于此类；二是城市地理研究内容的空间性之间的联系，主要强调空间格局，以上举例中的后 4 个属于此类。对以上两种类型的联系进一步分析可知，前者具有因果联系的性质，后者属于知识间的内在逻辑联系。

综合以上分析，高中地理教材中城市地理知识的组织逻辑有多种，这需要教师在教学过程中，把握教材编写的思路，厘清知识之间的逻辑关系，为学生构建一个具有内在联系的结构化的知识网络。

图 5-9 展示了第 4 章提出的我国高中地理课程中应该选取的六大城市地理主题之间的关系。

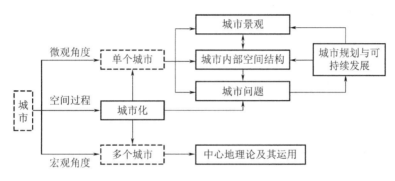

图 5-9　高中地理课程中六大城市地理主题之间的逻辑关系

从图中可以看出，城市内部空间结构是对单个城市，从微观的角度对城市内部空间进行的研究；中心地理论及其运用是从宏观的角度，对一定区域内的多个城市及其之间的关系进行的研究；城市化是一种空间地域过程，它的表现结果是现有城市规模的扩大和城市数量的增多。因此，城市内部空间结构、中心地理论及其运用和城市化可以看作是 3 个专题，但它们之间还存在一定的联系。城市景观、城市问题和城市规划一般是指单个城市的景观、某个城市的问题和对某个城市进行规划。不同的城市内部空间结构往往形成不同的景观。同样，城市的景观不同，其内部的空间结构也可能会存在一些差异。而城市内部空间结构规划的不合理，就会产生一些城市问题。城市化往往是城市问题产生的主要原因，城市问题的出现，常常需要借助城市规划来实现城市的可持续发展。对城市进行合理规划，就会对城市原有的内部空间结构和景观产生一些影响。以上既有把城市作为区域中的一个"点"，如中心地理论及其应用；也有把城市作为占据一定空间的"面"，如城市内部空间结构、城市景观、城市问题及城市规划的应用等。

参考文献

[1] 彭虹斌.课程组织研究——从内容到经验的转化 [D].广州：华南师范大学，2004.

[2] 中华人民共和国教育部.普通高中《地理课程标准（实验）》[M].北京：人民教育出版社，2003.

[3] AB Gallion.The Urban Pattern[M].Van Nostrand:Van Nostrand Reinhold Company, 1983.

[4] 郭鸿懋，江曼琦，陆军，等.城市空间经济学 [M].北京：经济科学出版社，2003.

[5] 柴彦威.城市空间 [M].北京：科学出版社，2001.

[6] 赵建军.中心地理论在实践中的应用 [J].青岛大学师范学院学报，2001，18（2）：48.

[7] 裴家常.城市地理学 [M].成都：成都地图出版社，1992.

[8] Urban Geography: Topics in Geography, Number 1. National Council for Geographic Education, May 1966.

[9] Inside the City. Evaluation Report from a Limited School Trial of a Teaching Unit of the High School, 1966.12.

[10] Kurfman, Dana. High School Geography Project: Geography of Cities. Abbreviated Evaluation Report [M]. High School Geography Project, Boulder, Colo. National Science Foundation, Washington, D.C.1968.

[11] Petersen Discovering Geography: Teacher Created Activities for High School and Middle School (Guides - Classroom Use Guides) [M]. National Geographic Society, Washington, DC.1988.

[12] 宋金平.聚落地理专题 [M].北京：北京师范大学出版社，2001.

[13] 丛立新.课程论问题 [M].北京：教育科学出版社，2002.

[14] 于洪俊，宁越敏.城市地理概论 [M].合肥：安徽科学技术出版社，1983.

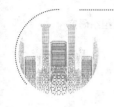

第6章 高中城市地理教学策略研究

课程实施是把课程计划付诸实践的过程，是达到预期课程目标的基本途径。教学是课程实施的主要途径，指教师以适当的方式促进学生学习的过程。教学策略是教师为达到课程目标而采取的一套特定的方式或方法。皮连生教授在他的《智育心理学》中指出，教学策略是"教师采取的有效达到教学目标的一切活动，包括教学事件先后顺序的安排，传递信息的媒体的选择和师生相互作用的设计等。教学策略也可称为广义的教学方法"[1]。地理教学方法就是教师通过地理教学活动引导学生学习，以实现教学目的、完成教学任务所采取的手段和办法[2]。为了使教学内容为学生所接受和掌握，需要借助于富有成效的教学方法。为了表述方便，本章中的教学方法等同于教学策略。绝大多数教学策略都涉及如何转化课程内容的问题，即如何有效地把课程内容转化成学生的认知结构、个性品质和社会行为等方面。在北美，教学策略有时也称为教学模式。教学模式是对各种教学法及其理论依据和结构所做出的纲要式描述，通常还要提出采用这些教学法所要遵循的步骤。

影响课程实施的因素主要包括课程计划的特性、交流与合作、课程实施的组织与领导、教师的培训和各种外部因素的支持5方面。其中，教师是课程实施过程中最直接的参与者，教师的素质与态度、适应与提高是新的课程计划能否实施成功的关键因素。

本章着重探讨高中城市地理知识采用哪些教学方法比较适宜。本章的研究思路是：首先对高中城市地理教学策略的已有研究进行梳理，然后对高中城市地理的教学策略进行实证分析，在二者的基础上，提出高中城市地理教学的主要方法。根据地理教学方法选择的依据，其中重点分析高中城市地理知识的特点，对提出的教学方法在高中城市地理教学中运用的适宜性进行分析；探讨高中城市地理教学案例的选编特点和呈现方式以及高中城市地理知识中适宜开展实践探究的重点内容领域。并对当前核心素养培育下城市地理问题式教学设计进行深入探究。

6.1　关于高中城市地理教学策略的已有研究

关于高中城市地理教学的研究，在第 2 章的文献综述中已经列出。这里仅对有关高中城市地理教学策略的文献进行分析。在中国期刊全文数据库和中国优秀硕士学位论文全文数据库中，以检索项"主题"、检索词"高中城市地理教学"模糊匹配进行检索，发现在 1999 年（不包括 1999 年）之前没有关于高中城市地理教学的文献。1999 年后，在搜集到的文章中，有 70 篇期刊论文、8 篇硕士学位论文，其中大多数是对高中地理课程中城市地理部分的某节课进行教学设计，如薛晖的《"城市化过程中的问题及其解决途径"探究设计与教学反思》（2007），顾秀君的《"城市区位与城市发展"探究实践及启示》（2005），贾素霞的《第三节"人类的居住地——聚落"教学设计》（2005），昝玉姬的《第五节"城市化"教学设计》（2001）等。程菊、齐昌禹在其论文《第六单元"人类的居住地与地理环境"教学构想》（2002）一文的"教法建议"部分提出，本单元教材仍然突出"个案分析法"教学，即用典型的个案，培养学生利用图文信息分析某一具体地理事物或地理现象的特征和成因，并在此基础上分析同类地理事象的特征、成因。蔡珍树、王文在《城市的区位因素》一节中对案例教学法的运用进行了尝试[3]。陈远兰老师在"地域文化与城市发展"一节课的教学设计中，采用图片分析法、比较分析法、讨论归纳法和问题解决教学法，认为这些方法都十分强调学生的主动探究，重视激发学生学习的积极性，重视培养学生的创新精神、实践能力和地理素养[4]。山东师范大学李秋林的硕士论文《高中城市地理自主创新学习教学模式研究》（2003），从符合当今社会培养自学能力和创新精神的需要出发，把自主学习模式和创造教育进行有机结合，形成自主创新学习教学模式，应用于高中城市地理教学，并且在城市地理教学中强调紧密联系现实，凸显人类居住活动与地理环境之间的关系，即住区发展和环境的平衡关系的重要性，从而达到人类住区的可持续发展思想和人的教育的可持续发展思想两者的有机统一。

从以上对相关文献的分析中可以看出，多数教师是在教学过程中对某个教学方法的运用进行探讨，如探究式教学法、案例教学法，也可以看出探究式教学法和案例教学法在高中城市地理教学中比较受到重视，这一点从高中地理教材中的城市地理内容的设计中也可以看出。从已有的"高中城市地理教学"文献综述中也可以看出，国内外普遍接受并积极提倡探究式的学习方式，此外，美国的城市地理教学很重视实践教学法和探究式教学法的运用。

近年来，随着基础教育地理课程改革的逐步深入，尤其是 2017 年地理学科核心素养提出以来，有关高中城市地理主题的研究呈现多样化趋势：有继续探讨教学设计的（郑云清，2015；焦洋，2016；尹良恒，2018；等），其中有尝试进行大单元教学设计的，采取创设情境、提出问题、设计任务、展示交流及评价总结的方式进行（罗威，2022；刘洪玉，2022；汪翠强，2023；等）；有探讨新手段、新方法（如 GIS 与 Google-Earth 等信息技术、项目式学习、模拟实验、随机通达法等）应用的（卢施恩，2015；道如娜，2018；王苗，史春云，2019；李敏，2020；等）；有从乡土地理、乡愁、生活化视角等探索城市地理教学的（张洪珍，2018；訾晓彬，2018）；还有分析比较城市地理教材的（黄秋霞，2016；张胜前，2021）；等。总体上来看，围绕地理核心素养的培育，地理教学包括城市地理教学普遍采取问题式教学法、情境教学法、案例教学法、探究式教学法以及一些新的技术，未来会加强实践教学法的应用。

6.2 高中城市地理教学策略的实证分析

6.2.1 课标要求分析

这里对《普通高中地理课程标准（2017年版2020年修订）》中"城市地理"的"内容要求"进行分析。在必修地理 2、选择性必修 2 和选修模块 6 中共有 15 条明确规定的"城市地理""内容要求"（选择性必修 2 中"2.4 以某地区为例，分析地区产业结构变化过程及原因"，教材中涉及有城市地区产业结构的变迁，由于同时也涉及一个国家或地区的产业结构，所以这里不计入）。其中有 11 条的行为条件与行为动词是明确规定"举例说明或分析"，其他 4 条是"运用资料说明"，这些为教学中采取案例教学法提供了明确的指引。

6.2.2　调查问卷分析

在第 3 章的现状调查中，对高中城乡规划知识的教学方法进行了师生调查问卷。分析结果表明，教师在城乡规划教学过程中采用的教学方法中主要有讲授法、探究式教学法、案例教学法、讨论式教学法 4 种，其中采用案例教学法的频率较高，其次是探究式教学法，教师采用讲授法和讨论式教学法的频率较低。学生希望教师采用的教学方法中有教师讲解、社会调查、分析案例、小组讨论、查资料、分组研究，其中社会调查（实地调查、参观考察等）所占的比例最大，其次是分析案例，然后依次是教师讲解、小组讨论、查资料、分组研究。可以看出学生对教师采用的教学方法是比较满意的，教师和学生都认为案例教学法是高中城乡规划知识教学中比较重要的教学方法。

6.2.3　课堂观察分析

笔者于 2008 年 4 月、5 月和 10 月及 2021 年 4 月分别去天津市实验中学、天津市第三中学和天津市经济技术开发区第一中学以及天津新华中学（共听 9 节课）、北京市第二十二中学和北京市第二十四中学（共听 3 节课）、北京海淀区外国语实验学校（共听 4 节课）及开封市高级中学听课。下面列出了其中 4 位教师的教学情况及其他教师或专家对他们教学状况的点评（教案见附），以期能对高中城市地理教学中所采用的教学策略及其在实践中的运用情况有所了解。

教师 1 和教师 2:2008 年正处于努力推进高中城乡规划模块的有效实施阶段，来自天津市和上海市的两位教师对选修教材《城乡规划》中"城乡特色景观和传统文化的保护"一节的教学进行了探讨、切磋。从教师所采用的教学策略中可以看出，教师 1 和教师 2 都采用了小组讨论法、图像媒体、典型实例，其中教师 1 较注重讲授法的运用，教师 2 较注重学生分组探究法的运用。可以看出两位老师的教学理念都较先进，都注重了在典型案例的分析中发挥学生的主观能动性，体现出学生的主体学习地位，而且教学方法选择较合理，能够依据教学目标、教学内容、学生认知特点等进行教学方法的优化组合。

教师 3 和教师 4："城市内部的空间结构"一直是城市地理学研究的重点领域和地理课程中的重要知识点。两位老师都是对高中地理必修 2 中"城市内部的空间结构"一节的教学进行的探讨。"运用实例，分析城市的空间结构，解释其形成原因"。该"标准"有 3 个要求：一是学生要学会分析城市的空间结构，所谓会"分析"，是指会在城市地图上，说出城市具有什么样的土地利用方式和功能分区，并归纳出这种分布的特点；二是会解释这种结构特点的形成原因；三是会使用实例进行分析说明 [5]。根据该教学目标，教师 3 在教学过程中，先让学生根据北京市地图，分析北京市的空间结构；然后以北京市为案例，分析其内部空间结构的形成原因；最后，结合"各类土地利用付租能力随距离递减示意图"，分析影响城市内部空间结构的主要原因——经济原因。该种教学过程既让学生学会了在地图上分析城市内部的空间结构，也让学生了解了从哪几个角度来解释城市内部空间结构的形成原因，教学中运用了案例法，使学生有利于结合实例进行本节课的学习。城市内部空间结构指城市功能区的地理位置及其分布特征的组合关系，空间尺度较大，针对教学内容的这一特点，需要借助图像进行观察，这样才能清晰地了解不同土地利用方式或功能区的分布位置及其之间的配置关系。根据教学目标和教学内容的特点，教师 3 在教学过程中，主要采用了案例探究、图像分析、小组讨论等教学策略。教师 4 以学生生活的城市——开封市为案例，启发引导学生分析所在城市的土地利用方式与功能分区及其布局特点与成因，采取情境激发、问题探究及多媒体信息技术等方法手段，引导学生学习身边的地理知识。整节课一气呵成，学生学习兴趣浓厚，很好的达成了教学目标。以上两位老师均采取了"一境到底"的教学设计形式，利于学生对案例进行深入分析并形成结构化的知识体系。

教案示例：

教师 1
课题：城镇历史景观的保护

【教学目标】

一、知识与技能

1. 能够列举本地区的历史景观和景观特色。

2. 能够列举我国和世界各国保护城镇历史景观的措施。

二、过程与方法

1. 能够运用有关景观的图片，比较、归类并说明城市景观特色的主要表现方式。

2. 通过北京、天津、上海等城市保护历史景观的案例，分析总结保护城镇历史景观和传统文化的对策措施。

3. 通过辨析"仿古建筑该不该修""对文物古迹该不该加以整修""对老城区是整体保护还是划区保护"等论题，透析城镇历史景观保护的两难问题。

三、情感、态度与价值观

1. 通过城镇历史景观特色及其保护的学习，初步感悟保护城镇历史景观的重要性。

2. 通过对保护城镇历史景观对策措施的探讨，初步形成关注家乡、为家乡献计献策的责任感，初步养成保护历史景观的意识。

【教学重点、难点】

重点：城市景观特色，保护城镇历史景观和传统文化的对策措施。

难点：保护城镇历史景观和传统文化的对策措施。

【教学方法】

演示型计算机辅助教学法、小组合作讨论法。

【教学技术与学习资源应用】

演示型计算机辅助地理教学软件；教材中的图文资料；不同城市的特色历史景观图片

教学过程：	学生活动：
播放图片，导入新课；	
呈现专家研究方法；	
展示景观图片；	
举例；	读图；
引入案例，提出辩题；	发言；
展示图片；	辩论
探讨存在的问题	

教学策略点评：教师在教学过程中以讲授法为主，但教师很好地调动了学生学习的积极性，引导学生参与到学习中来，整节课学生学习的激情较高，在小组讨论、辩论的过程中，教师进行了较好的管理，并与学生进行交流，教学效果较好

教师 2

课题：保护城市景观特色和传统文化

教学目标：

知识与能力：了解特色景观和传统文化的含义；

理解为什么要保护特色景观和传统文化；

知道特色景观和传统文化保护的对策和措施。

过程与方法：能举例分析某城市的景观特色；

根据实例探讨保护特色景观和传统文化的对策和措施。

情感态度和价值观：培养保护城市景观特色的意识；

养成城市可持续发展的理念，树立科学的环境生态保护观念。

教学重点：城市景观特色，保护特色景观和传统文化的对策和措施。

教学难点：保护特色景观和传统文化的对策措施。

教学方法：分组合作探究

教学过程：	学生活动：
设计情景，引出本节要讲的内容；	学生回答城市
展示一组照片；	特色景观有什么特
提出问题：现代城市的发展是否需要保护城市特色景观和传统文化？	点；
保护城市特色景观和传统文化所面临的困难？应采取哪些对策和措施？	学生分组讨论，
教师给出实例：天津老街、苏州古城	并选出一位代表回答

小结：总结这一节的知识结构

教学策略点评：学生课堂上较积极主动，学习方式得到了转变，但小组讨论时，教师没有对小组进行引导、管理，小组讨论的效率和质量不高。教师课后归纳较好

教师 3

课题：城市内部空间结构

【课标要求】运用实例，分析城市的空间结构，解释其形成原因。

【教学目标】

　　1. 在北京市地图上，指出城市具有的土地利用方式和功能分区，并归纳其分布的特点。

　　2. 分析"各类土地利用付租能力随距离递减示意图"，说明经济因素是影响城市内部空间结构的主要因素，提高读图、用图的能力。

　　3. 结合具体案例，用联系和发展的观点分析说明影响城市内部空间结构的主要因素。

【教学重点、难点】

　　1. 城市各功能区的空间分布规律。

　　2. 影响城市功能分区的主要因素——经济因素。

【教学方法】启发式教学与探究式学习

【课时安排】1 课时

教学过程 图片导入——明确学习内容	学生活动 学生结合生活实际，思考回答	设计意图 了解学习内容、激发学习兴趣；
讨论分析——各功能区分布规律及特点	指图说出主要功能区； 讨论：分析归纳各功能区的分布规律； 看图说出功能区特点	通过探索，初步感受城市的功能区； 提高读图和分析问题能力；
案例分析——空间结构成因 （学案辅助）	案例探究：讨论并回答问题	通过探索初步感受城市的空间结构；
读图分析主要成因——经济原因	读图分析：不同功能区付租能力的差异； 影响地租主要因素： ①距离市中心的远近； ②交通便捷程度	培养学生的自主学习能力，通过实例分析城市空间结构成因； 读图、识图训练，提高读图和分析问题能力；
知识总结与应用——巩固反馈	思考回顾：结合所学知识，解决实际问题	主要知识强化：结合实例，原理分析

教学策略点评：教师在教学过程中注意调动学生学习的积极性，尽量引导学生参与到学习中来，注重启发式教学法和探究式教学法的运用，并引入典型案例进行教学，加上大量航空照片的采用，使整个教学内容较充实，而且在学生进行小组讨论和案例探究时，教师引导的比较好

教师4
课题：城市土地利用和功能分区

【课标要求】运用实例，分析城市的空间结构，解释其形成原因。

【教学目标】

1. 在开封市地图上，指出城市主要的土地利用类型和功能区，并归纳其分布的特点。

2. 结合开封市案例，分析影响城市功能区分布的主要因素。

【教学重点、难点】

1. 城市主要的土地利用类型和功能区及其分布特点。

2. 城市功能区分布的主要影响因素。

【教学方法】案例教学法，启发式教学法及探究式学习法。

【课时安排】1课时

教学过程		设计理由
教学环节:	教学内容与思路:	以普通居民的生活为例导入概念,贴近生活实际,引起学生兴趣,使学生自然地融入情境中,同时更好地衔接下面的内容
"普通居民的一天"情境引入城市土地利用类型	以开封市普通居民的一天生活为例,引出城市土地利用的概念与类型。通过概念学习将情景中的开封高中、星光天地、市民之家、开封火电厂、居民小区等对应起来,掌握城市土地利用的类型	
"鼓楼广场游玩"情境引入城市功能区概念	以在鼓楼广场游玩为例,引出城市功能区的概念,同时将教育科研用地和职教园区进行区别,加深学生理解。并通过《规划图》指出开封市几大功能区的位置,并自然地过渡到下一环节的3个探究	通过鼓楼广场游玩为例,贴近生活,激发学生学习兴趣,更生动形象的引出功能区的概念。层层递进,环环相扣,引出重点
探究一:汴城之"居"	通过多媒体高亮显示技术,直观清晰的展示住宅区的分布范围,引导学生总结分布特点,并思考影响因素。之后以"海马公馆"高级住宅区为代表,以"电厂社区"低级住宅区为代表,展示其在规划图中的位置以及景观图,引导学生总结不同等级住宅区的特点以及影响其分布的因素	通过三个探究,以开封市区典型的地点为例,激发学生兴趣,让学生对三大功能分区的分布特点、影响因素有更直观、清晰的理解,以攻克本节课的教学重难点
探究二:汴城之"商"	在规划图上圈出郑开大道、鼓楼商业街、开封火车站周边的商业区,将这3部分放大显示,引导学生总结商业区的分布特点及形态特点,并探究原因。并补充超大城市中心商务区(CBD)的视频及图片,并与开封市作比较	
探究三:汴城之"工"	以开封火电厂和陇海铁路沿线周边为例,观察开封市工业区分布示意图,总结工业区的分布特点及影响其分布的因素	
表格总结对比	在3次探究活动结束后,以表格的形式展示三大功能区的特点和影响因素,直观形象,一目了然	通过表格表现,直观清晰,便于学生比较总结

教学策略点评:教师采用启发式谈话法、案例探究法等多种教学方法,联系生活实际,通过案例分析,培养学生学以致用、理论联系实际的思维能力。整节课中,学生学习兴趣浓烈,探究热情高涨,教学效果良好。但教学中若采用小组合作探究的方式,更有利于思维的碰撞,增强思维发散性和活跃性,也有利于培养学生的参与意识和合作能力

分析总结以上 4 则课堂观察实例可以发现，教师所采用的教学策略大同小异，多采用了案例教学法、探究式教学法、启发式教学法及讲授法等。多以某一典型城市为案例，综合运用相关图文等资料，创设情境，启发引导学生探究分析城市的土地利用、功能分区及其分布特点与成因，教学中体现了学生的主体地位和"学习生活中的地理"理念。根据课标要求、教学内容特点和学生情况，灵活选择、组合教学方法。

6.2.4　小结

通过分析高中城市地理课标要求以及对高中城市地理教学的问卷调查和课堂观察，案例教学法、探究式教学法、讲授法、小组讨论法是高中城市地理知识教学中较常采用的教学方法，其中案例法和探究法受到的关注度较高，结合对已有研究文献的分析，也可以看出二者在高中城市地理教学中受到的关注度很高，很大程度上满足了学生对教师城市地理教学方法的要求。实践教学法（实地调查、参观考察等）是高中城市地理知识教学中教师很少采用的教学方法，但学生对教师在教学过程中采用实践法的期望很高。讲授法能使学生在较短的时间内获得较多的地理知识，是地理教学中经常使用的教学方法。课程改革提出要倡导学生的自主学习、合作学习和探究学习，小组讨论利于促进合作学习和探究学习，一定程度上是合作学习、探究学习成功的条件与保障。

6.3　案例教学法在高中城市地理教学中运用的探讨

德国教育家瓦根舍因和克拉夫基提出的范例教学，是指通过典型事例，使学生了解一般规律，以此来培养学生的独立思考和自学能力。范例教学强调学生在教学过程中获得的课程内容要具有基本性、基础性和范例性。基本性指一门学科的基本概念、学科结构和科学规律；基础性强调课程内容适合学生的认知发展水平，贴近学生的实际生活，使课程内容成为学生未来发展的基础；范例性指课程内容能起到示范和举一反三作用，从而使课程内容具有迁移效应。本文中范例教学等同于案例教学。

案例教学是通过对一个具体的教学情境的描述，引导学生对案例进行讨论的一种教学方法。具体地说，即在教师指导下根据教学目标和教学内容，采用案例组织学生进行学习、研究，从中培养学生的能力[6]。案例教学的目的在于通过对案例现象的分析或归纳，阐明某一原理，并使之在新情景下迁移再现，培养学生分析解决问题的能力[7]。在新一轮高中地理课程改革中，案例在高中地理教学内容中所占的比例较大，而且案例教学正越来越为广大地理教师所重视和关注。从以上对高中城市地理教学策略的已有研究和实证分析中也可看出这一点。

6.3.1　案例法在高中城市地理教学中运用的适宜性分析

地理教学方法类型多样，哪些方法对目前的教学内容和教学条件是最适宜的，哪些问题适合选择这种教学方法来解决，这些问题在地理教学活动中十分重要。一些专家指出[2,8,9]，地理教学方法的选择主要依据以下5点：①地理教学目的。地理教学目的是选择地理教学方法的重要依据。选择教学方法是为实现教学目的服务的，教学目的不同，所采用的教学方法也有所差异。②地理教学内容。地理教学内容是制约地理教学方法的重要因素。对于不同的教学内容，应选择相宜的教学方法，以实现教学目标。③学生特征。学生是教学的主体，教师的教是为了学生的学，选择教学方法就必须与学生的心理特征以及学习方法相适应。④教师自身特点。教师自身特点是选择教学方法的一个重要依据。例如，语言表达清楚、启发性强、感情丰富的教师，可运用讲述、讲解、谈话等教学方法；善于组织学生活动的教师，可多开展讨论等课内外的各种活动。⑤教学设备。设计和选择地理教学方法时，必须考虑本校的设备条件、教室场地、周围环境、经费来源等。要根据学校的具体情况，选用条件许可的教学方法。

根据以上地理教学方法的选择依据，以下从高中城市地理教学目标、高中城市地理知识的特点、教学方式的转变3个方面对案例法在高中城市地理教学中运用的适宜性进行分析。

1. 从高中城市地理教学目标的角度分析

新版高中地理课程标准提出培育学生的地理学科核心素养，并在教学建议中提出运用问题式教学法，而问题式教学法需要依托创设的具体真实情境，提出问题、分析问题与解决问题。因此，学生在真实情境中运用所学知识解决实际问题成为衡量其核心素养是否达成的重要表现之一。这也为案例教学法在地理教学中的应用提供了有利条件。

《普通高中地理课程标准（2003 年版）》中规定，高中地理课程的总体目标是要求学生初步掌握地理基本知识和基本原理；获得地理基本技能，发展地理思维能力，初步掌握学习和探究地理问题的基本方法和技术手段；增强爱国主义情感，树立科学的人口观、资源观、环境观和可持续发展观念[10]。在继承与发展原有课程的基础上，《普通高中地理课程标准（2017 年版 2020 年修订）》中指出，地理课程旨在使学生具备人地协调观、综合思维、区域认知、地理实践力等地理学科核心素养，学会从地理视角认识和欣赏自然与人文环境，懂得人与自然和谐共生的道理，提高生活品位和精神境界，为培养德、智、体、美、劳全面发展的社会主义建设者和接班人奠定基础[11]。在高中地理课程的总体目标要求下，高中地理必修 2 的具体目标是"旨在帮助学生了解基本社会经济活动的空间特点，树立绿色发展、共同发展、人地协调发展的观念"。城市是人类社会经济活动的中心，是人为创造出来的非纯自然生存环境，随着当前全球性的城市化进程，越来越多的人生活在规模大小不等的城市环境中，城市将成为地球上主要的人文景观。因此，城市可以作为学生了解人文环境及人与环境关系的一个重要方面，研究城市也是学生了解地理原理、形成地理观念的重要途径之一。

高中地理课程标准中规定的城市地理"内容标准"（2003 年版）　表 6-1

高中地理必修 2 中规定的城市地理"标准"
① 运用实例，分析城市的空间结构，解释其形成原因。 ② 联系城市地域结构的有关理论，说明不同规模城市服务功能的差异。 ③ 运用有关资料，概括城市化的过程和特点，并解释城市化对地理环境的影响。 ④ 举例说明地域文化对人口或城市的影响

续表

高中地理选修 4 中规定的城乡规划"标准"

1. 城乡发展与城市化
①举例说明中外城市的形成和发展，归纳城市在不同发展阶段的主要特征。
②比较不同国家城市化过程的主要特点及其意义。
③举例说明城市环境问题的成因与治理对策。
④比较在不同地理环境中，乡村聚落的分布特点，并分析其形成原因。
⑤举例分析乡村集市的分布特点及其成因。
2. 城乡分布
①运用资料，分析现代城市或村镇的空间形态、景观特色及其变化趋势。
②举例说明在一定的区域范围内，如何实现城镇的合理布局和协调发展。
③举例说明在城乡发展过程中，为了保护特色景观和传统文化所应采取的对策措施。
3. 城乡规划
①说明城乡规划对于城乡可持续发展的意义。
②了解城乡规划中土地利用、项目选址、功能分区的主要原则和基本方法。
③理解在城乡规划中，工业、农业、交通运输业、商业、文化等部门的一般布局原则。
4. 城乡建设与生活环境
①了解城乡人居环境的基本评价内容，分析房地产开发的地理区位因素，评价居住小区的环境特点与结构功能。
②说出商业布局与人们生活的关系，以及不同商业部门布局的特点与功能。
③结合实例，比较不同的城市交通网络的特点。
④举例说明文化设施布局与人们生活的关系。
⑤结合实例，解释城镇和乡村内部的空间结构，说明合理利用城乡空间的意义。
⑥结合实例，说明地域文化在城乡景观上的体现。
⑦运用资料，说明不同地区城镇化的过程和特点，以及城镇化的利弊

高中地理课程标准中规定的城市地理"内容要求"（2017 年版 2020 年修订） 表 6-2

高中地理选修 6 中的城乡规划"内容要求"

6.1 举例说明城市的形成和发展，归纳城市在不同阶段的基本特征。
6.2 举例说明不同地理环境中乡村聚落的特点，并分析其成因。
6.3 结合实例，分析城镇与乡村的空间形态和景观特色。
6.4 运用资料，阐述新型城镇化的内涵和意义。
6.5 举例说明促进城镇合理布局和协调发展的途径。
6.6 举例说明交通运输对城市分布和空间形态的影响。
6.7 运用资料，说明城乡规划的主要作用和重要意义，了解城乡总体规划的基本方法。
6.8 结合实例，说明城乡规划中工业、农业、交通运输业、商业的布局原理。
6.9 结合实例，评价居住小区的区位与环境特点。
6.10 运用资料，说明保护传统文化和特色景观应采取的对策

　　从表 6-1 和表 6-2 中可看出，在课标规定的 32 条城市地理"标准"或"内容要求"中，有 18 条教学目标明确要求学生会对所学的内容进行"举例说明"或"运用实例分析"。尤其在新版的课标中，13 条"内容要求"中有 9 条明确要求"结合实例"或"举例说明"，更加明显看出案例教学法在城市地理教学中的重要性。例如，运用实例，分析城市的空间结构，解释其形成原因。该"标准"有 3 条要求：一是学生要学会分析城市的空间结构；二是会解释这种结构特点的形成原因；三是会使用实例进行分析说明。教学中的案例，一般是基于教学的需要和一定的教学目标，由在实践中所收集或撰写的原始材料、案例报告或案例研究等组织的教学案例。案例教学是模拟真实问题，让学生综合利用所学知识进行论断和决策，从而提高分析问题和解决问题的能力。案例教学的目的在于通过对案例现象的分析或归纳，阐明某一原理，并使之在新情景下迁移再现，培养学生分析解决问题的能力。因此，采取案例教学法有助于实现高中城市地理教学的目标。

　　其他没有明确要求进行"举例说明"或"运用实例分析"的，"运用资料"的要求同样也可以采取案例教学法，如在学习"运用资料，说明不同地区城镇化的过程和特点，以及城镇化的利弊""运用资料，说明保护传统文化和特色景观应采取的对策""运用资料，阐述新型城镇化的内涵和意义"等内容时，采取案例法进行教学，有助于创设真实生活的教学情境，提高教学效果。因为地理学具有突出的区域性特征，不同地区的城镇化过程、保护传统文化的措施具有差异性，因此进行类似内容的教学，以某一地区为案例才能进行有针对性的分析探讨。案例不仅具有相关的背景数据或材料，而且具有直观、形象、典型等特点，利于学生感性认识的深化，有助于学生进行深入的探讨和思考，也有利于将抽象的地理知识形象化、地理概念具体化。新版高中课标的"教学提示"中也指出："采用案例学习的方法，具体分析体现人类活动与自然环境关系的典型实例，帮助学生理解党和国家提出的新的发展理念，掌握分析人文地理问题的思路和方法，实现知识迁移和能力提升"。

　　地理案例教学的特点之一是教学目标的全面性。从地理教学目标看，地理案例教学不但能丰富学生对所学理论知识的感性认识，拓宽知识面，而且还能培养学生的业务素质与专业意识，以及参与活动的积极态度，开发学生的智能，提高其实际运作能力。可见，案例教学可以使学生在知识与技能、过程与方法、情感态度与价值观三方面都得到发展，进而提升其学科核心素养。

21世纪是以知识的创新与应用为特征的知识经济时代，创新人才的培养成为影响整个民族生存和发展的关键。我国要应对新世纪的挑战，迫切需要基础教育加快全面推进素质教育的步伐，培养具有创新精神和实践能力的人才。案例教学在改革传统教育思想，把教育从被动接受知识的活动变为主动学习和交流的活动，培养学生的问题意识、研究意识、信息意识及创新意识，以及提高学生的解决问题的实践能力、自主活动能力及合作交流能力等方面都具有突出的作用。因此，采取案例法进行教学也符合时代发展对人才培养的要求。

2. 从高中城市地理知识本身特点的角度分析

教学内容是制约教学方法的重要因素。同样的，案例教学受教学内容的制约。地理案例教学的第一个特点是教学内容的实践性[12]，即采用案例法进行教学的内容应具备与社会生产生活实际联系密切的特点。这是因为，教学案例是在实地调查的基础上通过精心加工编写出来的，案例的某些情节虽然可以虚构，但其本质性的内容必须依据客观实际。美国学者凯瑟琳·墨西思认为，人们对案例的一致性定义为：案例是一种描写性的研究文本，通常以叙事的形式出现，它基于真实的生活情境或事件。案例总是试图比较客观而又多维地承载着事件发生的背景、参与者等信息，力求包含大量的细节和信息，以引发持不同观点的案例使用者进行主动地分析和解读。这一定义重申了案例的三大要素之一——案例必须是真实的[13]。从地理教学内容看，案例都源于实际的社会活动和不断发展的社会现实生活，与地理学科有紧密的联系，是对已发生的典型事件的真实写照，包含有供学生思考、分析和探索的一系列地理现实问题，需引导学生去观察、体验、判断和推理。而且，地理案例教学的目的是使学生更大限度的理论联系实际，真实地面对地理现象及发展过程，全面启发学生思维，激发学生的创新精神和实践能力。

城市与人们的生活联系密切，是人们经济活动和社会活动的中心。首先是人们居住、生活和赖以栖身之地，其次是社会财富的生产和消费中心，再者是

226

文化、教育、医疗卫生、体育及行政管理活动的中心。城市地理学最重要的任务是揭示和预测城市现象发展变化的规律性，合理的确定城市性质和城市规模，制定科学的城市规划，实现城市的可持续发展[14]。规划的实践使城市地理学更密切结合社会实践的需要，增强了解决社会问题的作用。可以看出，城市地理知识与人们的生产生活联系密切。

　　高中地理课程从培养现代公民必备的地理素养和满足学生不同的地理学习需要的角度出发，在必修课程中，设计具有基础性和时代性的教学内容；在选修课程中，关注人们生产生活与地理密切相关的领域。从高中地理课程标准中有关城市地理"标准"的行为动词，就可以看出高中地理课程中选取的城市地理知识具有贴近社会生活实际的特点。例如，运用实例分析、举例说明、结合实例比较等。同时，高中地理教材中设计了一定数量的"案例"栏目。

　　一般来说，关于"怎么办""为什么"的问题，很适合采用案例教学，而关于"是什么"的问题，用讲授法教学效率更高。相比之下，学习人文地理知识需要关注现实社会的发展，通常有较多的内容适合于案例教学[9]。城市化是近代以来全球范围内发生的重要人文地理现象，城市化的结果导致了现有城市规模的扩大和新的城市的产生。目前，我国社会经济正处于加速发展时期，城市和乡村都面临着大规模的建设任务。日常生活中的城乡规划与建设事例比比皆是。因而，本部分内容可以结合社会生活中的案例进行教学。

　　3. 从高中城市地理教学方式改革的角度分析

　　案例教学是一种创新性的教学实践，注重学生的探究学习。案例分析的过程是一个师生互动的过程，其实质是将案例的情境与相应的教学内容联系起来，以揭示案例与所学原理之间的联系。学生在教师的启发、引导、组织和调控下，积极参与，主动交流和展开研讨，富有创造性地进行探索实践。具体操作方式灵活多样，包括个人准备、小组讨论、集体辩论、角色扮演、现场考察等。从地理教学过程来看，案例教学以师生互动和学生的积极参与为前提，或在课堂上组织学生对地理案例进行研讨和评析，或让学生到社会生活中去搜集、整理地理案例，以较快的速度、较高的效率使学生实现从理论到实践的转化，达到理论与实践的有机结合。案例教学在地理教学中的运用，目前主要见于高中地理新教材，它提供了一定数量的直观形象的典型案例，供师生使用。高中地理教学改革加快了案例教学在地理教学中的探索和使用。

6.3.2 高中城市地理教学案例的选编特点

教学案例的选编是顺利实施案例教学的前提和基础。有学者认为，选编地理案例，一要注意获得充足的地理素材；二要具有丰富的地理案例的编写知识；三要在正确原则的指导下有条不紊地进行。案例编写要求，首先是所选案例必须真实，来自地理事实。如果是教师自己编写的案例，也要符合地理客观实际。其次是案例必须反映地理事象的典型特征和一般规律，要能解释案例的内在联系和地理原理。第三是案例必须能适应时代的发展趋势，适应地理教学的改革和当代学生的实际情况。最后是案例必须精选，"信手拈来"的案例，地理意义和教学价值均难以符合要求[15]。即案例的选编要满足真实性、典型性、时代性和教学性的要求。

通过对人教版和中图版高中地理必修和选修教材中城市地理部分的案例（表6-3）进行分析，可发现这些案例的选编都具有真实性，都能在现实生活中发现它们的存在或找到它们的影子。但个别案例的典型性不够，时代性与教学性较好。需要注意的是，案例具有典型性并不一定具有时代性的特征，例如，在讲述中心地理论的应用时，选择"荷兰圩田居民点的设置"作为案例。强调教学案例的典型性即是为了表明：①案例必须具有鲜明的地理特征，并能生动地反映地理规律。②案例必须符合地理知识的教学要求，能为地理知识的教学目标服务。案例只有具有典型性，才能代表同类地理事物，防止学生以偏概全地推出伪规律。而案例"荷兰圩田居民点的设置"，是一个运用中心地理论规划居民点的成功的、典型的案例。强调案例选编的时代性是为了使教学能跟上日益变化的社会发展进程，一方面教学内容必须快速反映客观现实，与时代进程合拍，同时，通过富有时代气息的案例教学，适应当代学生的实际情况，能引导学生更好地关注现实社会，培养奉献社会的责任感。如现代城市建设要注重生态环境的保护和可持续发展，营造良好舒适的人居环境，选取"合肥市环城公园""云南丽江古城的保护与发展"等案例就体现了倡导生态城市、绿色发展的新理念。此外，作为教学案例，教学性是无可置疑的。不仅案例本身具有教学意义，能为教学目标服务，而且案例的表达方式也要符合教学的需要。地理教学案例必须具有地理特色，多采用图表数据和图示、图片，辅之以简练的文字叙述。案例的组成要素（图文、表格等）宜通俗易懂，内容要贴近学生生活实际，在内容和要素组合上应尽可能增加思考容量，突出启发性和探究性，使学生在理解地理规律的同时，逐步形成积极学习的态度。

人教版和中图版必修 2 中"城市"一章和选修 4（基于 2003 版课标）
的案例列举　　　　　　　　　　　　　　　表 6-3

版本	案例名称
人教版	"纽约市的少数民族区""上海市城市等级和服务范围的变化""荷兰圩田居民点的设置""英国的城市化进程""合肥市环城公园""英国工业革命对城市的影响""非洲国家的城市化""沈阳告别'大烟囱经济'""新加坡重罚破坏环境行为""我国青岛的城市环境治理""武汉城市空间形态的变化""上海市城市空间形态发展趋向""210 万元的罚单""云南丽江古城的保护与发展""上海石油化工总厂项目的选址""巴西利亚的城市功能分区""居住小区的道路设施系统""北京文化服务设施的布局变化"
中图版	"南京城市用地规模与结构""中国的郊区城市化""徽州文化""乡村聚落集聚的自然和社会因素""中国古代的城市""中国城市化道路的探索""近年来中国多中心团块状城市不断发展""湖州市市域城镇体系规划""历史街区""霍华德的田园城市""城市用地选择举例""巴西利亚的城市规划""深圳白沙领高层居住区的规划""东京的轨道公共交通""大型超市适宜建在郊外""无锡市区文化设施建设规划"

从前面有关高中城市地理案例教学的已有研究文献和课堂观察中可以看出，多数高中城市地理教学案例的选取具备了真实性和典型性，但某些案例的时代性和教学性还需要进一步凸显。总结以上可以得出，教学案例的选编要在具有真实性的基础上，追求所选编案例的典型性、时代性和教学性。

6.3.3　高中城市地理教学案例的呈现方式

在教学过程中，案例的呈现方式可归纳为 3 种："先案后理"型、"先理后案"型、"案理同步"型[9]。分析我国高中地理教材中城市地理教学案例的设置，"先理后案"型占据大多数。但在教学中，教师可以根据高中城市地理知识的特点，灵活变通案例的呈现时机。

有教师认为，在教学中采用先呈现案例、后分析归纳的方法来探讨地理问题，即归纳法；采用先阐明原理、再列举案例加以佐证的方法来教学，即演绎法。在案例教学中如何恰当地运用好归纳和演绎的方法，关系到课堂教学是否高效有序。对较为简明的案例材料，宜先归纳，然后再进行演绎；对较为复杂的背景材料，更适合采用演绎法，先讲述原理，然后从不同角度呈现典型案例[7]。即根据教学案例的简易或复杂程度，决定案例的呈现时期。同时，从教学案例的简易或复杂程度，我们可以推知教学内容的难易程度。

根据以上探讨，通过分析高中地理教材中的城市地理教学案例的类型及其所依附的城市地理内容的特点，发现高中城市地理知识的教学案例的呈现方式也具有以上 3 种类型。以下尝试分析采用每种呈现方式的城市地理教学案例和教学内容的特点。

1. 采取"先案后理"型的教学案例与教学内容的特点

"先案后理"型，即出示案例后，让学生熟悉、分析案例，进而讨论、归纳出相关地理原理。例如，在讲述"发展中国家的城市问题"时，可先出示这样一则案例："在发展中国家（如巴西和墨西哥），拥有私人汽车的家庭越来越多。由于城市规划和基础设施建设滞后，城市交通变得拥挤不堪，经济效益和人们的舒适感也降低了。随着城市越来越多的人有能力购买汽车，城市污染和交通问题可能更加严重"。对此，可引导学生讨论如何避免中国的大城市发生此类的问题。可以看出，采用这种呈现方式的案例材料简明易懂，案例所依附的城市地理教学内容理论性较弱，贴近学生生活，学生较容易从感性认识中获得结论。

2. 采取"先理后案"型的教学案例与教学内容的特点

此种案例呈现方式是在说明地理规律后出示案例。例如，在学习"项目选址"的内容时，教师先讲述项目选址的主要原则和基本方法，然后再以"某个工厂或企业的选址"为案例加以分析证明。这种案例通常起到例证的作用，用以论证、强化和巩固学习成果。与例证不同的是，案例中的情景更完整、更丰满、更具体，可以更加充分地论证地理规律。该种案例所依附的城市地理教学内容理论性较强，学生难以从生活体验中总结出确切的结论来。在教学过程中，采取先让学生了解地理原理、再采用案例加以证明、强化的方式，学生对教学内容理解的会更深刻。

3. 采取"案理同步"型的教学案例与教学内容的特点

"案理同步"型，即在展示案例过程中分阶段分析、推导其中的原理。例如，在讲述"不同等级城市的服务功能的差异"内容时，可以"长江三角洲地区的城市功能"为案例进行分阶段的分析。教师首先给出长江三角洲地区的城市分布图（图上标出各城市的规模），让学生读图分析该地区的城市规模有大有小，包括有超大城市、特大城市、大城市、中小城市和小城镇等几个层次，即具有等级性；然后让学生阅读有关上海、南京、杭州、苏州、无锡、常州、宁波等不同等级城市的服务功能的材料，分析这些城市的服务功能有哪些相同点和不同点，以及各个城市的服务功能与它的城市规模有什么关系。通过学生分析，教师总结得出：城市具有不同的等级，而不同等级的城市提供的服务功能是有差异的。小城镇提供的服务功能种类少、级别低，服务范围小；大城市提供的服务功能种类多、级别高，服务范围相对较大。较高等级的城市除具备较低等级城市的服务功能外，还具有自身一些专业化的功能。这种呈现方式适用于地理原理层次多、教学内容复杂的课堂教学。这种案例材料丰富、全面，能说明多个地理问题。通常情况下，在逐段分析前需要展示出整个案例让学生通晓。

案例教学法虽然有独特的优势，但也有局限性[9]。例如，案例可能产生"过度概括化"的现象，如用案例教学法学习"影响工业布局的主要因素"时，通过一两个案例的分析，学生虽然可能知道了影响工业布局有哪些主要因素，却并不理解影响工业布局的各因素实际上是因时、因地、因部门而异。为保证有效参与案例教学，学生需要预习教学内容，一些实践性强的案例还要求学生针对问题开展社会调查等活动，在课堂上需要有足够的时间开展案例讨论，因此，案例教学的时间调控难度较大，需要教师有较广博的案例知识积淀和深厚的专业知识，同时需要学生有较广的知识面，并具有一定的分析能力。

案例："城市的区位因素"一节的教学【案例教学法实施过程解析（"先

理后案"型）】

第一步：阐明本节课的知识点

本节内容按教学大纲分为两课时，第一课时把影响城市区位因素中的自然因素（地形、气候、河流）以及社会经济因素（资源、交通、政治、军事、宗教）等知识点，结合世界著名城市进行讲述，采用多媒体辅助教学等灵活多变的方法，夯实基础知识，在学生的头脑中形成影响城市区位因素的良好框架，并积极引导学生自己课后分析世界几个大城市形成的区位因素，为学生形成强烈的表达欲望打下基础。

第二步：场景布置，表述案例

第二课时，在教室布置上，把讲台撤掉，同学们的课桌围成一圈，实行圆桌式教学，教师与学生处在平等的位置，这样能使教师与学生、学生与学生之间进行多方位的交流及充分的讨论，以取得预期的教学效果。

分发案例，人手一份。具体的案例是：秦汉时期，在黄海之滨有一海盐运输中心，因靠海故称海州，它是方圆几百平方公里范围内的行政、商业中心，富甲一方，名扬千里。后来由于海岸线向东迁移，海州的地位逐渐被刚兴起的新浦所取代，后者成为现在的连云港市的行政、商业、文化、交通中心。再后来，海岸线进一步向东迁移，真正的海港变成了今天的连云港，造成"港"与"市"不一的分布格局。前几年，一些有识之士大声疾呼，市政府应该东迁到连云港，这样"港""市"合一，有利于我市城市的发展、经济的腾飞与国际知名度的提高。请同学们运用城市区位因素的有关知识来综合分析，市政府应不应该东迁？

第三步：案例分析

教师把学生分为4个小组，各小组先自己讨论，交流思想，达成共识，然后4个小组再一起进行面对面的"舌战"，先说明观点，然后论述，大家畅所欲言，结果两个小组同意市政府东迁，两个小组不同意。同意东迁的理由主要是：新浦河运中心的地位已经衰落，新浦地区的污染越来越严重，而连云港港口地区气候良好，环境优美，旅游资源丰富，海洋运输在连云港市交通运输中占的地位日益重要，特别是"海洋世纪"的到来以及环太平洋经济的崛起，更有利于连云港港口经济的发展。不同意的理由主要是：新浦地区地势平坦开阔，河运便利，较完善的交通网络，较好的基础设施，如若市政府现在东迁，必然带来资金巨大的浪费，等等。经过同学们唇枪舌剑，最后教师总结，得出市政府目前不宜东迁这一结论[3]。

6.4　探究式教学法在高中城市地理教学中运用的探讨

探究法是指学生用以获取知识、领悟科学的思想观念、领悟科学家研究自然界的科学方法以及进行的各种活动[16]。探究是能动地学习科学的过程，是培养学生的创新精神和实践能力的重要途径。通过探究来学习科学，可以使学生把科学知识的学习与科学方法的训练结合起来，将所学知识用于解决新的问题；可以使学生对科学、技术与社会的关系，科学的性质等问题有切身的认识和体验；还可以培养学生的科学态度和科学精神[17]。泰勒认为课程内容即学习经验，是指学生与外部环境的相互作用。强调决定学习的质和量的是学生而不是教材，学生是一个主动的参与者。学生之所以参与，是因为环境的某些特征吸引他，学生是对这些特征做出反应。所以教师的职责是要构建适合于学生能力与兴趣的各种情境，以便为每个学生提供有意义的经验。

探究式学习是高中地理课程倡导的主要学习方式之一，在课程理念中提出要"重视对地理问题的探究"。多数学者认为，探究式学习是在"发现法"和"问题解决法"的基础上形成和发展起来的。1961 年，施瓦布首次提出了探究学习的思想。教育界对探究学习比较公认的理解是：学生用以获得知识，领悟科学家的思想观念，领悟科学家们研究自然界所用的方法而进行的各种活动[18]。探究学习的实质是让学生真正参与到学习过程中来，而不是追求课堂形式上的活动。它强调学生对所学知识、技能的实际运用，更强调学生通过参与探究问题的体验，加深对学习价值的认识，使他们在思想意识、情感意志、精神境界等方面都得到升华[19]。具体活动方式有小组活动、问卷、采访、调查、图片分析、案例研究等。

从前面的已有文献研究和实证分析中可以看出，探究式教学法是高中城市地理知识教学中较受欢迎的教学方法之一。探究式教学法在高中城市地理知识教学中的运用为什么是适宜的？高中哪些城市地理知识适宜采用实践探究法？鉴于在调查中学生对城市地理教学采用实践教学法的希望很高，且实践法与探究法具有很强的联系，这里一并对其进行探讨。地理学中学生实践活动的方法主要有地理调查、地理观测、野外考察和地理实验法，由于城市地理是探讨城市形成发展与空间分布规律的一门学科，因此社会调查是其教学中重要的实践性地理教学方法。实践活动的目的是使学生通过亲身的实践获得对知识的直接感知，获得初步的科学探究的体验。而且，探究法的活动方式也包括调查、问卷、采访等。因此，为了满足学生对实践教学法的需求，在这里主要探讨哪些高中城市地理知识适宜采用实践探究法。

6.4.1 探究式教学法在高中城市地理教学中运用的适宜性分析

1. 从高中地理课程改革目标的角度分析

《基础教育课程改革纲要（试行）》指出，"改变课程过于重视知识传授的倾向，强调形成积极主动的学习态度，使获得基础知识与基本技能的过程同时成为学会学习和形成正确价值观的过程""改变课程实施过于强调接受学习、死记硬背、机械训练的现状，倡导学生主动参与、乐于探究、勤于动手，培养学生搜集和处理信息的能力、获取知识的能力、分析和解决问题的能力以及交流与合作的能力"[20]。新世纪高中地理课程改革，首次将"过程与方法"单独列为课程目标阐述的一个领域，这也是本次课程改革的"亮点"之一。课程目标中的"过程与方法"，是指了解科学探究的过程和方法，学会发现问题、思考问题、解决问题的方法，学会学习，形成创新精神和实践能力等[21]。正确、熟练地掌握"过程与方法"，不仅是一种能力、一种素质，而且它对于地理知识的掌握和地理技能的形成，以及情感态度与价值观的培养也都具有促进作用。"贵在参与、注重过程、强调方法"就成了高中地理课程目标的关键[5]。重视对地理问题的探究是高中地理课程改革的基本理念之一。倡导自主学习、合作学习和探究学习，建议开展地理观测、地理考察、地理实验、地理调查和地理专题研究等实践活动[11]。

2. 从高中城市地理知识本身特点的角度分析

由探究学习的特点，如强调学生的活动、注重从学生的已有经验出发以及重视证据的作用，可看出探究学习的教学内容具有联系现实社会和贴近学生生活实际的特点。地理探究学习的选题应来源于社会、社区及身边。由于受知识层次和生活阅历的限制，学生探究活动的选题宜根据当地（即乡土）的实际来进行，以利于收集资料和进行实地考察。

城市是人类社会活动的中心。大多数高中生都在城镇或城市中生活，对城镇或城市都有一定的了解。高中地理课程中的很多城市地理知识都与社会联系密切，贴近学生生活，利于激发学生的学习兴趣和参与意识。如城镇工业、商业、文化设施的布局、城镇的某居住小区的规划、城镇的环境问题、城镇与乡村的功能等，都具有贴近学生生活实际的特点，可指导学生开展此方面的社会调查、参观考察等实践活动。通过对当地自然、人文地理情况和环境情况进行调查和考察，进而分析、研究，得出自己的观点与结论，不仅将所学地理知识加以应用，还将提高学生对社会经济发展和环境问题的关注，增强他们的社会责任感。调查探究通常是针对当地的地理环境进行的。因此，城市地理知识可以作为乡土地理教学的实践活动内容，密切结合当地社会经济发展的需要，针对人类经济建设与自然环境的关系，或参与解决当地经济建设中的一些重大问题，有重点地组织若干专题进行调查探究。

3. 从学生地理学习方式转变的角度分析

目前我国中学生地理学习方式逐步从以教师讲授、机械记忆、书本内容为主，转变到以学生积极主动进行合作探究为主。地理教学的主要问题是不重视学生学习规律的研究和学习方法的指导，教师的"绝对权威"地位仍然没有改变[22]。现代教育理论认为，学生是地理学习的"主体"而不是"客体"。积极主动的地理学习，才是有效的地理学习。建构主义的学习理论也认为：知识不是被动接受的，而是认知主体积极建构的；学习是学习者个体主动的行为，是以先前建构的知识为基础的；学习的过程不是教师向学生传递知识的过程，而是学习者自己建构知识的过程[21]。探究式学习注重从学生的已有经验出发，强调让学生通过各式各样的探究活动亲自得出结论，使他们参与并体验知识的获得过程，建构起对自然的新的认识，并培养科学探究的能力。主动性（自主性）、参与性与合作性是探究式学习的 3 个基本特征[18]。探究式教学的优势在于始终使学生主动活动、积极思考，调动学习兴趣，这种积极的，以调查、探究为基础的教与学产生的知识技能和价值观，当然也就容易让学生记住并加以运用。同时，它还鼓励学生参与真实或模拟的各种活动，这样便能帮助学生走出教室、融入社会、了解社会、认识世界，从而形成正确的人生观、世界观和价值观[23]。因此，探究式学习是新课程所倡导的主要学习方式之一。

6.4.2 高中城市地理实践探究的重点内容领域

目前，高中地理教学重视探究学习方式的运用，但同时也出现了探究学习泛化的现象。实际上，任何一种学习方式都有其适用范围，探究学习更是如此，并不是所有地理课程内容都适合采用探究学习。地理探究式学习不是以一般的知识掌握为目的，而是以问题解决为中心，以学生为主体，注意学生的独立认知活动，通过探索、研究来获取知识，着眼于培养创造性的思维能力和意志。这种地理学习方式主要适用于地理概念、地理原理、地理规律的教学内容[24]。由于内容、目的、要求和条件不同，探究式学习的形式、途径有多种。从探究式学习的展开过程来看，大体可归纳为 6 个步骤：①提出科学的问题；②根据已有的知识和经验，提出假设或猜想；③收集证据；④提交并解释结果；⑤评估；⑥交流和推广[19]。但在教学中，要根据实际情况进行取舍，不宜拘泥于严格的形式而使教学脱离实际。下面探讨一下高中城市地理知识中适宜开展实践探究的重点内容领域。

1. 确定与评价事物的空间位置

可以是对城市或城市中的工厂、商店、文化设施等进行选址。在对某事物进行选址时，首先需要考虑影响该事物选址的一些因素，然后通过读图、调查或分析其他相关信息获取目标范围内的有关信息，最后，通过各种选址方案的比较（可任选），确定事物的确切位置。在学习过项目选址的有关知识后，可安排学生给相关的项目进行选址，或在走访调查中对已有项目的选址进行评价。学生根据已有的知识提出假设，然后搜集资料进行分析解释。空间位置的学习还常常涉及对其优势与劣势的评价，评价过程中也需提出并验证假设。可见，确定与评价空间位置的学习适宜采用探究式学习方式。

案例：关于城市位置的探究

教师为学生提供一张美国东北部地图，图中包含自然景观要素、自然资源和铁路线等信息。

（1）发现问题：教师引导学生观察图中自然景观要素、自然资源和铁路线的分布状况，发现分布不均。

（2）提出问题：教师让学生分析本区最大的城市建在何处？

（3）提出假设：有3种假设：一种是考虑交通条件，城市应该建在内河运输、铁路运输方便的地点；第二种考虑资源条件，城市应该建在有大铁矿的默萨比山脉附近；第三种考虑农业生产，城市应该建在土地肥沃、农业发达的艾奥瓦地区。

（4）整理与分析：根据上述 3 种假设，学生做出自己的选择。

（5）给出结论：说明选择的理由与依据。

（6）验证假设：在地图上，查证这个城市是位于密执安湖南端的芝加哥，它是美国北方的交通枢纽，也是一个多功能的城市[18]。

学生依据自己的假设"确定"了城市的地理位置，不仅加深了对城市区位因素的理解，而且有助于培养学生对区位要素的空间分析能力。

案例：给某连锁餐馆选址[25]（实地调查）

提示：该连锁餐馆倾向于布置在城镇中心或主要街道两侧。最好的位置是拥有高人流的地方。

假如在你居住的地方已经有一个该品牌餐馆，现在让你尝试给另一个该品牌餐馆确定位置，你会把新餐馆布置在哪里？

方法：

（1）写下城镇中心你认为行人流量最高的 3 个位置。

（2）计算 15min 内经过你所选择的位置的人的数量。记住必须把来自各个方向的经过你面前的人都计算在内。

（3）用调查的总数乘以 4 得出每小时的人流量。最高的人流量就是城镇中最繁忙的地方。

（4）为新餐馆选择确切的位置，要尽可能接近最繁忙的地方。记住你需要至少 9m 宽的街面。

（5）绘制一幅你所选择位置周围的购物中心的地图。

学生通过实地调查来确定某个项目的空间位置，既加深了对相关知识的理解，掌握了项目选址的基本方法，又锻炼了解决实际问题的能力，有利于培育学生的核心素养。

案例：参观伊斯特本的 Campton 工业区 [25]

伊斯特本位于东苏塞克斯的南海岸，希望发展更多的工业。像许多地方当局一样，它采用登广告的方式招揽新工业。据说，该城镇的工业区很吸引公司前来发展。为了调查一些公司对这一地区的看法，一些学生组织了这次探究活动。方法如下：

（1）从自治区理事会（Borough Council）那里获得一幅工业区的地图，绘制一幅简化的轮廓图用于参观。

（2）确认每个工业单位，并在图上标出来。

（3）记下一些拟参观的样本公司的地址。

（4）给这些公司写信，并附带问卷。部分问卷及答案如下：

单位号：2　　　　　　公司名称：　　　　　　　　　　地址：

请回答下面问题：

a）你们的单位/工厂主要干什么工作？
　　我们生产不锈钢泵。

b）你们在这里多长时间了？
　　我们 1970 年迁过来的。

c）你们为什么搬迁到这里？
　　公司需要一个更大的场所，因为它当时在扩大生产。

d）你们对这里的设施满意吗？
　　这里很好，但是这里的地势很低，我们这个位置已经淹没了好几次。

e）有没有任何其他的设施你还希望这个地方提供？
　　更好的排水设施。

f）你们聘用了多少人？
　　我们工厂聘用了 185 人，但这个数字随时会发生些微变化。

参观访问的目标通常较为明确，与调查研究相比，被参观访问对象的范围

一般比较小，因此往往只需要半天、最多一天即可返校。

2. 分析事物的发展变化

可以是分析乡村、城市或其他事物的发展变化。乡村或城市的发展变化指乡村或城市随时间推移而出现的动态变化，主要包括人口增多或减少、服务功能的变化、用地范围的扩大或缩小、空间形态结构的变化等方面。无论是对变化过程规律的归纳，还是对变化过程的预测，都可以让学生感受乡村或城市变迁的过程，适合地理探究学习。关于这类主题的探究，重点不在于变化规律知识的习得，而在于领悟整个地理探究的过程。这些变化的分析可以通过读图、调查、数据统计及阅读其他有关文字信息等途径获得。

案例：英国乡村的变化——以对格拉斯米尔（Grasmere）乡村的调查为例[25]

20 世纪，英国乡村的变化具体有以下几点：人口减少；公共服务设施，如乡村学校、邮局以及小商店等关闭了；公共交通减少；生活消费上升；陌生人到来；旅行者到访；兴起了一些新的活动，如古董商店营业、乡村手艺中心建立。在讨论过乡村的变化之后，课文接下来介绍了一些学生对格拉斯米尔乡村的变化所做的一些调查。

待验证的假设是：格拉斯米尔现在是个旅游村。

学生从坎布里亚郡议会的档案部门获取了 20 世纪的人口数据。他们也找到了 1919 年格拉斯米尔乡村内部事物的分布图。学生对该图进行复制放大后，获得附有格拉斯米尔旅游信息中心的该乡村的略图。运用 1919 年的地图，学生绘出了他们在格拉斯米尔乡村发现的每一处变化，并标出了与旅游有关系的每件事物。而且也绘制了 1901—1986 年的人口变化折线图。档案馆工作人员告诉学生，有时在格拉斯米尔乡村度假的人数是常住人口的两倍。证明了该乡村目前是个旅游村的结论。

英国地理教育注重技能与方法的培养，强调积极发挥学生的参与意识。例如，英国高中地理教材《聚落与人口》中尽量减少教学内容的主题，但每个主题安排的教学时间较多。在知识的教育中，渗透着方法的培养；在方法的培养中，贯穿着知识的教育。课文中除单独讲述实地调查的方法外，还有一部分课文内容由某些学生所做的实地调查构成，包括调查目的、待验证的假设、调查方法、调查结果的统计分析等，以尽可能多的让学生了解实地调查的方法与技能。

3. 调查城市问题及其成因

城市问题包括城市环境问题、交通问题、住宅问题以及社会问题，其中环境问题是城市问题的主题和核心。城市环境问题主要指各类环境污染问题。该类知识贴近生活、贴近社会，学生比较容易提出具有探究价值和可能的问题，也比较容易获取相关信息，是十分重要的探究领域。城市问题及其解决措施，一方面我们可以通过图片及有关文字材料获取，另一方面可以通过参观、考察及访问获得。关于这类问题的探究要把重点放在对现实问题原因的分析及其解决上。

案例："城市化过程中的问题及其解决途径"探究教学设计

提出问题：展示所居住城市开发利用现状的图片，引导学生分析城市开发利用中存在哪些问题；从生活出发，运用身边的事例研究解决这些问题的途径有哪些。

收集资料：学生分组选择适宜自己见解发挥的多种角色，包括：城市市长、环保局局长、建设局局长、世界环境组织、旅游者、环卫工作者。由各小组组长牵头，分配组员查阅各类城市化资料，并制作反映相关内容的作品，最后由一名同学负责完成合成。

解释与交流探究结果：各组学生代表以多媒体报告形式进行展示、评比。

总结提高：通过探究，学生认识到为促进国民经济和农村经济的进一步发展，加速我国城市化非常必要。但如何在城市化过程中兴利除弊呢？学生进行头脑风暴：有人说城市化是现代化的必经阶段，城市化的发展能带动区域经济的繁荣和发展，促进社会的进步，但我们要一分为二地看问题，随着城市化的推进，也会给经济发展和社会生活带来一系列的问题；有的说要从根本上解决城市化过程中出现的问题，一定要坚持科学发展观，要城乡统筹发展，不能唯GDP论；有人说从我国现实国情出发，坚持可持续发展的城市化模式，要提高广大农村人口的生活水平，要鼓励发展新兴城市而不是一味地扩大现有大城市[26]。

通过对城市化过程中的问题及其解决途径的探究与实践，使学生理解人类的发展与环境之间的关系，树立可持续发展的观念，深刻理解科学发展观；激发学生的环境忧患意识，为其确立正确的价值观、人生观起到促进作用；通过学习，学会关注身边的地理知识，培养自己严谨、认真的研究态度。

4. 确定事物的影响范围（或服务范围）

可以是调查城市或城市内某项活动的影响范围。城镇的服务范围指城镇提供商品和服务的最大销售距离，也是消费者为购买某种服务所愿付出的最大成本距离。精确地测量一个城市的影响范围不太可能。但可以尝试测量城市中一项活动的影响范围，如一个商店、一个休闲中心。这类问题的探究，教师要引导学生选择适宜的探究主题，大尺度或大范围的调查在课堂上、短时期内学生无法完成。教师要根据实际情况，引导学生选择适当的题目。

案例：调查目的——小城镇的影响范围[25]

待验证的假设：来小城镇游泳池游泳的人，其居住地距该城镇的距离不多于其到下一个城镇距离的一半。

收集证据：利用一个下午在游泳池旁对游泳者进行调查。

提交并解释结果：根据调查结果，绘出该城镇游泳池的影响范围图。假设得到证实。但是，如果该城镇的影响范围想要测量得更精确些，还必须进行更多的调查活动，如对城镇中的大型超级市场进行调查。

5. 分析城市内部事物空间分布的特点或规律

城市中各种事物的分布都有自己的区位模式，特别是在地价这一经济杠杆的影响下，某些事物的空间分布具有明显的规律性。对于某种事物的空间分布的特点或规律，学生可以根据自己的经验提出假设，然后搜集资料加以分析，得出结论并进行解释。

案例：城镇中住房质量的空间变化规律[25]（实地调查）

提出问题：城镇地区的住房质量的空间分布存在一个模式吗？

待验证的假设是：远离市中心的住房质量较好。

探究方法：

首先制定了一个住房质量表（如下表所示），包括9项，并根据住房的维修状况，把每一项分为5个等级，分别赋予数字1～5，1=优良，2=良好，

3= 一般，4= 差，5= 很差。

住房质量清单：

粉刷	垃圾
屋顶	交通噪声
窗户	人流
前门	停车场
前花园	

其次，选定一条从城镇中心延伸出来的道路 XY，决定每 10 个房子抽查 1 个，从城镇中心附近开始，样本来自道路的右手边。下图是学生对屋顶质量调查统计。

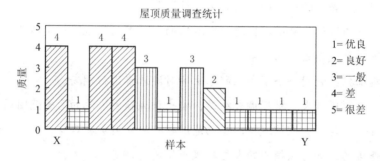

以上主要对实践教学法在高中城市地理探究学习中的运用进行了探讨。城市地理是一门实践性很强的学科。在城市地理知识传授过程中，有大量的地理知识可以指导学生直接在实践活动中获得或在实践活动中验证。此外，大量的城市地理知识还可以直接应用于生产实践，为当地经济建设和社会发展服务。因此，把实践法运用于城市地理知识的探究学习是比较可行的。地理实践法是指使学生运用所获得的地理基础知识和基本技能，在地理实践中获得新知识的方法，其中包括观察法、参观法、调查法、练习法、实验法等[27]。学生实践探究是巩固和扩大知识，同时也是吸收、内化知识为能力的过程[28]。而且，实施素质教育，就是以培养学生的创新精神和实践活动能力为重点。实践能力在素质教育中具有重要的地位[29]。对于地理学科来说，注重培养学生实践活动的能力，尤其是室外的实践活动和野外实践活动的能力，使学生

通过亲身的实践获得对知识的直接感知，获得初步的科学探究体验，意义重大。

　　由于地理探究学习的开展受到内容、时间、教学场所、学校设施以及教师素质等条件的制约和影响，以及地理探究有完全探究和部分探究之分，因此，上面给出的案例只是想给教师提供一种探究的思路，教师可以结合实际情况做出相应的选择。

6.5　核心素养培育下城市地理问题式教学设计

6.5.1　地理核心素养的内涵

　　学科核心素养是学生通过学科的学习而逐步形成的正确价值观念、必备品格和关键能力，是学科育人价值的集中体现。《普通高中地理课程标准（2017年版2020年修订）》最重要、最突出的变化是梳理、提炼了地理学科的核心素养，即人地协调观、综合思维、区域认知和地理实践力，并在核心素养的指引下，确立了新的课程目标，重构了课程体系，制定了学业评价标准。地理学科的四大核心素养是一个相互联系的有机整体。其中人地协调观是核心；区域认知与综合思维是地理学分析问题的两种基本思维方式，也是学生通过学习地理后必须具备的思维方式和能力；地理实践力是学生地理实践方案的执行力及在执行过程中表现出来的克服困难的意志品质。

6.5.2　问题式教学的涵义

　　《普通高中地理课程标准（2017年版2020年修订）》在"创新培育地理学科核心素养的学习方式"中提出：根据学生地理学科核心素养形成过程的特点，科学设计地理教学过程，引导学生通过自主、合作、探究等学习方式，在自然、社会等真实情境中开展丰富多样的地理实践活动；充分利用地理信息技术，营造直观、实时、生动的地理教学环境。在"教学建议"部分第一条就提出"重视问题式教学"。由此围绕地理核心素养培育，全国各地中学一线教师开展了如何有效开展问题式教学的探讨。问题式教学也被称为基于问题的学习、PBL 教学法或问题导向学习，部分学者将问题式教学视为一种方法，高中课标中指出，问题式教学是用"问题"整合相关学习内容的教学方式。但随着问题式教学理论和实践的发展，问题式教学已经逐渐成为一种模式。问题式教学是将学习置于有意义的问题情境之中，教师给出或引导学生提出核心问题，学生通过合作探究，汇报交流探究成果，教师进行评价总结的一种教学模式。

问题式教学的实施环节为：创设情境、提出问题、分析问题、探寻解决方案、总结评价、运用迁移。

问题式教学设计要遵循以下原则：①坚持课程标准的导向性。课程标准是制定课堂教学目标的主要依据。为了实现有效的基于问题式学习的教学目标，必须遵循课程标准的要求。创造有意义的问题情境，提出有启发性的问题，培养学生的思维与能力，发展学生的核心素养，均需要对课程标准进行详细分析和深入理解。②强调问题的载体性和情境创设的真实性。问题式教学以问题为核心，从问题的提出开始，到问题的解决结束，形成一个完整的过程。但问题蕴含于特定的学习情境之中，因此问题式教学需要教师创设一个有意义的学习情境。创设的问题情境要真实，是学生在生活中所熟知的自然或人文现象，设置能够引起学生深入思考、有启发性的开放性问题或有严密思维逻辑的封闭性问题。问题的情境应贯穿课堂的始终。

心理学对课程的影响，使我们在选择课程内容时需要注意以下几个原则：①动机在学生学习中具有重要作用；②学生的主动参与对学习效果关系重大；③学生只有在面临问题时才会认真思考，并从学习中获得满足感；④过于容易或过于困难的问题都会抑制学生学习的积极性，要为学生制定超出他们现有水平同时通过努力能够达到的课程。人本主义心理学家也关注学生学习的起因，即学生学习的情感、信念和意图等，认为如果课程内容对学生没有什么个人意义的话，学习就不大可能发生。这些对我们当前创设情境、提出问题、设置任务、小组合作探讨等教学各环节的设计产生很大的影响和启发。启发我们创设贴近学生生活、能激发学生学习兴趣的情境，提出在学生最近发展区内的问题，学生才有可能产生真正意义上的学习。

6.5.3　城市地理问题式教学设计案例

案例

课标要求：

　　结合实例，解释乡村内部的空间结构，说明合理利用乡村空间的意义。

学习目标：

　　1. 结合相关资料，描述诸葛村的土地利用类型及其分布特点。

　　2. 结合实例和资料，说明诸葛村乡村内部空间结构的特点及其形成原因。

　　3. 树立因地制宜、人与自然和谐发展的可持续发展观念。

教学重点和难点：

　　教学重点：乡村内部空间结构的特点及其成因。

　　教学难点：合理利用乡村空间的意义。

教学方法：

　　问题式教学法、案例分析法、小组合作探究

教学过程设计		
教学环节	教师活动	学生活动
环节一 新课导入	【明确目标】展示本节课学习目标 【展示材料】展示描述诸葛村基本情况的电子邮件及明信片、视频 【播放视频】《航拍中国》诸葛村片段	阅读学习目标 观看视频 感知诸葛村的自然与人文景观
	设计意图：通过视频创设情境，激发学生对课程内容的兴趣，引发学生对本节课学习内容的思考	
环节二 认识诸葛村 土地利用类型	【分析材料1】这里是位于浙江省兰溪市西部的美丽乡村诸葛村，这里白墙黑瓦，炊烟袅袅，村落外的稻田里犁耙水响。 【探究】那么请同学们打开共生地球软件用卫星影像来俯瞰诸葛村前景。 【内容讲解】1. 乡村是指以从事农业经济活动为主的地区（≠村落）。2. 乡村的土地利用类型主要有3种：农业用地、居住用地、公共服务设施用地。3. 乡村以农业用地和居住用地为主。 【学习任务1】那么农业用地又可以细分为哪些类型呢？请同学们仔细观察明信片，给出你们的答案。 农业用地主要分为4种类型：林地、耕地、草地和水域	浏览材料 使用共生地球软件搜索诸葛村 学习新知 仔细观察明信片 回答问题
	设计意图：情境教学，问题驱动，捕捉学生兴趣点，对聚落、乡村形成最直观的认识，为后面内部空间结构的学习做好知识铺垫	

续表

教学过程设计		
教学环节	教师活动	学生活动
环节三 观察诸葛村土地利用类型空间分布	【分析材料2】PPT呈现：听奶奶说村子以前的规模不大，后来才渐渐发展起来，村子中心还出现了各种公共设施。 展示图片：不同时期的诸葛村图片 【过渡】我们的生活也越来越舒适，大家能够从中提取到怎样的信息呢？ 【归纳】当乡村发展到一定规模时，就会出现一些满足居民社会需求的公共服务设施，以提供聚会、娱乐、祭祀、医疗和教育等多种服务，继而村落内部的土地利用就出现了简单的分化，而这些不同的土地利用类型所形成的组合就是空间结构。 【学习任务2】PPT展示：诸葛村相关材料和诸葛村的土地利用图。引导学生根据材料思考： 1.诸葛村土地利用的类型有哪些？ 2.诸葛村空间结构形成的主要影响因素是什么？ 【总结方法】1.观察地图，土地利用类型主要有3种，农业用地居住用地和公共服务设施用地。2.由材料中的地形、河流和村落布局信息归纳得出诸葛村的空间结构形成影响因素主要是地形水文等自然因素和历史文化等人文因素	浏览材料 提取信息 仔细阅读材料，提取地理信息，归纳得出问题答案
	设计意图：理论联系实际，从诸葛村实例的土地利用方式中提取信息、发现问题、解决问题。通过阅读图文材料，提升获取和解读地理信息、归纳总结的能力	
环节四 归纳乡村空间结构及特征	【提问】请学生借助地图软件，来归纳诸葛村内部的空间结构分布。 诸葛村的空间结构主要以公共服务设施为中心，居住地由此向外环绕，农业用地分布在居住地的外围。这样的空间结构，既方便了居民的农业生产和生活需求，又能提供更加便捷高效的公共服务。 【总结并设问】请同学们进一步思考，乡村内部的空间结构具有什么样的特点？ 1.内部的空间结构较为简单；2.功能分区较为简单；3.农业生产用地比重较大	使用地图搜索诸葛村，概括诸葛村空间结构特征 思考乡村空间结构特点
	设计意图：借助地理信息工具，自然过渡，利用地图动脑思考、动手实践，合理规划利用乡村空间的实际意义，在实践中总结归纳问题，提升地理实践力	
环节五 为合理利用乡村空间建言献策	【学习任务4】请同学们结合诸葛村的土地利用情况和空间结构特征，进一步为合理利用乡村空间建言献策，并进行小组交流展示。 1.合理利用乡村空间，首先需要合理安排居住区基础设施、公共服务设施等，提高土地利用效率，改善环境状况。	分析诸葛村土地利用特征，提出合理利用乡村空间的措施

续表

教学过程设计		
教学环节	教师活动	学生活动
环节五 为合理利用 乡村空间 建言献策	2.像诸葛村这样的传统古村，应确定具有历史文化价值的场所建筑物等，保护地方和民族传统特色，重视文化传承 【归纳】我们未来新农村建设应当是绿色生态、宜居幸福、公平发展、文化传承的，要协调好人类活动和自然环境的关系，实现乡村的高质量和可持续发展	思考人地协调发展的重要性
	设计意图：理论联系实际，借助真实案例引导学生合作探究，讨论、分析、发现问题，解决问题。学生在交流共享成果的过程中，进行思维碰撞，观点整合，培养综合思维能力，树立正确的资源观、环境观和人地协调观	
环节六 课堂小结	【小结】今天的课程内容，我们学习了乡村土地利用类型、分布特征和空间结构等相关知识。 【作业】那么今天的课后作业，就请同学们搜集相关资料，对比自己的家乡，区分二者土地利用类型和空间结构的差异，并回信详细介绍你的家乡	回顾所学知识 思考完成课后任务
	设计意图：通过自主归纳，回顾本节课所学内容，在搭建知识结构的基础上归纳学习方法，进行知识迁移，提高综合思维	

板书设计

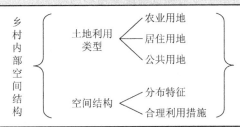

作业设计

借助搜索平台和地理工具，搜集自己熟悉乡村的土地利用图文资料，与诸葛村的土地利用和空间结构进行比较，区分二者的差异，并据此回信，介绍你的家乡

教学反思

本节课教学设计能较好地体现新课程下地理核心素养培育要求，基于"大概念+案例"的学习方式进行设计，教学结构完整，并与教学目标对应。教学的重点要由关注学生对知识点的掌握转向学生对知识的建构理解、能力的发展，培养学生对真实问题情境的探究与分析能力以及迁移应用能力。本节课对真实、典型的案例——"诸葛村"进行分析，主题明确、主线清晰，利于培养学生的区域认知与综合思维。同时，在备课时，广泛搜集有关该乡村的图片、文字和视频资料，最后根据课标、学情、教材等确定了本节的教学目标，创造性地使用教材，科学地对教材内容进行增减、优化与重组，提高课堂教学效率。但引入较慢，时间把控上显得前松后紧。最突出的特点是充分运用了现代信息技术

6.6 美国城市地理教学的特点

分析美国20世纪50年代以来的中学城市地理教学，可以发现美国的中学非常重视学生在学习中的积极参与、动手实践、动脑思考、主动建构，以加深对相关核心概念的理解。这主要源于所开发的课程项目大多以活动的形式进行呈现，在一系列问题的驱动下引导学生逐步达成学习目标。如由美国地理学家协会赞助并由美国国家科学基金会支持的地理课程内容改进项目——高中地理项目（HSGP），其中有关聚落主题的"城市内部"单元中的部分内容如下[30]：

第二部分旨在理解以下概念：

A. 不同利益的城市土地使用者想要接触到不同的东西。

B. 时间—距离是衡量访问便利程度的有效方法。

C. 在交通便利的地方，商业土地的价值往往很高。

D. 不同类型的零售店表现出不同的区位特征。

E. 住宅密度随距离中心商务区的距离增加而减少。

F. 家庭收入中位数、居住密度和距离中央商务区的距离是相关的。

活动4是讨论"可达性"这个词的意思，它与概念A有关。

活动5是学生计算时间—距离以确定可达性的练习，这个活动与概念B特别相关。

活动6是关于"可达性对商业土地价值的影响"的讲座讨论，它还根据对不同顾客的可及性，向学生介绍各种商店。这个活动尤其与概念C和D有关。

活动7包括一个关于商业位置模式的练习和一篇总结、第二部分概念A、B和C相关材料的阅读。

活动8引入了居住密度的概念，即每英亩居住用地上居住的人口数量。它包括基于图表的问题，图表显示了居住密度和距离中央商务区的距离之间的关系。这一活动与概念E有关，即住宅密度随距离CBD的距离增加而降低。

活动9是关于家庭收入中位数与中央商务区距离的关系，以及收入与居住密度的关系的讨论和练习。该活动与概念F有关，即家庭收入中位数、居住密度和距离CBD的距离相关。

活动 10 是第二部分的最后一项活动，包括对 5 幅有关高、低收入家庭和城市中央商务区的地图的研究。课堂讨论以关于地图的问题为基础。这个活动强调了家庭收入中位数与距离 CBD 的关系。

第三部分旨在理解以下概念：

A. 当金钱通过向其他地区的人出售商品和服务进入城市时，城市就会繁荣起来。

B. 城市的发展是通过增加就业机会来实现的。

C. 可达性和发展是相关的。城市交通越便利，发展的机会就越大。

D. 由于与可达性概念相关的因素，某些典型的城市土地利用模式在北美已经演变。

活动 11 是关于地图上的区域的讨论，学生通过这个区域来确定 Portsville 最初的定居地点。

活动 12 包括用幻灯片讨论 1851—1880 年的 Portsville，解释各种类型的土地使用，以及收集和讨论地图。

活动 13 包括对 1881—1900 年的 Portsville 的讨论，重点是第三部分的概念 A、B 和 C。学生们继续建造 Portsville，活动以对所搜集到的地图的讨论结束。

活动 14 包括对 3 篇学生阅读材料的课堂讨论。阅读材料强调了 Portsville 活动引入的某些概念，并讨论了基础工人和基础产业这两个术语。

活动 15 延续了 Portsville 的活动，学生们通过叙述和幻灯片的帮助构建了 Portsville 直到 1900 年。接着进行讨论，回顾在以前的活动中学到的许多概念。学生们被引导理解概念 D，某些典型的土地使用模式已经在 Portsville 和许多北美社区演变，成为与可达性相关的因素。

活动 16 不是这个单元的基本内容，但它满足了学生的好奇心，他们想知道 1900 年后在西雅图的 Portsville 发生了什么。一张西雅图的幻灯片是讨论的基础。

1987 年教师根据地理教育领域的最新发展和德克萨斯州公立学校地理教学的国家规定的"基本要素"来"更新"地理教学活动，编制了包含 20 个地理班级活动主题研究的教师用书，最终目标是帮助学生发展地理素养。活动内容多样，涉及地图阅读技能、气候学、时讯、城市发展及社区规划。其中关于"城市发展与社区规划"的内容如下[31]：

活动 6：城市发展的 3 种模式，或德克萨斯州圣安东尼奥市的发展存在一个模式吗？

通过让学生在德克萨斯州圣安东尼奥市的地图上用不同颜色标出各种商业与经济活动的位置，掌握不同类型商业和经济活动的选址特点，并把德克萨斯州圣安东尼奥市的发展模式与 3 种城市发展模型进行比较分析。

活动 7：社区规划：要求学生在他们学校的空白图上，按照他们认为它应该的样子，安排学校的布局，并讨论他们的高中是否是城市中心的缩影，以及探讨自然地理对这所学校和城市发展的影响。

活动 8：了解城市的功能：一次城市地理实地考察。

学习成果：学生掌握①分析聚落模式、城市区位、结构及功能；②描述城市的功能；③分析城市环境中人员、商品及服务的流动；④分析城市地区的环境问题；⑤识别并应用术语"site"和"situation"。

基本要素：世界地理研究，9-12 年级：①分析城市的位置与状况；②描述城市的功能；③分析城市环境中的人流、商品流和服务流；④分析城市发展所带来的环境问题。

基本地理主题：位置（相对的）；地方（可观察的特征）；地方间的联系；运动；区域。

以上活动取向的课程把重点放在了学生做些什么上，而不是放在教材体现的学科体系上；特别注意课程与社会生活的联系，强调学生在学习中的主动性。然而这种取向的课程也受到一些学者的批评。认为活动取向的课程往往注重学生外显的活动，无法看到学生是如何同化课程内容的，没有关注深层次的学习结构，从而偏离学习的本质。从美国目前的教材编写特点可以看出，美国已认识到活动取向课程的不足之处，因此教材编制又采取了课文、图像、作业栏目兼顾的模式。这也对我国目前倡导的问题式教学，让学生在问题的引领下自主与合作探究，充分发挥学生的主体学习地位等教学方式提供了参考，不要从一味注重教师讲授的极端陷入一味追求学生主体地位的极端。如何使学生既深入掌握学科的知识体系，又发挥了其主体学习地位，是我们需要把握的一个尺度问题。

6.7　小结

通过对高中城市地理教学策略已有研究文献的分析，结合调查问卷和课堂观察，提出案例教学法、探究式教学法及问题式教学法是高中城市地理的主要教学方法。并从教学目的、高中城市地理知识的特点、教学方式的改革 3 方面对案例法和探究法在高中城市地理教学中运用的适宜性进行了论证。高中地理教材中的城市地理教学案例的选编特点是：所选编的案例均具有真实性，个别案例典型性不够，时代性与教学性较好。高中城市地理教学案例的呈现方式有"先案后理"型、"先理后按"型、"案理同步"型 3 种。采用每种呈现方式的教学案例和教学内容的特点是：①"先案后理"型：采用此种呈现方式的案例材料简明易懂，案例所依附的城市地理教学内容理论性较弱，贴近学生生活，学生很容易从感性认识中获得结论。②"先理后案"型：这种案例通常起到例证的作用，用以论证、强化和巩固学习成果，案例材料较完整、具体。该种案例所依附的城市地理教学内容理论性较强，学生难以从生活体验中总结出确切的结论来。③"案理同步"型：这种呈现方式适用于地理原理层次多、教学内容复杂的课堂教学。该种案例材料丰富、全面，能说明多个地理问题。高中城市地理专题中适宜开展实践探究的重点内容领域主要有：确定与评价事物的空间位置；分析事物的发展变化；调查城市问题及其形成原因；确定事物的影响范围；分析城市内部事物空间分布的特点或规律。从美国历史上部分城市地理课程可以看出，美国城市地理教学非常注重学生的积极参与，以活动为引导，采取任务驱动的方式，促进学生进行有意义的探究、建构；同时其中也涉及案例教学法，围绕基本概念，对典型案例进行分析。通过以上分析可以得出，国内外城市地理教学均注重案例教学法、探究式教学法及问题驱动方式的运用，但我国需加强实践教学法的应用。

参考文献

[1] 蔡淑兰.论教学策略研究的现状与意义 [J].内蒙古师范大学学报（哲学社会科学版），1998（4）：22-26.

[2] 卞鸿翔，李晴.地理教学论 [M].南宁：广西教育出版社，2001.

[3] 蔡珍树，王文.案例教学法在中学地理教学中的价值和运用 [J].当代教育论坛，2007（6）：107-108.

[4] 陈远兰."地域文化与城市发展"教学设计 [J].地理教育，2009（1）：26-27.

[5] 陈澄，樊杰.普通高中地理课程标准（实验）解读 [M].南京：江苏教育出版社，2004.

[6] 夏志芳.地理课程与教学论 [M].杭州：浙江教育出版社，2004.

[7] 雷海燕.地理案例教学应把握好的几个关系 [J].地理教学，2008（5）：31.

[8] 黄成林.地理教学论 [M].合肥：安徽人民出版社，2007.

[9] 陈澄.新编地理教学论 [M].上海：华东师范大学出版社，2007.

[10] 中华人民共和国教育部.普通高中地理课程标准（实验）[M].北京：人民教育出版社，2003.

[11] 中华人民共和国教育部.普通高中地理课程标准（2017年版2020年修订）[M].北京：人民教育出版社，2017.

[12] 夏志芳.地理课程与教学论 [M].杭州：浙江教育出版社，2004.

[13] 唐陆冰.高中地理案例教学研究 [D].南京：南京师范大学，2007.

[14] 宋金平.聚落地理专题 [M].北京：北京师范大学出版社，2001.

[15] 李晴.试论地理案例教学 [J].中学地理教学参考，2001，（9）：4-5.

[16] 国家研究理事会.美国国家科学教育标准 [S].戴守志等译.北京：科学技术文献出版社，1999.

[17] 李红.当前国际中学生物课程改革的特点 [J].生物学通报，2000，35（9）：35-36.

[18] 王向东.中学区域地理的主题选择、目标构建和教学策略研究 [D].长春：

东北师范大学，2008.

[19] 王民.地理新课程教学论 [M].北京：高等教育出版社，2003.

[20] 中华人民共和国教育部.基础教育课程改革纲要（试行）.教基（2001）17 号 [Z].2001.

[21] 陈澄，樊杰.全日制义务教育地理课程标准解读 [M].武汉：湖北教育出版社，2002.

[22] 张超，段玉山.地理教育展望 [M].上海：华东师范大学出版社，2002.

[23] 王丹.试论探究式教学的特点及教师的作用 [J].学科教育，1998，（10）：22.

[24] 孙根年.地理课程改革的新理念 [M].北京：高等教育出版社，2003.

[25] Peter W. Settlement and Population [M]. Oxford:Oxford University Press, 1993.

[26] 薛晖.《城市化过程中的问题及其解决途径》探究设计与教学反思 [J].中小学教学研究，2007，（4）：42-43.

[27] 黄成林.地理教学论 [M].合肥：安徽人民出版社，2007.

[28] 张崇善.探究式：课堂教学改革之理想选择 [J].教育理论与实践，2001，（11）：41.

[29] 刘辛田.论中学地理实践能力培养的现实困境与对策 [D].长沙：湖南师范大学，2003.

[30] Eogatz, Gerry A. Inside the City. Evaluation Report from a Limited School Trial of a Teaching Unit of the High School[M].Educational Testing Service, Princeton, N.J., Association of American Geographers, Washington,D.C.; National Science Foundation, Washington, D.C., 1966.

[31] Petersen. Discovering Geography: Teacher Created Activities for High School and Middle School（Guides - Classroom Use Guides (For Teachers)）[M]. National Geographic Society, Washington, D.C., 1988.

1. 主要结论

本研究得出的主要结论如下：

（1）通过调查问卷和访谈得知：

大多数教师和学生都认为城市地理知识在生活中是有用的，而且几乎100%的教师和学生（指没有教或学过选修模块"城乡规划"的教师和学生）都喜欢教或学习城市地理知识，但多数教师不喜欢教选修课程中的城市地理知识，即"城乡规划"模块。

大多数教师和学生都认为必修课程中城市地理知识的选取联系现实，贴近社会生活；大多数学生认为选修课程中城乡规划知识的选取体现了社会发展趋势和考虑了不同学生的地理学习需要，而大多数教师对选修课程中城乡规划知识的选取较为不满，认为没有体现社会发展、学科发展以及学生发展的需要，但又认为从培养现代公民必备的地理素养的角度来看，高中生有必要学习、了解这些城乡规划知识。

参与调查的所有教师都认为城乡规划知识难教，认为选修课程中城乡规划知识的选取偏多、偏难；而大多数学生却认为城乡规划知识不难学，认为教材中选取的城乡规划知识的量适中，难易程度也较适中。多半的教师和学生也认为新高中地理必修课程中选取的城市地理知识有点难教、难学。

比较新旧版本高中必修课程中选取的城市地理知识，教师和学生都认为旧版本中"城市的区位因素"知识最重要。教师喜欢教的城市地理知识一般是比较重要的知识，而这些知识却是学生不太喜欢学的知识。教师认为高中城市地理知识的选取应突出地理学的空间性、区域性特点，而学生希望高中选取的城市地理知识较偏向景观、文化理解。教师和学生对城市地理知识的重要性的看法和需求受到性别的影响，总体来说，男性较倾向于空间分析方面的城市地理知识，女性较热衷于文化理解方面的知识。

在教材编排方面，多数教师和学生认为先学习城市化、再学习城市空间结构和城市服务功能，是最佳的组织顺序。

在城乡规划教学方面，教师和学生都认为案例法是其主要的教学方法；实践法是教师很少采用或从不采用的教学方法，而学生希望教师多采用实践教学法；教师在教学中还经常采用探究法。

（2）通过对高中地理课程中城市地理知识选取的历史回顾和国际比较发现，高中地理课程中城市地理知识的选取由于不同时期、不同国家和地区的社会发展、学科发展以及学生培养要求的不同而存在一些差异。

在我国，新中国成立之前，城市化率很低，城市地理学研究尚属空白，中学地理课程中的城市知识，尤其是城市地理专题方面的知识以翻译介绍国外为主，这一时期中学城市知识的特点主要是对单个城市进行介绍，出现少量城市地理专题方面的内容。新中国成立之后，我国学习苏联，把地理学划分为自然地理学和经济地理学，一些经济地理工作者把城市作为经济活动的中心，对城市进行了少量的研究，社会城市化率较以前有所提升，但还是处于较低阶段。至20世纪80年代初，中学地理课程中的城市地理知识也是把城市作为经济活动的中心，讲述其经济发展方面的内容。1976年以后，特别是党的十一届三中全会以来，由于城市规划工作受到重视和普遍开展，我国城市地理学得以复兴，随后进入迅速发展阶段。1981年至新课程改革，我国高中地理课程中出现了城市地理专题方面的内容，城市地理知识在高中地理课程中的重要性日益增加。

在所分析的一些国家中，英国、日本、新加坡是城市化水平较高中的国家，城市化速度变缓甚至停滞；印度和中国是城市化水平较低的国家，城市化正处于加速阶段。城市化和城镇体系已不是英国、日本高中地理课程中的重要内容。城市空间结构是中外城市地理学研究的重要内容，因此，多数国家和地区都对其进行了讲述。英国城市地理学研究具有社会理论的倾向，所以其课程中讲述了城市社会空间结构、社会问题等方面的内容。高中城市地理知识的选取紧跟社会发展的还有日本教材中的世界都市系统、大都市圈、世界的居住问题、城市的中枢管理功能等。我国内地的城乡规划与建设、城镇的合理布局；我国香

255

港的城市可持续发展；等。我国较重视城市规划的讲述，即重视讲述具有应用性质的城市地理知识。

在考虑学生的培养和发展方面，我国历史上中学地理课程内容的选取没有或较少考虑学生的需要和发展，注重为政府和社会经济建设服务。目前，从培养现代公民必备的地理素养和满足不同学生的地理学习需要的角度出发，新高中地理课程由必修课程与选修课程组成。在高中地理必修和选修课程中都规定有城市地理知识，理论与应用兼备。

根据历史回顾、国际比较和调查分析的结果，结合地理课程内容选择的准则，提出高中城市地理内容的知识体系。

（3）通过对高中地理教材中城市地理知识组织结构的历史回顾和国际分析，认为高中地理教材中城市地理知识的组织结构有3种类型，分别为知识内在联系结构、并列结构和专题结构。专题结构多用于节与节之间，知识内在联系结构多用于各节内部的知识点之间，即节内的"目"之间。知识内在联系结构有两种类型：一是按事物发生发展顺序进行组织而形成的结构，即按时间顺序；二是按知识之间的本质联系而形成的结构。高中地理教材中的城市地理知识的组织体现了顺序性和联系性两个原则。这里的顺序性包括学生的认知顺序和知识之间的逻辑顺序，联系性指两个或多个知识之间的内在联系。顺序性原则体现在教材中的城市地理知识按时间和空间两个准则进行的组织。教材中城市地理知识组织的联系性原则可分为两类：一是城市地理研究内容的时间性与城市地理研究内容的空间性之间的联系，二是城市地理研究内容的空间性之间的联系；前者具有因果关系的性质，后者属于本质联系。

高中地理教材中城市地理知识的组织逻辑有多种，这需要教师在教学过程中，把握教材编写的思路，厘清知识之间的逻辑关系，教给学生一个具有内在联系的知识网络。教师可以不按照教材的编排顺序进行教学。

（4）通过对已有研究文献的分析，结合调查问卷和课堂观察，提出案例教学法和探究式教学法是高中城市地理教学中主要的教学方法。根据地理教学方法选择的依据，从高中城市地理教学目标、高中城市地理知识本身的特点、教学方式的改革3方面进一步证实了案例法和探究法在高中城市地理教学中运用的适宜性。分析了高中地理教材中城市地理教学案例的选编特点：所选编的案例均具有真实性，个别案例典型性不够，时代性与教学性较好。选编教学案例时，要在满足真实性要求的基础上，尽量追求典型性、时代性和教学性的要求。归纳了高中城市地理教学中采用每种呈现方式的教学案例的特点和该案例所依附的教学内容的特点：①"先案后理"型：采用此种呈现方式的案例材料简明易懂，案例所依附的城市地理教学内容理论性较弱，贴近学生生活，学生很容易从感性认识中获得结论。②"先理后案"型：这种案例通常起到例证的作用，用以论证、强化和巩固学习成果，案例材料较完整、具体。该种案例所依附的城市地理教学内容理论性较强，学生难以从生活体验中总结出确切的结论来。③"案理同步"型：这种呈现方式适用于地理原理层次多、教学内容复杂的课堂教学。该种案例材料丰富、全面，能说明多个地理问题。探讨了高中城市地理专题中适宜开展实践探究的重点内容领域，主要有确定与评价事物的空间位置、分析事物的发展变化、调查城市问题及其形成原因、确定事物的影响范围、分析城市内部事物空间分布的特点或规律。

2. 研究展望

城市地理是系统地理中人文地理学的一个分支，是高中地理课程内容中的一个专题。目前，关于该专题的研究主要集中在教学设计方面，而对于该专题在高中地理课程中应达到什么教学目标、应选择哪些知识、应如何组织更有利于教师的教和学生的学、应采用何种呈现方式以及运用哪些教学策略等，还鲜有人进行系统深入的研究。本文尝试从高中城市地理教学的现状，高中城市地理知识的选取、组织及教学策略方面进行探讨，在感受收获的同时，也发现了本研究还存在诸多的不足和有待进一步研究的问题。

（1）调查样本中来自农村或郊区的高中教师和学生的数量偏少。城市是人类的居住地，生活在城市中和生活在农村中的教师和学生在对城市的认识上会存在一些差异，他们对城市地理知识的需求可能也会有所不同。本论文的调查样本涉及来自城市郊区的教师和学生，他们对城市地理知识教学的难易程度的看法与来自城市里的教师和学生存在一些差异。若要全面地反映师生对高中城市地理知识的教学现状的看法和需求，就需要对农村和城市高中进行分等级、分层次的抽样调查。

（2）个别国际比较资料略显不足和陈旧。在所分析的这些国家和地区中，有发达国家和发展中国家的典型，基本上能反映出两大类型国家的高中地理课程在城市地理知识选取上的不同。资料的陈旧表现在新加坡、印度、英国的教材是 20 世纪 80 年代末和 90 年代的高中地理教材。虽然在一定程度上也能比较出国际高中地理课程中城市地理知识选取的特点及其成因，但如果对同一时期，尤其是对目前高中学生使用的地理教材进行比较，针对性会更强，意义也将会更大。

（3）文中仅对案例教学法和探究式教学法在高中城市地理教学中运用的适宜性进行了分析，其他教学方法还有待进一步探讨。由于教学方法的选择受到教学目标、教学内容、学生特征、教师自身条件及教学设备的影响，因此必须针对具体的内容、具体的条件，选择有针对性的教学方法。该部分还有待以后进行深入系统地研究。

附录

附录 1

高中地理必修 2 中"城市地理知识"的教学现状调查（学生问卷）

亲爱的同学们：你们好！

　　为了了解你对高中地理课程中"城市地理知识"教学的看法，诚恳地请你填写下列问题，对所有问题的回答都没有对错之分，希望得到的只是你个人的真实想法。你的真实回答是我们修改完善本部分内容的依据，也是提高本部分教学质量的基础。衷心谢谢你的支持！

学生基本情况（在序号下面画"√"）

性别：①男　　②女　　年级：①高一　　②高二　　③高三

一、选择题（在序号下画"√"或在"＿"上填写）

1. 你喜欢学习城市地理知识吗？

　　①很喜欢　　②有点喜欢　　③不喜欢　　④其他_____

2. 你觉得城市地理知识难学吗？

　　①难学　　②有点难学　　③不难学　　④其他_____

3. 你觉得城市地理知识在生活中有用吗？

　　①有用　　②有一点用　　③没有用　　④其他_____

4. 请你根据以下 7 个城市地理知识点，回答下列 4 题。

　　a. 城市的起源　　b. 城市的区位因素　　c. 城市的空间结构

　　d. 不同规模城市的服务功能　　　　e. 城市化的过程和特点

　　f. 城市化对地理环境的影响　　　　g. 地域文化对城市的影响

　　（1）你认为哪些知识比较重要，请列出 3 ~ 4 个，并简要地说明原因。

　　知识点有（填字母代号）：_____

　　原因是：_____

　　（2）你喜欢学习哪些知识点，请列出 3 个，并简要地说明原因。

知识点有（填字母代号）：＿＿＿＿＿＿＿＿＿＿＿＿＿＿＿＿＿＿

原因是：＿＿＿＿＿＿＿＿＿＿＿＿＿＿＿＿＿＿＿＿＿＿＿＿＿＿

5.新高中地理"必修2"中选取了a.城市的空间结构、b.不同规模城市的服务功能、c.城市化的过程和特点、d.城市化对地理环境的影响、e.地域文化对城市的影响5个知识点，你认为这些知识点

①联系现实，贴近生活　　　　　②与生活联系不够密切

③脱离现实生活，感觉没什么用　　④其他＿＿＿＿＿＿＿＿＿＿＿＿

6.从便于你学习的角度考虑，你认为a.城市化、b.城市空间结构、c.城市的服务功能三者的顺序应该怎样安排？

①a b c　　②a c b　　③b c a　　④b a c　　⑤c a b　　⑥c b a

7.如果让你来选择高中需要学习的城市知识，你会选择以下11个城市知识点中的哪6个，请在知识点后面的"（　　）"内打"√"。

a.城乡差别与联系（　　）

b.城市的形成与发展（　　）

c.城市区位的选择（　　）

d.城市的功能（　　）

e.城市化（　　）

f.城市特色景观与传统文化的保护（　　）

g.城市土地利用与空间结构（　　）

h.城乡规划与可持续发展（　　）

i.地域文化对城市的影响（　　）

j.城市形态（　　）

k.城镇合理布局与协调发展（　　）

二、开放题：

你认为学习城市地理知识有什么用？请谈谈你的看法。

附录 2

高中地理必修 2 中"城市地理知识"的教学现状调查(教师问卷)

尊敬的老师:您好!

　　为了了解您对高中地理课程中城市地理知识教学的看法,诚恳地请您填写下列问题,对所有问题的回答都没有对错之分,希望得到的只是您个人的真实想法。您的真实回答是我们修改完善本部分内容的依据,也是提高高中地理教育质量的基础。衷心谢谢您的支持!

教师基本情况(请您根据实际情况填写)(在序号下画"√"或在"＿"上填写)

1.您的性别是:①男　　②女

2.您的教龄是:①5 年以下　　②6~10 年　　③11~15 年

　　　　　　　④16~20 年　　⑤20 年以上

3.您来自＿＿＿＿＿＿＿＿＿中学

4.您所任职的岗位:①教研员　　②教师

一、选择题(在序号下画"√"或在"＿"上填写)

1.您喜欢教城市地理知识吗?

　　①很喜欢　　②有点喜欢　　③不喜欢　　④其他＿＿＿＿＿＿＿＿＿＿＿＿

原因是:＿＿＿＿＿＿＿＿＿＿＿＿＿＿＿＿＿＿＿＿＿＿＿＿＿＿＿＿＿＿＿＿＿

2.您觉得城市地理知识难教吗?

　　①难教　　②有点难教　　③不难教　　④其他＿＿＿＿＿＿＿＿＿＿＿＿＿

原因是:＿＿＿＿＿＿＿＿＿＿＿＿＿＿＿＿＿＿＿＿＿＿＿＿＿＿＿＿＿＿＿＿＿

3.您觉得城市地理知识在生活中有用吗?

　　①有用　　②有一点用　　③没有用　　④其他＿＿＿＿＿＿＿＿＿＿＿＿＿＿

4.旧版本与新版本中的城市地理知识共归纳为以下 7 个知识点,请您根据这些知识点填写以下 3 题。

　　　a.城市的起源　　b.城市的区位因素　　c.城市的空间结构

　　　d.不同规模城市的服务功能　　　e.城市化的过程和特点

　　　f.城市化对地理环境的影响　　　g.地域文化对城市的影响

（1）您认为哪些知识比较重要，请列出 3 ~ 4 个，并简要地说明原因。

知识点有（填字母代号）：

原因是：＿＿＿＿＿＿＿＿＿＿＿＿＿＿＿＿＿＿＿＿＿＿＿

（2）您比较喜欢教哪些知识点，请列出 3 个，并简要地说明原因。

知识点有（填字母代号）：

原因是：＿＿＿＿＿＿＿＿＿＿＿＿＿＿＿＿＿＿＿＿＿＿＿

5.新版本选取城市的空间结构、不同规模城市的服务功能、城市化的过程和特点、城市化对地理环境的影响、地域文化对城市的影响 5 个知识点，您认为这些知识点

①联系现实，贴近生活　　　　　②与生活联系不够密切

③脱离现实生活，感觉没什么用　④其他＿＿＿＿＿＿＿＿＿＿＿＿＿

6.如果让您来制定课标，您认为下列城市地理知识中，哪 6 个知识点最有可能被选入课标，把左侧相应的字母代号填在右侧方格内。

a.城乡差别与联系

b.城市的形成与发展

c.城市区位的选择

d.城市的功能

e.城市化

f.城市特色景观与传统文化的保护

g.城市土地利用与空间结构

h.城乡规划与可持续发展

i.地域文化对城市的影响

j.城市形态

k.城镇合理布局与协调发展

序号	字母代号
1	
2	
3	
4	
5	
6	

请您谈谈把这 6 个知识点选入课标的原因：

＿＿＿＿＿＿＿＿＿＿＿＿＿＿＿＿＿＿＿＿＿＿＿＿＿＿＿＿＿＿＿＿

二、开放题：

学习城市地理知识对学生发展有哪些好处？请谈谈您的看法。

附录3

高中地理选修4《城乡规划》的教学现状调查（学生问卷）

亲爱的同学：

你好!

上学期你已经学习过选修4《城乡规划》，这门课在高中首次开设，你可能感觉比较陌生，也可能会产生一些想法。作为全国首批使用该教材的高中生，你的看法和意见对于本门课的修改完善和顺利实施都起着重要的作用。诚恳地请你填写下列问题，对所有问题的回答都没有对错之分，希望得到的只是你个人的真实想法。衷心谢谢你的支持!

学生基本情况（在序号下面画"√"）

性别：①男　　②女

一、选择题，请根据你的看法在相应的序号下面画"√"或在"＿＿＿"填写。

在回答问题之前，让我们先来回顾一下《城乡规划》讲述的具体内容，如下表所示。

选修《城乡规划》选取的知识点	
a. 城市的形成与发展	j. 城乡规划与可持续发展
b. 不同国家城市化过程的比较	k. 城乡土地利用、项目选址、功能分区的主要原则和基本方法
c. 城市环境问题	l. 城乡产业（如工业、农业、交通、商业、文化）布局的一般原则
d. 乡村聚落的分布特点及其成因	
e. 乡村集市的分布特点及其成因	m. 人居环境的基本评价内容
f. 城市（或村镇）的空间形态	n. 房地产开发的地理区位因素
g. 城市（或村镇）的景观特色	o. 居住小区的环境特点与结构功能的评价
h. 城镇的合理布局及协调发展	p. 商业布局与人们的生活
i. 城乡特色景观和传统文化的保护	q. 不同城市的交通网络特点的比较
	r. 文化设施布局与人们的生活

1. 城乡规划知识的作用：

（1）你认为学习城乡规划知识在生活中有用吗?

①有用　　②没用

2. 城乡规划知识选取方面：

（2）你认为教材中选取的城乡规划知识在社会生产和建设中有用吗？

　　①有　　②没有

（3）你认为教材中选取的城乡规划知识体现社会发展趋势吗？如追求良好的人类居住环境等。

　　①体现了　　②没体现

（4）教材中选取的城乡规划知识对你目前或未来选择良好的居住环境有帮助吗？

　　①有　　②没有

（5）你认为教材中选取的城乡规划知识对你未来在该领域进一步学习深造有用吗？

　　①有　　②没有

（6）你认为高中生有没有必要学习、了解这些城乡规划知识？

　　①有必要　　②没有必要

（7）你认为教材中选取的城乡规划知识是多还是少？

　　①多　　②适中　　③少

（8）你认为教材中选取的城乡规划知识难易程度如何？

　　①难　　②适中　　③容易

3. 城乡规划学习方面：

（9）你喜欢学习城乡规划这门课吗？

　　①喜欢　　②不喜欢　　③不清楚

（10）你觉得城乡规划这门课难学吗？

　　①难学　　②不难学

　　选①的话，请说明原因：＿＿＿＿＿＿＿＿＿＿＿＿＿＿

（11）在城市规划知识教学中，老师经常采用的教学方法是（可多选）

　　①教师讲解　　②小组讨论　　③分析案例　　④社会调查

　　⑤分组研究　　⑥查资料　　⑦其他（请列出）＿＿＿＿＿＿＿＿

（12）在学习城乡规划知识过程中，你希望老师经常采用哪些教学方法（可多选）

        ①教师讲解   ②小组讨论   ③分析案例   ④社会调查

        ⑤分组研究   ⑥查资料   ⑦其他（请列出）_____

（13）你希望通过城乡规划这门课的学习，了解一些社会调查（如参观考察、问卷调查等）的方法吗？

        ①希望   ②不希望

（14）在学习城乡规划知识过程中，你参加过一些社会调查活动吗？

        ①参加过   ②没参加过

（15）通过学习城乡规划这门课，你哪些方面的价值观得到了培养？（可多选）

        ①人地协调观   ②可持续发展观   ③空间观点   ④因地制宜观点

        ⑤其他（请列出）_____

附录4

高中地理选修4《城乡规划》的教学现状调查（教师问卷）

尊敬的老师：您好！

　　上学期您已经教过选修4《城乡规划》，这门课在高中首次开设，您可能感觉比较陌生，也可能会使您产生一些想法。作为全国首批使用该教材的教师，您的看法和意见对于本门课的修改完善和顺利实施都起着重要的作用。诚恳地请您填写下列问题，对所有问题的回答都没有对错之分，希望得到的只是您个人的真实想法。衷心谢谢您的支持！

教师基本情况（请您根据实际情况填写）（序号下画"√"或在"_____"上填写）

1.您的性别是：①男　　②女

2.您的教龄是：①5年以下　　②6～10年　　③11～15年

　　　　　　　④16～20年　⑤20年以上

3.您大学所学的专业是：_____

4.您所任职的岗位：①教研员　　②教师

一、选择题，根据您的看法在相应的序号下面画"√"或在"_____"填写。

在回答问题之前，让我们先回顾一下《城乡规划》所讲的具体内容，如下表所示。

选修《城乡规划》选取的知识点

a.城市的形成与发展	i.城乡规划与可持续发展
b.不同国家城市化过程的比较	j.城乡土地利用、项目选址、功能分区的主要原则和基本方法
c.城市环境问题	k.城乡产业（如工业、农业、交通、商业、文化）布局的一般原则
d.乡村聚落的分布特点及其成因	l.人居环境的基本评价内容
e.城市（或村镇）的空间形态	m.房地产开发的地理区位因素
f.城市（或村镇）的景观特色	n.居住小区的环境特点与结构功能的评价
g.城镇的合理布局与协调发展	o.商业布局与人们的生活
h.城乡特色景观和传统文化的保护	p.不同城市的交通网络特点的比较
	q.文化设施布局与人们的生活

1.城乡规划知识的作用：

（1）您认为学习城乡规划知识在生活中有用吗？

　　　　①有用　　②没用

2.城乡规划知识选取方面：

（2）您认为课标中选取的城乡规划知识贴近社会发展实际吗？

　　①贴近　　②不贴近

（3）您认为课标中选取的城乡规划知识体现学科发展前沿吗？

　　①体现了　　②没有体现

（4）您认为课标中选取的城乡规划知识对学生目前或未来的生活有用吗？

　　①有　　②没有

（5）您认为课标中选取的城乡规划知识对学生未来在该领域进一步学习深造有用吗？

　　①有　　②没有

（6）从培养现代公民必备的地理素养来说，您认为有没有必要让高中生学习、了解这些城乡规划知识？

　　①有必要　　②没有必要

（7）您认为课标中选取的城乡规划知识是多还是少？

　　①多　　②适中　　③少

（8）您认为课标中选取的城乡规划知识难易程度如何？

　　①难　　②适中　　③容易

3.城乡规划教学方面：

（9）您喜欢教城乡规划这门课吗？

　　①喜欢　　②不喜欢　　③不清楚

（10）您觉得城乡规划这门课难教吗？

　　①难教　　②不难教

　　选①的话，请您填写原因：＿＿＿＿＿＿＿＿＿＿＿＿＿＿＿＿

（11）在讲"城市空间形态"内容时，您采用的教学方法是（可多选）：

　　①讲授法　　②探究式教学法　　③案例教学法

　　④讨论式教学法　　　　　　⑤实践法（实地调查或参观访问等）

　　⑥其他（请列出）＿＿＿＿＿＿＿＿＿＿＿＿＿＿＿＿＿＿＿＿

（12）在讲"城乡规划中项目选址的基本方法"时，您采用的教学方法是（可多选）：

　　　　①讲授法　　　②探究式教学法　　　③案例教学法

　　　　④讨论式教学法　　　　　　⑤实践法（实地调查或参观访问等）

　　　　⑥其他（请列出）＿＿＿＿＿＿＿＿＿＿＿＿＿＿＿＿＿＿＿＿

（13）在城乡规划教学过程中，您经常采用的教学方法是（可多选）＿＿＿＿＿

　　　　①讲授法　　　②探究式教学法　　　③案例教学法

　　　　④讨论式教学法　　　　　　⑤实践法（实地调查或参观访问等）

　　　　⑥其他（请列出）＿＿＿＿＿＿＿＿＿＿＿＿＿＿＿＿＿＿＿＿

（14）您在城乡规划教学过程中组织过如实地调查、参观考察等之类的一些科学探究的实践活动吗？

　　　　①组织过　　　②没有

　　　　选②的话，原因是：＿＿＿＿＿＿＿＿＿＿＿＿＿＿＿＿＿＿＿＿

（15）您认为学习城乡规划这门课有助于培养学生哪些方面的价值观？（可多选）

　　　　①人地协调观　　　②可持续发展观　　　③空间观点　　　④因地制宜观点

　　　　⑤其他（请列出）＿＿＿＿＿＿＿＿＿＿＿＿＿＿＿＿＿＿＿＿

附录5

教案一：课题：城镇历史景观的保护

　　授课教师：×××

　　教师单位：上海市格致中学

　　授课地点：天津市实验中学

　　时间：2008年5月

【教学目标】

　　一、知识与技能

　　1.能够列举本地区的历史景观和景观特色。

　　2.能列举我国和世界各国保护城镇历史景观的措施。

　　二、过程与方法

　　1.能够运用有关景观图片，比较、归类并说明城市景观特色的主要表现方式。

　　2.通过北京、天津、上海等城市保护历史景观的案例，分析总结保护城镇历史景观和传统文化的对策措施。

　　3.通过辨析"仿古建筑该不该修""对文物古迹该不该加以整修""对老城区是整体保护还是划区保护"等论题，透析城镇历史景观保护的两难问题。

　　三、情感、态度与价值观

　　1.通过城镇历史景观特色及其保护的学习，初步感悟保护城镇历史景观的重要性。

　　2.通过对保护城镇历史景观对策措施的探讨，初步形成关注家乡、为家乡献计献策的责任感，初步养成保护历史景观的意识。

【教学重点、难点】

　　重点：城市景观特色，保护城镇历史景观和传统文化的对策措施

　　难点：保护城镇历史景观和传统文化的对策措施

【教学方法】

　　演示型计算机辅助教学法、小组合作讨论法

【教学时间】1课时

【教学技术与学习资源应用】

演示型计算机辅助地理教学软件；教材中的图文资料；不同城市的特色历史景观图片。

【教学流程】

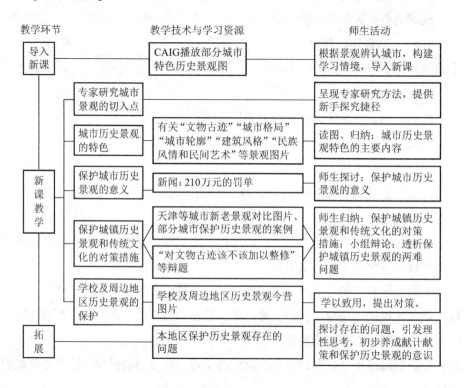

附录 6

教案二：保护城市景观特色和传统文化（教案略稿）

    授课教师：×××

    教师单位：天津市第九十中学

    授课地点：天津市实验中学

    时间：2008 年 5 月

教学目标

    知识与能力：了解景观特色和传统文化的含义

               理解为什么要保护景观特色和传统文化

               知道景观特色和传统文化保护的对策和措施

    过程与方法：能举例分析某城市的景观特色

               根据实例探讨保护景观特色和传统文化的对策和措施

    情感态度和价值观：培养保护城市景观特色的意识

               养成城市可持续发展的理念，树立科学的环境生态保护观念

教学重点：城市景观特色，保护特色景观和传统文化的对策和措施

教学难点：保护特色景观和传统文化的对策措施

教学方法：分组合作探究

教学过程：

    导入：设计情景：为你的朋友介绍天津，你会介绍什么？

        从而引出城市特色景观的话题

    新课：一、教师补充天津特色景观和传统文化并指导学生分类

        二、组织学生分组讨论：现代城市的发展是否需要保护城市特色
           景观和传统文化？

        三、分组讨论保护城市特色景观和传统文化所面临的困难

        四、分组讨论保护城市特色景观和传统文化的对策和措施

        五、教师给一些保护好的实例并总结保护城市特色景观和传统文
           化的对策和措施

    小结：总结这一节的知识结构

附录 7

【课题】第二章　城市与城市化

　第一节　城市内部空间结构

【授课教师】北京海淀外国语实验学校 ×××

【授课时间】2008 年 10 月 6 日

【课标要求】运用实例，分析城市的空间结构，解释其形成原因。

【教学目标】

　1.在北京市地图上，指出城市具有的土地利用方式和功能分区，并归纳其分布的特点；

　2.分析"各类土地利用付租能力随距离递减示意图"，说明经济因素是影响城市内部空间结构的主要因素，提高读图、用图的能力。

　3.联系具体案例，用联系和发展的观点分析说明影响城市内部空间结构的主要因素。

【教学重点、难点】

　1.城市各功能区的空间分布规律。

　2.影响城市功能分区的主要因素——经济因素。

【教学方法】启发式教学与探究式学习。

【课时安排】1 课时

【教学过程】

教学环节	教师活动	学生活动	设计意图
导入新课	我们从小就生活在城市中，相信大家对城市有一定的认识。今天请同学们和我一起走进城市，用地理的眼光来审视城市空间结构。 [PPT] 展示图片 [提问] 图片反映的场所中，人们主要从事什么活动？	学生结合生活实际，思考回答	了解学习内容、激发学习兴趣

教学环节	教师活动	学生活动	设计意图
新课学习 一、城市的功能区	讲解： 同一种活动对土地空间和位置的需求往往是相同的，这就会产生同一种活动在空间上的集聚，形成功能区。 [PPT]展示：北京市城区图。 （板书） 城市中基本的功能区——中心商务区、商业区、住宅区、工业区是怎样分布的呢？有什么特点？	指图说出主要功能区	通过探索，初步感受城市的功能区
过　渡	[PPT]展示：《北京市主要商业街地图》《成都市城市总体规划图》。 [PPT]展示：主要功能区的景观图 城市中不同功能区有规律的组合，构成了城市的空间结构。又称地域结构（板书）	讨论： 分析归纳各功能区的分布规律	提高读图和分析问题能力
小　结	形成城市空间结构的原因是什么呢？	看图说出功能区特点	通过探索初步感受城市的空间结构
二、城市空间结构的成因	学案展示案例： 巡回指导 小结：城市空间结构的成因。 （板书） [PPT]展示：引出影响城市空间结构的主要原因——经济原因	案例探究 讨论并回答问题 读图分析： 不同功能区付租能力的差异。	培养学生的自主学习能力，通过实例分析城市空间结构成因
小　结 过　渡	[PPT]展示：《各类土地利用付租能力随距离递减示意图》 [PPT]展示：《城市地租等值线分布图》 [讲解]城市功能区的变化 案例：东三环功能的转变 首钢外迁等	读图分析： 影响地租主要因素 1.距离市中心的远近； 2.交通便捷程度	读图、识图训练，提高读图和分析问题能力
课堂总结	提炼主要知识，完善板书	思考回顾	主要知识强化
反馈应用	[PPT]展示习题	结合所学知识，解决实际问题	结合实例原理分析